WERKSTATTWISSEN FÜR **HOLZWERKER**

*Sandor Nagyszalanczy*

# Werkstatthilfen selber bauen

Sicher spannen, führen, halten

HolzWerken

# Impressum

Originally published in the United States of America by
The Taunton Press, Inc. in 2006: „Jigs & Fixtures"
Text © 2006 Sandor Nagyszalanczy
Fotos Sandor Nagyszalanczy © 2006 The Taunton Press, Inc.
Illustrationen Melanie Powell © 2006 The Taunton Press, Inc.

Deutsche Ausgabe
© 2010/2021 Vincentz Network GmbH & Co. KG, Hannover
„Werkstatthilfen selber bauen –
Sicher spannen, führen, halten"
4. korrigierte Auflage 2016
Nachdruck 2021

Übersetzung: Michael Auwers
Umschlaggestaltung: Kerker + Baum, Hannover
Produktion: PrintMediaNetwork, Oldenburg
Printed in Europe

ISBN 978-3-86630-948-7
Best.-Nr. 9154

*HolzWerken*
Ein Imprint von Vincentz Network GmbH & Co. KG
Plathnerstr. 4c, 30175 Hannover
www.holzwerken.net

Das Arbeiten mit Holz, Metall und anderen Materialien bringt schon von der Sache her das Risiko von Verletzungen und Schäden mit sich. Autor und Verlag können nicht garantieren, dass die in diesem Buch beschriebenen Arbeitsvorhaben von jedermann sicher auszuführen sind. Vor Inangriffnahme der Projekte hat der Ausführende zu prüfen, ob er die Handhabung der notwendigen Werkzeuge und Maschinen beherrscht. Autor und Verlag übernehmen keine Verantwortung für eventuell entstehende Verletzungen, Schäden oder Verlust, seien sie direkt oder indirekt durch den Inhalt des Buches oder den Einsatz der darin zur Realisierung der Projekte genannten Werkzeuge entstanden.

Die Vervielfältigung dieses Buches, ganz oder teilweise, ist nach dem Urheberrecht ohne Erlaubnis des Verlages verboten. Das Verbot gilt für jede Form der Vervielfältigung durch Druck, Kopie, Übersetzung, Mikroverfilmung sowie die Einspeicherung und Verarbeitung in elektronischen Systemen etc.

Die Wiedergabe von Gebrauchsnamen, Warenbezeichnungen und Handelsnamen berechtigt nicht zu der Annahme, dass solche Namen ohne Weiteres von jedermann benutzt werden dürfen. Vielmehr handelt es sich häufig um geschützte, eingetragene Warenzeichen.

# Inhalt

**3** Sicherheit

**3** Über den Umgang mit diesem Buch

**7** TEIL EINS: Entwurf und Materialien

**8** KAPITEL EINS: Funktion und Entwurf

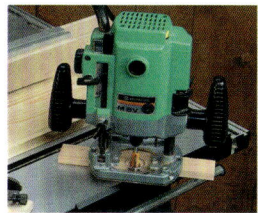  

**8** Warum überhaupt Vorrichtungen?

**9** Der funktionale Ansatz

**12** Vorrichtungen anpassen

**15** KAPITEL ZWEI: Material und Beschläge

**15** Materialauswahl

**22** Materialien mit hohem Reibungswiderstand

**22** Befestigungsbeschläge

**26** Kegelstifte

 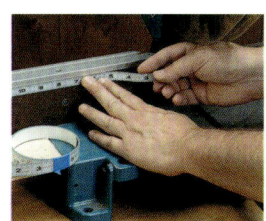

**28** T-Nutschienen und Anschläge

**31** Andere Beschläge für Vorrichtungen

## 33 KAPITEL DREI: Werkzeuge und Arbeitsverfahren

**33**
Werkzeuge für den Vorrichtungsbau

**36**
Holzverbindungen

**41**
Verleimen

**43**
Oberflächenbehandlung

## 45 Teil ZWEI: Die Vorrichtungen

## 46 KAPITEL VIER: Vorrichtungen zum Anreißen und Einstellen von Maschinen

**48**
Streichmaße

**52**
Vorrichtungen zum Anreißen

**54**
Schablonen

**57**
Vorrichtungen zum Einrichten von Maschinen

## 63 KAPITEL FÜNF: Anschläge und Führungen

**65**
Parallelanschläge

**70**
Hilfsanschläge

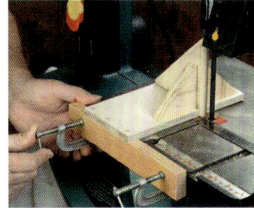
**74**
Kurze Anschläge

**77**
Winkelanschläge

**83**
Geschwungene Anschläge

**88**
Führungen zur Bearbeitung von Rundmaterial

## 91 KAPITEL SECHS: Verschiebbare und schwenkbare Vorrichtungen

**93**
In der Nutschiene für den Queranschlag geführt

**101**
Am Queranschlag befestigt

**104**
Am Anschlag geführt

**112**
Am Arbeitstisch geführt

**116**
Schwenkbare Vorrichtungen

## 121 KAPITEL SIEBEN: Arbeitstische

**122**
Neigbare Tische

**127**
Tischverlängerungen

**131**
Arbeitstische für Elektrowerkzeuge

## 139 KAPITEL ACHT: Vorrichtungen für Hand- und Elektrowerkzeuge

**141**
Anschläge und Führungen

**150**
Vorrichtungen für die Handoberfräse

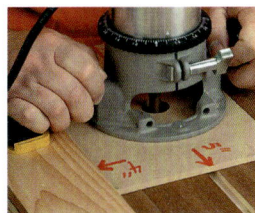

**161**
Handoberfräsenführungen

**165**
Führungen für Handwerkzeuge

## 167 KAPITEL NEUN: Schablonen

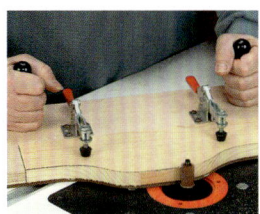

**170**
Formgebung

**176**
Holzverbindungen

**181**
Bohren

**185**
Sägen und Schleifen

**189** TEIL DREI: Anlagen, Anschläge und Einspannvorrichtungen

**190** KAPITEL ZEHN: Anschläge und Registerstifte

**192**
Endanschläge

**197**
Verschiebbare
Endanschläge

**202**
Abstandshalter

**205** KAPITEL ELF: Einspannen und Ausrichten

**207**
Vorrichtungen zum
Ausrichten

**209**
Einfache Zwingen

**216**
Zwingen für den
gewerblichen Einsatz

**219** KAPITEL ZWÖLF: Halterungen

**221**
Halterungen für
Werkstücke

**226**
Halterungen für die
Montage

**230**
Holz biegen und
laminieren

**235** TEIL VIER: Sicherheit und Staubabsaugung

**236** KAPITEL DREIZEHN: Sicherheitszubehör

**238**
Niederhalter

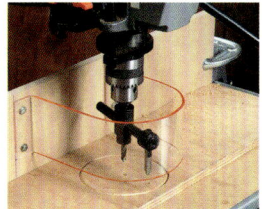

**243**
Schutzschilde für
Sägeblätter und Fräser

**248** KAPITEL VIERZEHN: Staubkontrolle bei Hilfsvorrichtungen

**251**
Staubabsaugung an
Vorrichtungen

**256**
Staubabsaugung für
Elektrowerkzeuge

**260** INDEX

 Weitere Materialien kostenlos online verfügbar!
http://www.holzwerken.net/bonus

**Ihr exklusiver Bonus an Informationen!**
Ergänzend zu diesem Buch bietet Ihnen *HolzWerken* Bonus-Materialien zum Download an.
Scannen Sie den QR-Code oder geben Sie den Buch Code unter www.holzwerken.net/bonus ein und erhalten Sie kostenfreien Zugang zu Ihren persönlichen Bonus-Materialien!

**Buch-Code: TE25770**

Für Bou Dou,
meinen unentwegt treuen Begleiter

# Sicherheit

Das Arbeiten mit Holz ist voller Gefahren. Wenn man Hand- oder Elektrowerkzeuge unsachgemäß oder ohne die entsprechenden Sicherheitsmaßnahmen verwendet, kann das zu schweren Verletzungen oder sogar zum Tod führen. Versuchen Sie nicht, die hier (oder anderswo) dargestellten Verfahren anzuwenden, wenn Sie nicht davon überzeugt sind, sie sicher ausführen zu können. Wenn sich bei der Arbeit etwas nicht richtig anfühlt, dann brechen Sie sie ab. Versuchen Sie es auf eine andere Weise. Wir möchten, dass Sie Vergnügen an der Holzarbeit haben, denken Sie also bitte in der Werkstatt vor allem und zu allererst an Ihre Sicherheit.

Beachten Sie bitte, dass bei einigen Abbildungen in diesem Buch die Sicherheitsvorrichtungen an Maschinen der Deutlichkeit halber entfernt worden sind. Verwenden Sie im Interesse Ihrer eigenen Sicherheit immer die entsprechenden Sicherheitsvorrichtungen, wenn Sie mit Elektrowerkzeugen und -maschinen arbeiten.

# Über den Umgang mit diesem Buch

Dieses Buch ist vor allem dafür gedacht, mit ihm zu arbeiten. Es soll nicht im Regal zum Staubfänger werden. Es sollte zur Hand genommen werden, wenn man ein neues oder wenig bekanntes Verfahren anwenden möchte. Als erstes sollte man also sicherstellen, das sich das Buch dort befindet, wo man mit Holz arbeitet.

Im Buch haben wir viele verschiedene Methoden angewandt, um Ihren Bedürfnissen entgegenzukommen.

Um sich im Buch zu orientieren, sollten Sie sich zuerst zwei Fragen stellen: Welches Resultat möchte ich erreichen? Welche Werkzeuge will ich einsetzen, um es zu erreichen?

Um das Material zu organisieren, haben wir zwei Gliederungsebenen verwendet. Die verschiedenen grundlegenden Verfahren werden in entsprechenden „Teilen" vorgestellt. Jeder dieser Teile wird in mehrere „Abschnitte" unterteilt, die jeweils Verfahren und Vorgehensweisen vorstellen, die zu ähnlichen Ergebnissen führen. Meist kommen die einfacheren oder häufigeren Verfahren zuerst und werden von den anspruchsvolleren und jenen gefolgt, die besondere Werkzeuge voraussetzen. Manchmal wird zuerst die Methode vorgestellt, die mit grundlegenden Techniken bewältigt werden kann, dann folgen Alternativen mit anderen gebräuchlichen Werkzeugen, schließlich folgen dann solche mit Spezialwerkzeugen.

Als erstes sehen Sie eine Übersicht mit Fotos und entsprechenden Seitenzahlen. Dies ist eine Art illustriertes Inhaltsverzeichnis. Sie finden hier für jeden Abschnitt ein Foto und die Seitenzahl, mit welcher der Abschnitt anfängt.

Jeder Abschnitt beginnt mit einem ähnlichen ‚Wegweiser', bei dem die Fotos als Vertreter für zusammengehörige Gruppen von Techniken oder für einzelne Techniken stehen. Unter jeder Gruppierung findet sich eine Liste der Arbeitsanweisungen für die Techniken und die Angabe der Seite, auf der man sie finden kann.

Die Abschnitte beginnen mit einem Überblick, in dem die Verfahren kurz vorgestellt werden, die in dem Abschnitt behandelt werden. Hier findet man wichtige allgemeine Informationen zu dieser Gruppe von Techniken, darunter auch eventuell notwendige Sicherheitshinweise und Beschreibungen von besonderen Werkzeugen.

Die Arbeitsanleitungen sind das Kernstück des Buches. Hier werden die einzelnen Schritte des Verfahrens mit Abbildungen vorgestellt. Der Begleittext beschreibt das Verfahren und führt den Anwender unter Bezug auf die Fotos durch die Vorgehensweise. Je nachdem, wie Sie am besten lernen, können Sie zuerst die Abbildungen oder den Text studieren, bedenken Sie jedoch, dass beide zusammengehören. Falls ein Arbeitsschritt auch auf andere Weise ausgeführt werden kann, wird dies im Text und bei den Abbildungen als „Variation" gekennzeichnet.

Um die Nutzbarkeit des Buches zu erhöhen, haben wir Querverweise auf Methoden und Arbeitsschritte eingefügt, die in einem anderen Abschnitt des Buches bereits beschrieben wurden. Diese

Die „VISUELLE LANDKARTE" zeigt Ihnen, wo Sie den Abschnitt finden, in dem der Arbeitsgang beschrieben wird, den Sie ausführen möchten.

In einem „KAPITEL" werden verwandte Verfahren zusammengefasst.

Der „ÜBERBLICK" gibt Ihnen wichtige Informationen über eine Gruppe von Techniken, er schildert, wie die Vorrichtungen gebaut werden und gibt Hinweise zum Werkzeugeinsatz und zur Sicherheit.

gelben „Querverweise" finden sich häufig in den Überblicksabschnitten und in den Arbeitsanleitungen. Wenn Sie auf das Symbol ⚠ stoßen, sollten Sie das Folgende aufmerksam lesen. Man kann die Wichtigkeit dieser Sicherheitshinweise kaum zu sehr betonen. Denken Sie bei der Arbeit immer an Ihre Sicherheit, verwenden Sie Schutzvorrichtungen an den Maschinen und Schutzausstattungen zu Ihrem persönlichen Schutz (Sicherheitsbrille, Gehörschutz und Ähnliches). Wenn Sie sich bei einem Verfahren unsicher fühlen, führen Sie es nicht aus, sondern greifen Sie auf ein anderes zurück.

Am Ende des Buches finden Sie ein Stichwortverzeichnis, mit dessen Hilfe Sie schnell finden können, was sie suchen.

Schließlich sollten Sie daran denken, dieses Buch immer dann zur Hand zu nehmen, wenn Sie eine Gedächtnisstütze benötigen oder etwas Neues lernen wollen. Es ist als Nachschlagewerk konzipiert worden, das Ihnen helfen soll, ein besserer Holzhandwerker zu werden. Das kann nur gelingen, wenn es ein genauso vertrautes Werkzeug wird wie Ihre Lieblingsstechbeitel.

Die Herausgeber

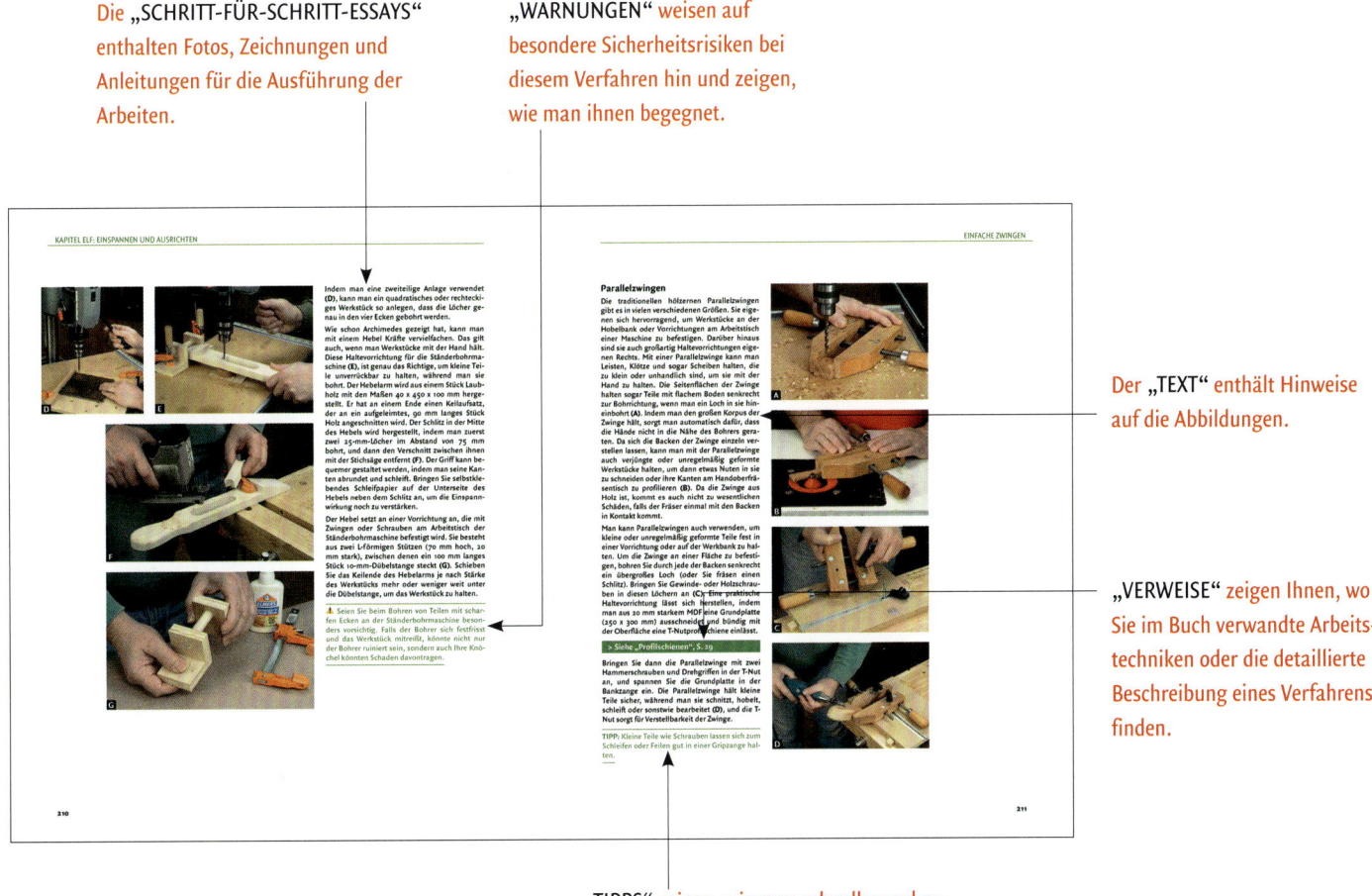

Die „SCHRITT-FÜR-SCHRITT-ESSAYS" enthalten Fotos, Zeichnungen und Anleitungen für die Ausführung der Arbeiten.

„WARNUNGEN" weisen auf besondere Sicherheitsrisiken bei diesem Verfahren hin und zeigen, wie man ihnen begegnet.

Der „TEXT" enthält Hinweise auf die Abbildungen.

„VERWEISE" zeigen Ihnen, wo Sie im Buch verwandte Arbeitstechniken oder die detaillierte Beschreibung eines Verfahrens finden.

„TIPPS" zeigen, wie man schneller und geschickter zum gewünschten Ergebnis kommt.

# Entwurf und Materialien

Bevor Sie damit beginnen können, Ihre eigenen Vorrichtungen zu bauen, müssen Sie wissen, was gebaut werden soll und wie man es baut. Ein guter Ansatzpunkt ist es, von grundlegenden Vorrichtungsentwürfen auszugehen, sich die geeigneten Materialien und Beschläge anzusehen und sich über fachmännische Konstruktionen zu informieren. Ob Sie nun die hier vorgestellten Vorrichtungen genau nachbauen oder eher Ihre eigenen Entwürfe verwirklichen wollen, Sie profitieren auf jeden Fall davon, wenn Sie sich dem Thema unter funktionalen Geschichtspunkten nähern, also davon ausgehen, wozu die Vorrichtung dienen soll, und sie so auswählen oder entwerfen, dass diese Ihrer eigenen Arbeitsweise angepasst ist und dass die vorhandenen Werkzeuge verwendet werden können. Wenn Sie sich für einen bestimmten Entwurf entschieden haben, müssen Sie aus einer Vielzahl von Holzwerkstoffen und anderen Materialien und Beschlägen (Verschlüssen, Profilschienen und Ähnlichem) eine Wahl treffen, um zu einer funktionalen und genauen Vorrichtung zu gelangen. Und schließlich müssen Sie handwerksgerechte Konstruktionen beim Bau der Vorrichtung einsetzen, damit diese stabil und widerstandsfähig gerät. Das kann man erreichen, indem man bewährte Holzverbindungen und bewährte tischlerische Methoden einsetzt und sie um einige Tricks ergänzt, die man vom Werkzeugbauer entlehnt.

**Funktion und Entwurf**
S. 8

**Material und Beschläge**
S. 15

**Werkzeuge und Arbeitsverfahren**
S. 33

# Funktion und Entwurf

Die richtige Vorrichtung, Schablone oder Lehre für ein bestimmtes Vorhaben zu finden, kann ein Unternehmen sein, das ebenso schwierig und zeitaufwändig ist wie der Bau eines schönen Möbelstücks, eines Segelbootes oder einer Ukulele. Man benötigt dafür nicht nur gute Kenntnisse der Tischlerei und Problemlösungsfähigkeiten, sondern auch ein gehöriges Maß an Inspiration. Sogar ein nur mäßig komplexes Vorhaben kann einen vor eine Vielzahl von Entscheidungen stellen: Welches Werkzeug, welche Maschine eignet sich am besten? Sollte die Vorrichtung das Holz über die Maschine führen oder umgekehrt die Maschine am Holz entlang? Wie muss das Werkstück ausgerichtet und eingespannt werden? Muss die Vorrichtung verstellbar sein? Die meisten Holzhandwerker, die ich kennengelernt habe, lösen die schwierigen Probleme, vor die einen eine Vorrichtung stellen kann, mit dem allergrößten Vergnügen. Aber zu ihrer Lösung muss man über grundlegende Kenntnisse von Funktion und Entwurf von Vorrichtungen verfügen.

Mit Schablonen bezeichnen wir im Folgenden Hilfsmittel, die dazu dienen, ein Werkstück schnell und präzise zu schneiden, zu formen, zu bohren oder zu schleifen. Vorrichtungen sind vor allem Bauteile, mit denen Werkstücke während der Bearbeitung oder Montage eingespannt werden (vgl. Abbildung auf der gegenüberliegenden Seite). Einzeln oder zusammen dienen diese Hilfsmittel der Erleichterung alltäglicher Aufgaben wie dem Ablängen eines Brettes, aber auch komplizierter Vorgänge wie dem wiederholten Fräsen von gleichartigen Teilen oder dem Aussägen dreidimensionaler Formen. Zwar verfügen wir alle über einige kommerziell erhältliche Vorrichtungen und Schablonen (die Schmiege und die Führung der Handoberfräse wären hier zu nennen), doch stellen die meisten Holzhandwerker ihre eigenen Vorrichtungen her. In diesem Abschnitt untersuchen wir die Funktion von Vorrichtungen und Schablonen und die Art und Weise, in der sie uns helfen, bestimmte Aufgaben in der Holzwerkstatt sicherer, einfacher und genauer auszuführen. Wir werden uns auch mit einigen der Faktoren beschäftigen, die bei der Wahl einer Vorrichtung für eine bestimmte Aufgabe ausschlaggebend sein können. Schließlich werden wir uns auch damit beschäftigen, wie man eine Vorrichtung für die eigenen Zwecke abwandeln kann.

## WARUM ÜBERHAUPT VORRICHTUNGEN?

Angesichts der vielen Werkzeuge und Maschinen in einer durchschnittlichen Holzwerkstatt stellt sich die Frage, wozu man überhaupt Vorrichtungen und Schablonen benötigt. Zum einen gibt es Maschinen, die sich ohne Vorrichtungen kaum benutzen lassen: Stellen Sie sich vor, Sie müssten an einer Kreissäge arbeiten, die nicht mit entsprechenden Anschlägen ausgerüstet ist (vgl. die obere Abbildung auf S. 10). Durch die Verwendung einer Vielzahl anderer Vorrichtungen kann man die grundlegenden Funktionen einer Tischkreissäge um einiges erweitern und verschiedene Verbindungen schneiden, Profilleisten und profilierte Füllungen herstellen, und manches andere mehr. Ob es einfache oder komplexe Varianten sind – Vorrichtungen und Schablonen sind ein wesentlicher Bestandteil vieler Arbeitsgänge in der Tischlerei. Einige der gängigsten Verwendungszwecke für solche Hilfsmittel sind:

**Arbeitsgänge, die sich nur mit Mühe oder überhaupt nicht freihändig ausführen lassen.** Stellen Sie sich vor, Sie sollten an die Bestandteile eines Bilderrahmens genaue Gehrungen schneiden, ohne eine entsprechende Führung zu verwenden, oder einen Stapel geschweifter Bretter zu einer symmetrisch gebogenen Schranktür zusammensetzen, ohne auf eine Schablone zurückgreifen zu können. Das ginge noch? Wie wär's damit: Sägen

# DER FUNKTIONALE ANSATZ

Hier sieht man eine Vorrichtung zum Sägen dreidimensionaler Krümmungen (auf der Bandsäge, hinten), eine schwenkbare Vorrichtung zum Sägen von Kreisbögen (links) und eine Vorrichtung für Längsverleimungen (rechts)

Sie einen perfekten Kreis ohne Kreisführung! (Vgl. unteres Foto auf S. 10).

**Bearbeitung und Serienfertigung mit reproduzierbarer Genauigkeit.** Ein Beispiel wäre das Ablängen von einen Dutzend Friesen mit genau 38 mm Länge für einen Rahmen, oder das Bohren von Löchern in einem Winkel von genau 33° zur Oberfläche. Vorrichtungen können uns auch helfen, wiederholte Arbeitsgänge mit der gleichen Genauigkeit und mit höherer Sicherheit auszuführen – man denke etwa an das Schneiden von Zapfen an 100 Friesen für eine Rahmenkonstruktion. Aus diesem Grund sind Vorrichtungen und Schablonen auch in der gewerblichen Tischlerei so wichtig.

**Erweiterung der Fähigkeiten von Maschinen und Werkzeugen.** Anschläge ermöglichen es, an der Tischkreissäge angefaste Füllungen für einen Rahmen zu schneiden oder an der Bandsäge mehrdimensionale Gehrungsschnitte auszuführen. Mit der richtigen Vorrichtung kann man auch ein ganz normales, alltägliches Werkzeug einer vollkommen anderen Nutzung zuführen. So lässt sich zum Beispiel das Messer eines Hobels als Schneide in einer selbstgefertigten Gehrungsstanze einsetzen, mit der man die Enden von Einlegestreifen passend zuschneiden kann (vgl. obere Abbildung auf S. 11).

## DER FUNKTIONALE ANSATZ

Im zweiten und dritten Teil dieses Buches finden Sie illustrierte Arbeitsanleitungen für Vorrichtungen, Schablonen und Lehren, mit denen Sie buchstäblich Hunderte von Aufgaben bei der Arbeit mit Holz ausführen können, vom ersten Anreißen bis hin zur Endmontage. Sie sind nicht nach den Maschinen angeordnet, mit denen sie angewendet werden (Vorrichtungen für die Kreissäge usw.), sondern nach ihrer Funktion: Entwurf und Anreißen; Anschläge; Schiebe- und Drehvorrichtungen; Arbeitstische und -flächen; Vorrichtungen für Handwerkzeuge und Elektrowerkzeuge; Schablonen und Muster. Im Teil III beschreibe ich Einspann-, Montage- und Laminiervorrichtungen, darüber hinaus aber auch verschiedene Zubehörteile, mit denen sich Vorrichtungen abändern und modifizieren lassen – Stoppklötze, Anschläge und Spannklammern.

# KAPITEL EINS: FUNKTION UND ENTWURF

Ein guter Parallelanschlag und Queranschlag sind unabdingbar für genaues Arbeiten an der Tischkreissäge und gehören deshalb zur Serienausstattung.

Eine ruhige Hand reicht nicht, wenn man mit der Stichsäge eine vollkommen runde Scheibe aussägen möchte. Mit einem verstellbaren Stangenzirkel geht es sehr viel leichter.

Der Grund für diese an der Funktion orientierte Anordnung ist einfach: Es gibt meist mehrere verschiedene Methoden, eine bestimmte Arbeit auszuführen, ob man nun einen Zapfen schneiden, ein Profil fräsen oder einen Rahmen verleimen möchte. Bevor man sich für eine bestimmte Vorrichtung entscheidet, sollte man verschieden Faktoren bedenken, unter anderem die Maschine, die verwendet werden soll, das Werkstück und die erreichbare Vielseitigkeit der Vorrichtung.

### Die Wahl der Maschine

Man kann eine Nut an der Tischkreissäge schneiden, sie mit einem Nutfräser in der Handoberfräse fräsen oder zu einem Nuthobel greifen und sie mit der Hand schneiden (vgl. untere Abbildung auf der gegenüberliegenden Seite). Die Entscheidung hängt nicht nur davon ab, über welche Werkzeuge man verfügt, sondern auch davon, wie leicht es ist, eine Maschine oder ein Werkzeug einzurichten und wie genau und sauber die Aufgabe erledigt werden kann. Zudem kann es sehr viel leichter sein, eine bestimmte Vorrichtung für eine Maschine zu bauen als eine andere.

### Die Größe des Werkstücks

In der Regel ist einfacher, ein sehr großes, schweres Werkstück stationär zu belassen und ein Elektrowerkzeug an ihm entlang zu bewegen, als es zum Schneiden über eine Maschine zu transportieren. So kann man eine große Sperrholz- oder Spanplatte leichter mit der Handkreissäge und einem Anschlag schneiden (vgl. obere Abbildung auf S. 12) als zu versuchen, die Platte mühselig auf den Arbeitstisch der Tischkreissäge zu heben.

### Zweckgebunden oder verstellbar?

Eine verstellbare Vorrichtung kann für eine größere Bandbreite an Aufgaben eingesetzt werden als eine, die nur für einen bestimmten Zweck hergestellt wurde. So kann man mit einem verstellbaren Schwenktisch an der Ständerbohrmaschine Löcher in unterschiedlichen Winkeln bohren. Andererseits erfordert der Bau von verstellbaren Vorrichtungen mehr Zeit, Material und

## DER FUNTKIONALE ANSATZ

Ein einfaches Hobelmesser wird in dieser Vorrichtung dazu verwendet, Schnitte im 45°- oder 90°-Winkel an Furnieradern auszuführen.

Nuten und Fälze können mit der Handoberfräse und einem Parallelanschlag, mit der Tischkreissäge oder mit einem entsprechenden Handhobel geschnitten werden.

Aufwand, sie müssen vor der Verwendung eingerichtet werden, und sie können versehentlich verstellt werden.

Auf der anderen Seite sind zweckgebundene Vorrichtungen leichter herzustellen und müssen nicht oder kaum eingerichtet werden, bevor man sie verwendet. So kann man mit der Vorrichtung, die hinten in der Abbildung auf S. 12 unten zu sehen ist, eine Vielzahl unterschiedlicher Verjüngungen schneiden, aber mit der Sperrholzschablone im Vordergrund lassen sich auf einfache Weise alle vier Seiten eines Stuhlbeines verjüngen. Diese Schablone ist nicht nur leichter herzustellen, sie kann auch später wiederverwendet werden, ohne dass man sich an Einzelheiten der Einstellung erinnern muss. Nachteilig ist die Tatsache, dass man für jede unterschiedliche Aufgabe eine neue Schablone anfertigen muss.

### Sicherheit

Wenn Sie die Wahl zwischen unterschiedlichen Vorrichtungen haben, entscheiden Sie sich immer für die sicherste. Meist bedeutet das, sich für die Maschine und die Vorrichtung zu entscheiden, die es einem erlaubt, außerhalb der Gefahrenzone zu arbeiten. So kann man zum Beispiel gut mit einem Gehrungsanschlag an der Radialarmsäge die Friese für einen großen Rahmen zuschneiden, kleine Holzleisten lassen sich jedoch besser im Kleinteileschlitten für die Tischkreissäge ablängen, weil hier die Finger nicht in die Nähe des Blattes gelangen und weil die Abfallstücke nicht fortgeschleudert werden können. (Man kann jede Vorrichtung sicherer machen, indem man sie mit Schutzeinrichtungen und einer Staubabsaugung versieht, vgl. Abschnitt 13 und 14.)

> Siehe „Fräsen von kleinen Werkstücken", S. 114

# KAPITEL EINS: FUNKTION UND ENTWURF

Am besten lassen sich große Bretter, Bohlen oder Platten aufteilen, indem man sie an Ort und Stelle mit der Handkreissäge an einer Führung sägt.

Diese beiden Vorrichtungen dienen dazu, an der Tischkreissäge Verjüngungen zu schneiden. Die hintere ist verstellbar, während die vordere auf einen bestimmten Winkel festgelegt ist.

## VORRICHTUNGEN ANPASSEN

Obwohl sich viele der Vorrichtungen so nachbauen und einsetzen lassen, wie sie in diesem Buch gezeigt werden, kann man doch meist viel gewinnen, indem man sie so abwandelt und anpasst, dass sie den vorhandenen Maschinen und den eigenen Bedürfnissen entsprechen. Die Größe einer Vorrichtung oder Schablone zu verändern, ihre Konstruktion und ihre Ausstattung abzuwandeln, kann nicht nur ihre Leistungsfähigkeit vergrößern, sondern sie auch besser auf die eigenen Arbeitsgewohnheiten abstimmen. Dabei sind einige Dinge zu berücksichtigen:

### Veränderungen der Abmessungen

Nur die wenigsten Vorrichtungen in diesem Buch werden mit bemaßten Zeichnungen vorgestellt. Darin liegt Absicht, da die Gesamtgröße der Vorrichtung, die Sie bauen, von der Größe Ihrer Maschinen wie auch von der Größe Ihrer Werkstücke abhängt. Man kann die Abmessung fast jedes Einzelteils einer Vorrichtung auf die eigenen Zwecke abstimmen (vgl. oberes Foto auf der gegenüberliegenden Seite). Wenn man sich für die Gesamtabmessungen entschieden hat, fertigt man eine Arbeitsskizze an, in der man die Maße der benötigten Teile und Beschläge notiert.

### Ausstattungsmerkmale kombinieren

Die vermutlich wichtigste Art, eine Vorrichtung abzuwandeln, ist es, die Bestandteile unterschiedlicher Vorrichtungen miteinander zu kombinieren, um so die Merkmale und Funktionen zu erhalten, die man sich wünscht. Die meisten Vorrichtungen sind schon solche Kombinationen unterschiedlicher funktionaler Elemente. Als Beispiel möge die Frässchablone dienen, die auf der Abbildung unten zu sehen ist: Die Grundplatte gibt als Schablone die Form des zu bearbeitenden Werkstücks vor, die Seiten dienen als Anschlag,

# VORRICHTUNGEN ANPASSEN

um das Werkstück auszurichten, die Spannhebel halten es während des Fräsens, und die Griffe ermöglichen dem Anwender, die Schablone gefahrlos zu halten.

Man kann je nach den anstehenden Aufgaben viele verschiedene Elemente in einer Vorrichtung kombinieren. So kann eine Führung mit Anschlägen versehen werden, um das Ablängen zu erleichtern, oder man kann eine Einspannvorrichtung mit einem Schwenktisch kombinieren, um Winkelbohrungen zu ermöglichen. Wenn man eine Vorrichtung für Verjüngungsschnitte mit einer Messschraube versieht, kann man die Winkeleinstellungen feinjustieren. In den Abschnitten 10 und 11 werden Hilfsmittel zur Positionierung, Einstellung und Fixierung beschrieben, die zwar selbst keine eigentlichen Vorrichtungen sind, aber als Bauteile für die Anpassung von Vorrichtungen an bestimmte Zwecke dienen. So kann man die druckluftbetriebene Spannvorrichtung einsetzen, um bei der Arbeit an einer Zuschnittschablone die erreichbare Stückleistung beträchtlich zu erhöhen (vgl. Abbildung S. 14 oben).

Eine weitere Abwandlungsmethode ist es, bereits vorhandene Vorrichtungen an die eigenen Zwecke anzupassen. Anstatt eine Lade für das Schneiden von Verbindungen an der Tischkreissäge vollkommen neu zu konstruieren, kann man auch die notwendigen zusätzlichen Teile an einem normalen Gehrungsanschlag anbringen.

> Siehe „Fingerzinken", S. 101 und 178

Die Universalschiebelade ist so konstruiert, dass man verschiedene Vorrichtungsteile an ihr festschrauben kann, um dann Verjüngungen und Fasen zu schneiden, Zapfen und lose Federn anzufertigen oder Füllungen abzuplatten.

> Siehe „Vielzweckanschlag", S. 104

Die meisten Vorrichtungen wie etwa diese Schiebeschlitten für die Tischkreissäge können kleiner oder größer hergestellt werden, um sie an Ihre Maschinen und an Ihre Vorhaben anzupassen.

Durch das Hinzufügen einer geschwungenen Schablone an die Grundplatte kann die Kante eines Werkstücks in jede beliebige Form gefräst werden.

KAPITEL EINS: FUNKTION UND ENTWURF

Für die schnelle Anfertigung von Kleinserien kann diese Vorrichtung zum Verputzen von Werkstückkanten mit einem Drucklufteinspanner ausgestattet werden.

Diese Vorrichtung zum Sägen von Scheiben entstand ursprünglich für die Bandsäge, aber mit ein paar Änderungen kann man sie auch verwenden, um an der Scheibenschleifmaschine die Kanten einer Scheibe zu schleifen.

### Material oder Beschläge abändern

Um das Nachbauen einer Vorrichtung zu erleichtern, habe ich in den bebilderten Anleitungen oft das Material und die Beschläge beschrieben, die verwendet wurden. Allerdings kann man meist auch anderes Material verwenden, das man gerade zur Hand hat oder das sich für einen bestimmten Zweck besonders gut eignet. So empfehle ich zwar die Verwendung von hochwertigen Holzwerkstoffen (MDF, Sperrholz o.Ä.), um stabile, langlebige Vorrichtungen zu erhalten, es spricht jedoch nichts dagegen, Spanplatte für eine Vorrichtung zu verwenden, die man nur einmal verwenden wird.

Auf die gleiche Weise kann man auch die Beschläge abändern, um sie an den vorgesehenen Zweck anzupassen. Wenn Sie eine Vorrichtung größer als in der Anleitung herstellen wollen oder sie stabiler gestalten wollen, damit sie schweren Beanspruchungen standhält, benutzen Sie gegebenenfalls größere Befestigungen, andere Beschläge und widerstandsfähigere Holzverbindungen. Wenn Sie zum Beispiel eine wirklich große Schneidelade für die Tischkreissäge herstellen wollen, können Sie mit schweren Laufschienen aus Metal dafür sorgen, dass die Lade absolut gerade und ohne Abweichungen läuft.

### Vorrichtungen für mehrere Maschinen

Eine gute Methode, um die Funktionalität einer Vorrichtung zu erweitern, ist es, den Entwurf oder die Konstruktion so abzuwandeln, dass sie an mehr als einer Maschine einzusetzen ist. Ein gutes Beispiel ist die links abgebildete und beschriebene Kreisschablone.

Die Schablone wurde hergestellt, um an der Bandsäge Räder, Ringe und runde Tischplatten zu schneiden. Mit einigen zusätzlichen Bestandteilen lässt sich die Vorrichtung jedoch auch an einer stationären Schleifmaschine einsetzen, um die Kanten von grob ausgeschnittenen Holzscheiben zu glätten und genau auf den erforderlichen Durchmesser zu bringen.

KAPITEL ZWEI

# Material und Beschläge

Es mag ja sein, dass Sie damit zufrieden sind, eine Vorrichtung oder Schablone schnell aus ein paar Reststücken Holz und dem zusammenzuflicken, was Sie an Beschlägen in der untersten Schublade finden. Eine Vorrichtung, die tagein, tagaus benutzt werden soll, hält jedoch auf jeden Fall länger und bleibt auch länger genau, wenn man sie fachgerecht aus hochwertigen Materialien herstellt. Vorrichtungen aus solchem Material zu benutzen, die mit guten Beschlägen versehen wurden, ist eine Freude. Sie liefern genauere und gleichmäßigere Ergebnisse als improvisierte Behelfsmittel und ersparen einem deshalb auf Dauer vielleicht sogar Zeit und Ärger.

> **Siehe Werkzeuge und Arbeitsverfahren auf S. 33–34**

Meist gibt es nicht ein einziges ‚richtiges' Material für eine bestimmte Vorrichtung. Aber alle Materialien – einschließlich Vollholz, Holzwerkstoffe und Kunststoffe – eignen sich meist für eine Reihe von Anwendungen besonders gut. Wenn man die Eigenschaften, Stärken und Schwächen der Werkstoffe versteht, hilft einem das bei der Auswahl eines Materials für eine bestimmte Vorrichtung.

Das Gleiche gilt für Beschläge, die man bei der Herstellung und Ausstattung der selbstgebauten Vorrichtungen benötigt. Wenn man genau den richtigen Beschlag für eine Vorrichtung findet, kann einem das viel Umstand und Ärger ersparen.

Über die üblichen Eisenwaren hinaus – Schrauben, Scharniere, Muttern usw. – gibt es eine überwältigende Auswahl an Beschlägen, die extra für den Vorrichtungsbau hergestellt werden. Darunter findet man Handgriffe und Rändelschrauben, Anschläge und Schienen, selbstklebende Maßbänder und anderes mehr. Die meisten der hier vorgestellten Beschläge sind in guten Eisenwarenhandlungen, z.T. in Baumärkten oder bei Versandhändlern zu bekommen.

Die Verwendung der richtigen Werkstoffe und Beschläge ist der Schlüssel zu widerstandsfähigen und präzisen Vorrichtungen, die den Strapazen der Holzwerkstatt standhalten.

## MATERIALAUSWAHL

Ob man die Produktionsvorrichtungen für eine Möbelfabrik herstellt oder ein Einzelstück für die Ein-Mann-Werkstatt: Für die meisten Materialien gibt es eine eigene Nische im Vorrichtungsbau. Im folgenden Abschnitt diskutiere ich die Vor- und Nachteile der beliebtesten und verbreitetsten Werkstoffe für die Herstellung von Holzbauvorrichtungen, darunter Vollholz, Sperrholz, Hartfaserplatte, MDF (mitteldichte Faserplatte) und Kunststoffe – durchsichtig, opak und hochgleitfähig. Auch behandelt werden Kunststoffe mit hohem Reibungswiderstand, da sie bei verschiedenen Vorrichtungen sehr nützlich sein können.

## KAPITEL ZWEI: MATERIAL UND BESCHLÄGE

Zur Grundausstattung des Vorrichtungsbauers gehören viele Befestigungsbeschläge: Nägel, Holzschrauben, Gewindeschrauben, Muttern, Stockschrauben und vieles mehr.

### Vollholz

Wenn es bei dem Entwurf einer Vorrichtung vor allem auf geringes Gewicht bei hoher Belastbarkeit ankommt, ist Vollholz eine gute Wahl. Um die Gefahr des Werfens und Probleme durch das Arbeiten des Holzes zu verringern, sollte man auf das Holz mit der höchsten Standfestigkeit zurückgreifen, das man bekommen kann. Technisch getrocknetes Fichtenholz mit stehenden Jahresringen ist wegen seiner graden, ununterbrochenen Holzfasern besonders gut für Anschläge und andere, lange Vorrichtungsteile geeignet. Andererseits neigt es aber auch besonders leicht zum Reißen (siehe Abbildung unten links). Pappelholz ist etwas weicher und weniger abriebfest als Fichte, lässt sich aber leicht bearbeiten und ist meist preiswerter als technisch getrocknetes Fichtenholz. Für Exzenterklemmen und andere Vorrichtungsteile, die widerstandsfähig und abnutzungsresistent sein müssen, sollte man eher auf dichte Laubhölzer wie Ahorn als auf Nadelhölzer zurückgreifen.

**Tipp:** Größere Teile für Vorrichtungen kann man preiswert auch aus Bauholz herstellen (vorzugsweise solches ohne Fehler und mit senkrecht stehenden Jahresringen). Das Holz muss aber gut getrocknet werden – pro 25 mm Stärke sollte man ein Jahr rechnen.

### Sperrholz

Wegen seiner Konstruktion aus rechtwinklig zueinander angeordneten Furnierschichten ist Sperrholz kaum oder überhaupt nicht von den Problemen betroffen, die Vollholz bereiten kann (Werfen, Reißen, Maßveränderungen). Zudem kann man stabile Teile mit gekrümmten Kanten

Obwohl Douglasie zum Reißen neigen kann, ist das Holz, wenn es stehende Jahresringe hat, ein sehr stabiles Material für den Vorrichtungsbau.

aus Sperrholz schneiden, ohne auf den Faserverlauf achten zu müssen. Aus diesem Grund ist Sperrholz ein ideales Material für die Herstellung von Vorrichtungen. Allerdings ist normales Sperrholz wegen seiner schwankenden Materialstärke und der minderwertigen Innenlage nicht die beste Wahl für die meisten Vorrichtungen, man sollte eher auf hochwertige Produkte wie Birkensperrholz und Ähnliches zurückgreifen. Diese werden aus einer höheren Zahl von Laubholz- (nicht Nadelholz-)furnieren aufgebaut und sind meist mit dickeren, fehlerfreien Deckfurnieren versehen. Daher ist Birkensperrholz eine qualitativ überlegene, aber auch preislich eine durchaus interessante Alternative zu normalem Sperrholz.

**Tipp:** Um Sperrholz mit guter Passung in eine Nut einzupassen, sollte man Abweichungen zwischen Nenn- und Ist-Stärke ermitteln und berücksichtigen. Schneiden Sie die Nut gegebenenfalls mit einem kleineren Fräser in mehreren Durchgängen genau auf Passung.

## MDF

MDF wird zwar oft als Spanplatte bezeichnet, tatsächlich verrät die volle Bezeichnung mitteldichte Faserplatte jedoch, dass es sich um eine Variante der Hartfaserplatte handelt. Belastbarkeit und Stabilität ähneln zwar der einer mitteldichten Spanplatte, MDF wird jedoch aus feineren Fasern unter Zugabe von 10% Kleber hergestellt. MDF eignet sich sehr viel besser für die Herstellung von Vorrichtungen als Spanplatte, da sein Inneres mindestens 85% so dicht wie die Sichtseiten ist. Dadurch lassen sich glatte, saubere Schnittkanten erreichen, die so stabil und dicht sind, dass auch Schrauben und andere Beschläge in ihnen halten. Die dichten Kanten machen das Material auch gut für die Herstellung von Schablonen geeignet, da sie von den Laufringen an Fräsern bei der Arbeit mit der Handoberfräse nicht so schnell zusammengedrückt oder beschädigt werden wie die Kanten von Spanplatten.

Innenlagen des Sperrholzes mit Ästen oder Hohlräumen wie hier, können bei Bausperrholz zu Schwächungen des Materials führen.

Verlegespanplatte (oben) ist strukturell schwächer als die mitteldichte Faserplatte (MDF), die unten zu sehen ist.

KAPITEL ZWEI: MATERIAL UND BESCHLÄGE

Viele Holzhandwerker ziehen wegen seiner außerordentlich glatten und stets ebenmäßigen Oberfläche MDF für die Herstellung von Grundplatten und Tischen von Vorrichtungen sogar gegenüber hochwertigen Sperrholzarten vor. Andererseits wiegt MDF etwa um die Hälfte mehr als Sperrholz, was ein wichtiger Gesichtspunkt sein könnte, wenn man auf geringes Gewicht einer Vorrichtung Wert legt.

⚠ MDF gibt bei der Bearbeitung Staub ab, der gesundheitsschädlich sein kann, vor allem wenn der Bearbeiter empfindlich auf Formaldehyd reagiert, das im Leim vorhanden sein kann, mit dem die Platten hergestellt werden. Verwenden Sie eine Staubabsaugung und einen guten Atemschutz bei der Arbeit mit diesem Material.

### Spanplatten

Einfache Spanplatte, wie man sie am häufigsten in Holzhandlungen und Baumärkten bekommt, ist ein preiswertes und leicht erhältliches Material. Leider eignet es sich wegen seiner krümeligen inneren Struktur und der mäßigen Belastbarkeit nur bedingt für die meisten Bestandteile von Vorrichtungen. Besonders wenig geeignet ist es für Schablonen, die beim Fräsen mit Anlaufring verwendet werden sollen, weil sich der Ring in das weichere Innere der Platte eindrückt. Andererseits ist Spanplatte durchaus als Material für Zulagen beim Furnieren und für Hilfskonstruktionen bei der Montage geeignet, wo es nicht so sehr auf Belastbarkeit und Kantenstärke ankommt.

> Siehe „Biegeformen", S. 230

### Hartfaserplatte

Hartfaserplatten haben eine härtere Oberfläche als die meisten Holz- und Sperrholzarten, sie sind deshalb ein vielseitiges Material aus Holzfasern, das sich besonders für die Herstellung von Schablonen und ähnlichen Vorrichtungsteilen eignet. Hartfaserplatte gibt es in zwei Varianten, zum einen die sogenannte Siebdruckplatte, bei der eine Seite den Abdruck des Herstellungssiebs zeigt, während die andere glatt ist, zum anderen die beidseitig glatten Varianten. Es gibt auch Hartfaserplatten, die bei der Herstellung mit Kunstharzen versetzt werden, was nicht nur die Oberflächenhärte verbessert, sondern die Platten auch widerstandsfähiger und feuchtigkeitsbeständig macht. Solche Platten, die zum Beispiel unter dem Markennamen Masonit im Handel sind, zeichnen sich durch harte, widerstandsfähige Kanten aus und werden deshalb bevorzugt für dünne Frässchablonen eingesetzt, denen man eine lange Lebensdauer verleihen möchte. Die Oberfläche der Hartfaserplatte ist abriebfest, deshalb ist sie auch die perfekte Wahl für dünne Grundplatten bei Vorrichtungen, die geschoben werden, etwa bei Abläng- oder Gehrungsschlitten und Ähnlichem.

Dünne Hartfaserplatte ist ein sehr preisgünstiges und praktisches Material, um die Grundplatten von Schiebeschlitten herzustellen.

> Siehe „Schablonen zum Fräsen freier Formen", S. 170

## Durchsichtige Kunststoffe

Obwohl sie oft unter dem Begriff ‚Plastik' zusammengefasst werden, zeichnen sich die verschiedenen Kunststoffarten doch durch grundlegend unterschiedliche Materialeigenschaften aus und sind deshalb für sehr unterschiedliche Einsatzzwecke beim Vorrichtungsbau geeignet. Durchsichtige Kunststoffe lassen sich in zwei Gruppen unterteilen: die Acrylkunststoffe und die Polycarbonate. Unterscheiden lassen sich Acrylkunststoffe von Polycarbonaten an der Schnittkante, bei Acrylkunststoff sieht sie gelblich aus, während sie bei Polycarbonaten dunkelgrau wirkt. Es ist wichtig, den Unterschied zu kennen, da die beiden Kunststoffarten sehr unterschiedliche Eigenschaften haben, die sie für manche Einsatzzwecke sehr geeignet machen, während sie für andere vollkommen unbrauchbar sind.

Acrylkunststoffe lassen sich leicht schneiden, schleifen und sogar hobeln und fräsen. Da Acrylkunststoff jedoch zerspringen kann, wenn er von einem Schlag getroffen wird, sollte man ihn nicht als Schneiden- oder Fräserschutz verwenden. Acrylkunststoff reißt und splittert auch eher als Polycarbonat. Im Gegenzug ist Plattenmaterial aus Acryl steifer als solches aus Polycarbonat und neigt nicht so sehr zum Durchhängen und Verbiegen. Deshalb eignet es sich gut als durchsichtiger Einsatz für den Handoberfräsentisch (siehe Abbildung rechts). Teile aus Acrylglas lassen sich an den Kanten oder Flächen kleben, wozu man entweder einen lösungsmittelhaltigen Spezialkunststoff verwendet oder auf sogenannte Sekundenkleber (Cyanacrylat) zurückgreift, die auch sehr effektiv sind. Die Teile werden zusammengespannt oder mit Klebeband aneinander gehalten, dann wird der Klebstoff in die Fuge eingebracht.

Polycarbonat ist in dünnen Platten erhältlich, weniger biegesteif als Acrylkunststoff, jedoch bis zu 30-mal schlagfester, so dass es als nahezu bruch- und splittersicher gelten kann. Es ist deshalb ein ideales Material für Späneableiter, Schutzschilde und ähnliche Sicherheitsvorrichtungen. Man kann Teile aus Polycarbonat miteinander verschrauben, indem man Maschinen-

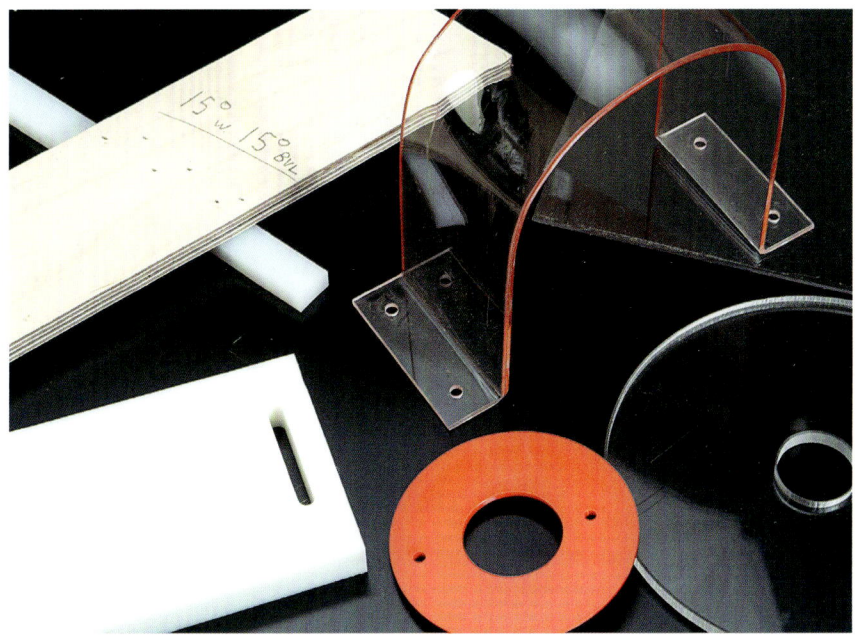

Klare und undurchsichtige Kunststoffe unterschiedlicher Art sind als Plattenware ein gutes Ausgangsprodukt für den Vorrichtungsbau.

3 mm starker Acrylkunststoff ist wegen seiner Steifigkeit gut für die Herstellung von Grundplatten für Handoberfräsen geeignet.

# KAPITEL ZWEI: MATERIAL UND BESCHLÄGE

Durchsichtige Polycarbonatkunststoffe wie Lexan sind zäh und schlagfest und deshalb hervorragend geeignet, um Schutzschilde für Maschinen und Vorrichtungen herzustellen.

Undurchsichtige Kunststoffe für den Vorrichtungsbau: Mineralwerkstoffe (hinten), ABS (vorne links), Micarta (vorne rechts) und Phenoplast (hinten rechts).

schrauben und Muttern verwendet oder indem man Schrauben in vorgeschnittene Gewinde im Material eindreht. Als Alternative bietet sich das Verkleben mit einem Spezialklebstoff an. Da Polycarbonat ein thermoplastischer Kunststoff ist, lassen sich dünne Materialstärken nach dem Erwärmen biegen, um gekrümmte Bestandteile für (Sicherheits-)Vorrichtungen zu erhalten.

### Undurchsichtige Kunststoffe

Undurchsichtige Kunststoffe – unter anderem Phenoplaste, Micarta, ABS und Kunststeine (Quarzwerkstoffe für Küchenplatten) – sind haltbarer und kratzfester als durchsichtige Kunststoffe, aber auch teurer und schwieriger zu erhalten. Das nützlichste unter diesen Materialien, Phenoplast, kostet doppelt so viel wie Acrylglas oder Polycarbonat, es ist aber auch steifer und widerstandsfähiger und eignet sich deshalb sehr für die Herstellung von Vorrichtungen für (Klein-)Serien. Im Versandhandel bekommt man schwarze Phenoplast-Kunststoffe in unterschiedlichen Plattenstärken. Sie eignen sich gleichermaßen gut für Einsätze von Schnittöffnungen an Maschinen wie als stabile Grundplatte von Vorrichtungen. Teile aus Phenoplast lassen sich zwar mit Epoxidkleber miteinander verbinden, aber bei stark belasteten Verbindungen sollte man besser bohren und verschrauben.

### Hochglatte Kunststoffe

Bei Maschinen und Vorrichtungen führt ein reibungsloses Gleiten des Werkstückes oder des Handwerkzeugs meist zu einem glätteren und sichereren Schnitt. Man kann Vorrichtungen zu diesem Zweck entweder mit entsprechenden Kunststofflaminaten belegen oder Teile von ihnen aus hochglatten Kunststoffen wie Polyethylen herstellen. HPL ist ein Kunststofflaminat, das zum Beispiel unter dem Namen Resopal gehandelt wird. Es lässt sich gut auf Trägermaterialien wie Sperrholz oder MDF anbringen, um glatte und haltbare Flächen für Arbeitstische und Grundplatten für Vorrichtungen herzustellen. Es eignet sich auch gut für Hilfsvorrichtungen zum Verleimen, da sich überschüssiger Leim leicht von

# MATERIALAUSWAHL

## Führungsschienen anbringen

Die Leistungsfähigkeit Ihrer selbst gefertigten verschiebbaren Vorrichtung wird deutlich erhöht, wenn die Führungsschienen sorgfältig angebracht werden und die Vorrichtung genau an den Nutschienen im Arbeitstisch ausgerichtet wird, bevor man sie befestigt. Bringen Sie zuerst die aus Holz selbst gefertigten oder gekauften Kunststoffschienen genau auf das Maß der Nutschienen (diese sind nicht immer genau gleich breit). Bringen Sie etwas doppelseitiges Klebeband an der Oberseite der Führungsschiene an, und legen Sie diese dann auf einige Münzen in der Nutschiene, so dass die Führungsschiene etwas über die Arbeitsfläche herausragt (siehe obere Abbildung). Richten Sie die Grundplatte der Vorrichtung so aus, dass sie im rechten Winkel zur Kante des Arbeitstisches und mittig zum Sägeblatt oder Fräser steht. Senken Sie sie auf die Führungsschienen, und drücken Sie sie an, damit sie auf dem Klebeband haftet. Bei Schienen aus Holz oder UHMW-Kunststoff können Sie einfach durch die Grundplatte bis in die Führungsschienen bohren und Schrauben eindrehen (siehe untere Abbildung). Falls die Führungsschienen aus Metall sind, schieben Sie die Vorrichtung aus den Nutschienen und bohren vorsichtig die Befestigungslöcher für die Führungsschienen, bevor Sie sie mit Gewindeschrauben befestigen. Überprüfen Sie, ob die Vorrichtung leichtgängig in den Nutschienen zu bewegen ist, bevor Sie die Schrauben ganz anziehen.

der Oberfläche abziehen oder abkratzen lässt. PE-UHMW ist ein hochdichter, glatter weißer Polyethylen-Kunststoff (siehe Abbildung rechts), der in Stangen oder Platten in den Handel kommt und sich leicht zusägen oder formen lässt. Es kann mit dem Hobel oder Stechbeitel bearbeitet, aber nicht geschliffen werden. Stangen, deren Maße den Führungsschlitzen in einem Kreissägetisch entsprechen, kann man an der Unterseite eines Sägeschlittens befestigen, um sicherzustellen, dass diese gut gleiten. Es gibt UHMW auch als Rollenware in unterschiedlichen Breiten mit einer selbstklebenden Rückseite. Mit den breiteren Varianten lassen sich leicht Anschläge und Vorrichtungen herstellen, an denen kaum Reibungsverluste entstehen.

Ultrahochmolekularer Kunststoff (UHMW) ist in Stangen- und Plattenform und als Band mit Klebeseite zu bekommen. Mit dem Band lässt sich der Reibewiderstand von Anschlägen gut reduzieren.

KAPITEL ZWEI: MATERIAL UND BESCHLÄGE

Anschläge und andere Oberflächen von Vorrichtungen können mit selbstklebendem Schleifpapier (so in der Abbildung) oder rutschhemmenden Belägen für Treppenstufen versehen werden, um ihre Reibung zu erhöhen.

### MATERIALIEN MIT HOHEM REIBUNGSWIDERSTAND

Die Stabilität von Bauteilen, die man mit Zwingen oder an einer Vorrichtung befestigt hat, lässt sich erhöhen, indem man raues Material an den Kontaktflächen befestigt, damit das Werkstück nicht verrutschen kann. Dazu kann man selbstklebendes Schleifpapier verwenden, wie es oben auf der Abbildung zu sehen ist. In den meisten Fällen ist eine Körnung zwischen 80 und 150 gut geeignet. Normales Schleifpapier oder anderes Material mit hohem Reibungswiderstand kann man aber auch mit einem Sprühkleber an den Flächen einer Vorrichtung befestigen. Um die Ansatzflächen von Zwingen oder kleine Oberflächen an Vorrichtungen rauer zu machen, kann man auch selbstklebendes, rutschhemmendes Material verwenden, wie es zum Belegen von Treppenstufenkanten verwendet wird.

### BEFESTIGUNGSBESCHLÄGE

Die Bedürfnisse des Vorrichtungsbauers werden durch eine atemberaubende Auswahl an unterschiedlichen Beschlägen abgedeckt. Sie reicht von einfachen Nägeln und Schrauben bis hin zu Schraubösen und Holzeinschraubmuttern. Einfache Beschläge – Schrauben und Drahtstifte, wie sie in Druckluftnaglern verwendet werden – er-

# BEFESTIGUNGSBESCHLÄGE

Um Teile einer Vorrichtung aneinander zu befestigen, benötigt man eine Vielzahl von Befestigungen, von Nägeln über Schrauben bis hin zu Muttern, Gewindestangen und Handgriffen.

möglichen den Bau von Vorrichtungen in atemberaubender Geschwindigkeit, ohne Einbußen bei Stabilität oder Genauigkeit machen zu müssen. Andere Befestigungen und Beschläge erlauben die Herstellung von Vorrichtungen, die sich schwenken, auseinandernehmen oder verstellen lassen müssen.

### Nägel, Klammern und Krampen

Mit Schrauben oder Maschinenschrauben und Muttern lassen sich sehr haltbare Verbindungen zwischen einzelnen Bauteilen herstellen. Schneller sind jedoch Nägel, Drahtstifte, Klammern und Krampen. Ob man sie mit der Hand oder mit einem Elektro- oder Druckluftnagler eintreibt, sie sind schnell angebracht und sorgen für verhält-

⚠ Richten Sie einen Druckluft- oder Elektronagler niemals auf ein anderes Lebewesen. Achten Sie auch darauf, niemals ein Bauteil in der Nähe der Öffnung des Naglers mit der Hand zu halten, da es leicht vorkommen kann, dass einer der Nägel schräg aus dem Gerät kommt und Sie in der Hand trifft.

Die meisten Druckluftnagler lassen sich mit einem kleinen Kompressor betreiben. In der Abbildung sind vor dem Kompressor verschiedene Modelle für unterschiedliche Nägel, Drahtstifte und Krampen zu sehen.

KAPITEL ZWEI: MATERIAL UND BESCHLÄGE

Traditionelle Holzschrauben aus Stahl oder Messing (links) laufen konisch zu, während die moderneren Trockenbau- und Spanplattenschrauben (rechts) gleichbleibend stark sind.

## Holzschrauben

Holzschrauben mögen teuerer sein als Nägel, sie mögen auch mehr Zeit für das Anbringen benötigen, aber dafür bieten sie auch einige wichtige Vorteile. Die Verbindungen, die man mit ihnen herstellt, sind nicht nur haltbarer, sie lassen sich auch wieder lösen. Das ist vor allem dann wichtig,

⚠ **Bei Vorrichtungen, die in der Nähe von Sägeblättern und Fräsern verwendet werden sollen, sollte man Schauben aus Messing und nicht aus Stahl verwenden. Falls dann doch einmal eine Schraube angeschnitten wird, ist die Schneide nicht immer ruiniert, und es fliegen auch keine Stahlsplitter durch die Werkstatt.**

wenn man eine Vorrichtung von Grund auf neu konstruiert und sich nicht ganz sicher ist, ob sie so funktionieren wird, wie man sich das vorstellt. Teile, die man mit Schrauben befestigt hat, kann man wieder abnehmen und je nach Bedarf versetzen. In der letzten Zeit verwenden engagierte Holzhandwerker häufig statt normaler verzinkter Holzschrauben und Kreuzschlitz-Schnellbauschrauben auch Stahlschrauben mit Innensechskant- oder Torxköpfen. Im Gegensatz zu Schnellbauschrauben brechen oder reißen diese Stahlschrauben nur selten, ihr Gewinde schneidet sich tief ins Holz ein und bietet so höhere Haltekraft, und die Innensechskant- und Torxköpfe lassen sich nicht so leicht ausdrehen wie Schlitz- oder Kreuzschlitzköpfe. Vor allem aber ist der Schaft dieser Schrauben zylindrisch und nicht konisch wie jener von Holzschrauben. Dies bedeutet, dass man beim Vorbohren für eine Schraubverbindung auf einen normalen Bohrer zurückgreifen kann und nicht auf die teuren konischen Spezialbohrer angewiesen ist, deren Verwendung erforderlich ist, wenn man hochbelastbare Verbindungen mit Holzschrauben herstellen will (siehe Abbildung oben). Ähnliche Vorteile bieten Schrauben aus Messing, Bronze und Edelstahl, die es mit vielen verschiedenen Kopfformen (Sechskant-, Vierkant-, Linsen-, Rundkopf und andere mehr) gibt. Besonders nützlich sind Schrauben mit Köpfen, die eine fest verbundene

nismäßig stabile Verbindungen. Man kann mit ihnen nicht nur Leimverbindungen verstärken, sondern solche Verbindungen während des Trocknens des Leimes fixieren, so dass man sich die Verwendung von Zwingen ersparen kann. Das kann besonders bei angefasten oder auf Gehrung geschnittenen Teilen nützlich sein, die unter Umständen nur schwer einzuspannen sind. Druckluftnagler sind beim Nageln von geleimten Verbindungen besonders nützlich, da man mit einem Druck auf den Auslöser schnell einen Nagel oder Drahtstift hineintreibt, bevor die Teile verrutschen können

**TIPP:** Damit kleinere Nägel und Drahtstifte, die man mit der Hand eintreibt, das Holz nicht zum Reißen bringen, sollte man ihre Spitzen leicht abstumpfen, indem man mit dem Hammer darauf schlägt, bevor man sie wie üblich einschlägt.

Unterlegscheibe aufweisen, da sie die Gefahr verringern, die Schraube durch dünnes Material wie Hartfaserplatte hindurchzudrehen.

### Drehgriffe und Flügelschrauben

Mit normalen Maschinenschrauben und Muttern kann man zwar gut Bauteile miteinander verbinden, man benötigt aber Werkzeug, um sie anzuziehen oder zu lösen. Das kostet beim Einstellen von Vorrichtungen Zeit, wenn man etwa einen Anschlag verstellen oder eine Anlage an einer anderen Stelle anbringen muss. Mit ihren großen Griffen oder breiten Flügeln erlauben es Drehgriffe und Flügelschrauben, ohne Werkzeug (das immer dann nicht zur Hand zu sein scheint, wenn man es gerade braucht) die Teile einer Vorrichtung zu verstellen.

Drehgriffe haben einen Gewindeeinsatz und lassen sich auf Maschinenschrauben, Hammerschrauben oder auf den Teil einer Stockschraube mit metrischem Gewinde aufdrehen. Handschrauben weisen statt des normalen Sechskantkopfes einen Kunststoffgriff am Kopfende auf, mit dem sie sich mit der Hand anziehen und lösen lassen. Sie können mit normalen Muttern, mit Gewindeeinsätzen oder T-Muttern verwendet werden.

Drehgriffe und Flügelschrauben sind in verschiedenen Gewindedurchmessern bis hin zu 10 mm zu bekommen, auch bei den Griffen kann man unter verschiedenen Formen wählen – zwei Flügel, Dreistern, Fünfstern, glatt-rund, Rosette oder gerändelt.

> **Siehe „Einschraub- und Einschlagmuttern", S. 27**

Klemmhebel besitzen einen großen Griff, der durch eine Feder gehalten wird und sich auch dort noch leicht verstellen lässt, wo der Platz nicht reicht, um einen normalen Drehgriff zu bedienen. Sie lassen sich auch dort einsetzen, wo man einen verstellbaren Anschlag nicht mit einem anderen Griff befestigen könnte, weil er den Zugriff auf das Werkstück einschränken würde (siehe Abbildung rechts).

Beim Vorrichtungsbau gibt es kaum eine Grenze für die vielseitige Verwendbarkeit von Drehgriffen und Flügelschrauben aus Kunststoff.

Der Handgriff dieser Verschlüsse kann gegen einen Federwiderstand angehoben werden, um sie so zu drehen, dass sie nicht gegen das Werkstück stoßen, das gegen den Anschlag am geneigten Arbeitstisch der Ständerbohrmaschine gehalten wird.

KAPITEL ZWEI: MATERIAL UND BESCHLÄGE

## KEGELSTIFTE

Kegelstifte werden im Maschinenbau häufig verwendet, um bewegliche Teile wie Maschinenanschläge rechtwinklig oder im Winkel von 45° auszurichten. Der Stift wird in eine Kegelbohrung eingepasst, die von einem Bauteil bis in das andere reicht. Beim Vorrichtungsbau kann man auf Kegelstifte zurückgreifen, um entfernbare Anschläge genau zu positionieren, um den Winkel eines Anschlags festzulegen oder um die Lage von Hilfstischen an stationären Maschinen zu bestimmen.

Kegelstifte sind bei der Positionierung von Teilen genauer als Schrauben oder Holzdübel, da sie selbstzentrierend sind und auch dann noch genau sitzen, wenn die Aufnahmen durch langen Gebrauch schon ausgeweitet sind. Zudem ist die kraftschlüssige Verbindung zwischen Kegelstift und Aufnahme meist ausreichend, so dass man auf andere Befestigungen für die meisten Bauteile verzichten kann.

Kegelstifte sind in verschiedenen Größen erhältlich, in Deutschland ist der Kegelwinkel jedoch einheitlich. Beim Vorrichtungsbau wird man meist auf mittlere Größen zurückgreifen. Um einen Kegelstift anzubringen, werden zuerst die beiden Bauteile zusammengespannt, dann wird durch beide Teile ein durchgehendes Loch gebohrt, dessen Durchmesser ungefähr dem des dünneren Endes des Kegelstiftes entspricht. Dann wird das Loch kegelförmig ausgerieben. Dafür gibt es im Werkzeughandel spezielle Werkzeuge, die Ausreiber genannt werden und in der langsam laufenden Ständerbohrmaschine (siehe Abbildung rechts) oder mit der Hand verwendet werden können.

Ein leicht eingeschlagener Kegelstift wird durch Reibungswiderstand in seiner Aufnahme gehalten, das genügt oft, um einen Anschlag oder ein anderes Vorrichtungsteil sicher zu halten, ohne auf Schrauben oder andere Beschläge zurückgreifen zu müssen.

Zuerst wird mit einem normalen Bohrer das Aufnahmeloch für den Kegelstift gebohrt, dann wird es mit einem Ausreiber konisch ausgearbeitet.

### Einschraub- und Einschlagmuttern

Wenn man eine Vorrichtung baut, die bewegliche oder schwenkbare Teile aufweist, wie zum Beispiel einen schwenkbaren Tisch oder einen verstellbaren Gehrungsanschlag, dann soll meist eine Gewindeschraube in ein widerstandsfähiges Gewinde aus Metall eingedreht werden. Einschraubmuttern und Einschlagmuttern (siehe Abbildung rechts) werden in Bauteilen aus Laub- oder Nadelholz, aus Sperrholz, MDF oder Spanplatte und sogar aus Kunststoff eingesetzt. Die Metallgewinde dieser Beschläge erlauben es einem, Schrauben wiederholt in sie ein- oder aus ihnen herauszudrehen, ohne das Gewinde abzunutzen. Einschraubmuttern können an der Breitseite oder Schmalkante eines Bauteiles angebracht werden, mit ihnen kann man auch Teile aneinander befestigen, die zu stark sind, um sie auf normale Weise miteinander zu verschrauben. Beide Mutter-Arten sind in den gängigsten Gewindedurchmessern zu bekommen.

Mit Einschraub- und Einschlagmuttern kann man in Holz oder Kunststoff Gewinde anbringen, um als Aufnahme für Gewindeschrauben, Drehgriffe und Ähnliches zu dienen.

### Einschraubmuttern

Einschraubmuttern sind in Deutschland auch unter dem Markennamen Rampamuffen bekannt. Sie haben ein scharfes Außengewinde, mit dem sie in ein vorgebohrtes Loch geschraubt werden können, dessen Durchmesser dem der Mutter ohne Gewinde entspricht. Um eine Einschraubmutter genau senkrecht anzubringen, kann man die Ständerbohrmaschine verwenden, die man zuvor vom elektrischen Netz genommen hat. Schneiden Sie zuerst den Kopf von einer Gewindeschraube, die in die Einschraubmutter passt. Spannen Sie das kopflose Ende in das Bohrfutter ein, und befestigen Sie mit einer Unterlegscheibe und mit Kontermuttern die Einschraubmutter am unteren Ende. Drehen Sie die Mutter langsam mit einem Schraubenschlüssel, während Sie das Bohrfutter absenken, um senkrechten Druck auszuüben (Abbildung unten). So wird die Einschraubmutter genau senkrecht in das Material gedreht. Die Unterlegscheibe verhindert, dass Holzfasern angehoben werden, wenn die Mutter bündig mit der Oberfläche eingelassen wird. Falls die Bauteile so groß sind, dass sie nicht in die Ständerbohrmaschine passen, kann man auch eine normale Gewindeschraube und eine Ratsche verwenden, um die Einschraubmutter einzudrehen (Abbildung oben).

# KAPITEL ZWEI: MATERIAL UND BESCHLÄGE

Einschlagmuttern lassen sich mit einem Kunststoffhammer in das vorgebohrte Hirnholz eines Werkstücks eintreiben.

T-Nutschienen, Profilschienen und Anschläge aus Metall sind bei der Herstellung verschiedener verschiebbarer Vorrichtungen sehr nützlich.

Einschlagmuttern sind nicht ganz so vielseitig wie Einschraubmuttern, aber sie kosten auch weniger und sind leichter anzubringen. Es gibt sie in Größen bis zu 15 mm. Nachdem man ein Loch mit dem Außendurchmesser des Schaftes gebohrt hat, wird die Mutter einfach mit dem Hammer oder Klüpfel eingeschlagen. Die Krallen am Kopf verankern die Mutter im Holz und hindern sie daran, sich zu drehen. Die größte Haltekraft erreicht man, wenn man die Einschlagmutter auf der Gegenseite des Werkstücks anbringt, so dass die Schraube durch das Material hindurch die Mutter anzieht, anstatt sie aus dem Material herauszudrücken.

**TIPP:** Wenn man etwas Wachs an das Außengewinde einer Einschraubmutter gibt, lässt sie sich leichter in das Holz drehen. Das gilt auch für normale Holzschrauben, vor allem, wenn sie in dichtes Laubholz geschraubt werden sollen.

## T-NUTSCHIENEN UND ANSCHLÄGE

Außer den genannten Beschlägen gibt es eine Vielzahl anderer Hilfsmittel, die man verwenden kann, um schnell vielseitige und präzise Vorrichtungen zu bauen. So bekommt man zum Beispiel T-Nutschienen aus Aluminium in vielen verschiedenen Profilen und Abmessungen und erhält so fast endlos viele Möglichkeiten, Vorrichtungen zu bauen. Eine vorgefertigte Schiene kann ungemein zur Vielseitigkeit einer verstellbaren Vorrichtung oder Einspanneinrichtung beitragen. Und handelsübliche Anschläge, wie sie in der Abbildung oben zu sehen sind, lassen sich in den Führungsnuten für Gehrungs- und Parallelanschläge an Maschinen anbringen, wo sie sich leichter bewegen lassen als selbstgefertigte Anschläge aus Holz.

# T-NUTSCHIENEN UND ANSCHLÄGE

Profilschienen aus Aluminium sind in den unterschiedlichsten Breiten und Ausformungen zu erhalten.

## Profilschienen

In einer T-Nut kann man an jedem Arbeitstisch aus Holz oder Kunststoff mit entsprechenden T-Nutmuttern oder Griffen Zubehör wie Anschläge, Zwingen und Ähnliches befestigen.

In eine Vorrichtung aus Holz kann man T-Nuten mit der Handoberfräse schneiden, schneller lässt sich jedoch eine Profilschiene anbringen, die zudem dauerhafter im Gebrauch ist. Diese Profilschienen werden aus widerstandsfähigen Aluminiumlegierungen in einer Vielzahl unterschiedlicher Formen und Abmessungen hergestellt, so dass sie sich für die unterschiedlichsten Zwecke eignen.

Die T-Nuten in den Profilschienen nehmen Muttern oder die Sechseckköpfe normaler Maschinenschrauben in unterschiedlichen Größen auf. Die Mutter, Maschinenschraube oder das Zubehörteil wird seitlich in die Nut eingeschoben und an der gewünschten Stelle arretiert. Dazu wird der obere Teil (ein Griff, eine Schraube oder eine Mutter) gedreht, während der in der Nut liegende

Manche T-Nutschienen nehmen Schrauben mit normalen Sechseckköpfen auf (hinten), während man bei anderen auf Hammerschrauben oder andere Spezialanfertigungen zurückgreifen muss.

## KAPITEL ZWEI: MATERIAL UND BESCHLÄGE

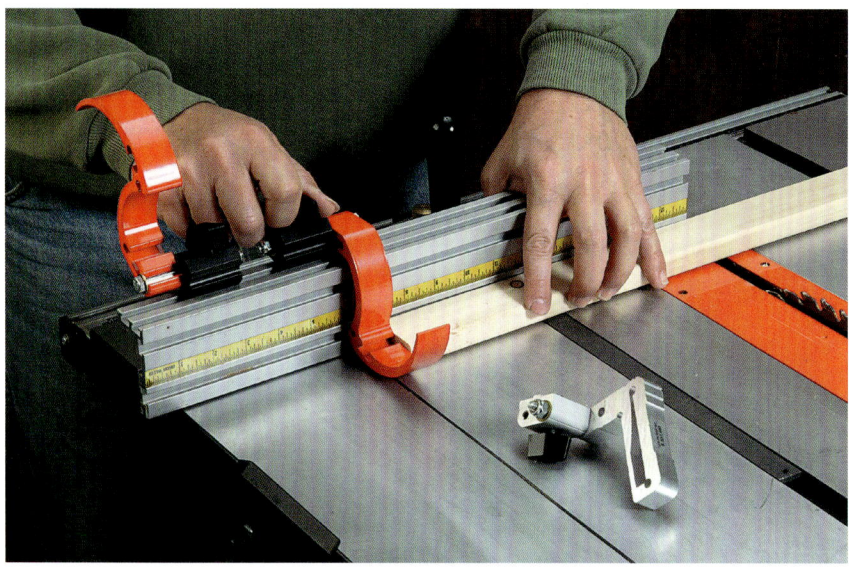

Umlegbare Endanschläge lassen sich in einem Anschlag mit T-Nut an einer Maßskala einstellen, um Material präzise auf Länge zu schneiden.

Profilschienen, die in die Nuten von Arbeitstischen eingelegt werden können, sind in unterschiedlichen Breiten erhältlich. Für eine Vorrichtung schneidet man die Nut an der Tischkreissäge oder mit der Handoberfräse passend zu.

Teil durch die Wandungen daran gehindert wird, sich mitzudrehen. So kann die Arretierung schnell und mit einer Hand angezogen oder gelöst werden.

Die einfachste Form der Profilschiene hat nur eine einzelne T-Nut. Sie wird mit Schrauben oder Leim in einem Schlitz angebracht. Solche Profilschienen mit einer Nut sind ungemein vielseitig bei der Herstellung von Spanntischen, wie auch Vorrichtungen zum Einspannen und zur Montage einzusetzen.

Breitere Schienen können zwei oder mehr T–Nuten aufweisen und für verschiedene Zwecke eingesetzt werden. Eine L-förmige Profilschiene lässt sich als Anschlag für eine Kappsäge, Tischfräse oder andere Maschine einsetzen, wie es auf der Abbildung links zu sehen ist.

Noch breitere Schienen mit vier oder mehr Nuten können zur Herstellung hoher Anschläge ebenso verwendet werden wie für Einspann- und andere Vorrichtungen. Die meisten Profilschienen nehmen neben den normalen T-Muttern und Sechseckköpfen von Maschinenschrauben auch unterschiedliche Zubehörteile wie verstellbare Längenanschläge, Feineinsteller und Schutzvorrichtungen auf. Verstellbare Längenanschläge können am Arbeitstisch verschiedener Maschinen nützlich sein, vor allem da man ohne weiteres mehrere anbringen kann, die sich je nach Bedarf nach hinten legen lassen, ohne die zuvor eingestellte Position zu verlieren.

---

**TIPP:** Beachten Sie, dass T-Nutprofilschienen meist nur eine Art und Größe von Schraube aufnehmen können. Hammerschrauben und normale Sechseckkopfschrauben oder Schrauben unterschiedlicher Größe lassen sich dann nicht beliebig gegeneinander austauschen.

---

## Nutschienen für den Queranschlag

Mit Nutschienen für den Queranschlag kann man auf leichte Weise eine haltbare Nut in einem Arbeitstisch anbringen, in der sich dann ein Gehrungsanschlag oder ein verschiebbarer Schlitten anbringen lässt. Solche Schienen aus Aluminium können in Vollholz, Sperrholz, MDF oder fast jedem anderem Material mit einer Mindeststärke von 20 mm angebracht werden. Die Schienen werden von verschiedenen Herstellern in unterschiedlichen Längen angeboten. Meist sind sie auf eine Nutbreite von 25 mm und -tiefe von 10 mm abgestimmt. Manche Schienen weisen vorgebohrte Löcher auf, durch die sie sich am Grund der Nut festschrauben lassen, andere werden mit Epoxid- oder Polyurethankleber oder hochviskosem Sekundenkleber in der Nut eingeleimt.

## Laufschienen für den Gehrungsanschlag

Am schwierigsten bei der Herstellung fast jedes Schlittens, der in den Führungen für den Queranschlag laufen soll, ist es, die Laufschienen für die Führungen herzustellen und einzupassen. Holzleisten schwinden und quellen und sitzen deshalb im trocknen Winter zu lose, im schwülen Sommer dagegen zu fest, auch wenn man sie bei der Herstellung sorgfältig auf Maß gearbeitet hat. Die Schiebeschlitten für meine Werkstatt habe ich deshalb mit Schienen aus hochglattem Polyethylen oder Metall versehen.

> Siehe „Hochglatte Kunststoffe", S. 20.

Die Schienen aus Kunststoff oder Metall sind stabil und gerade und passen genau in die Führungsnuten in üblichen Abmessungen in den Arbeitstischen stationärer Maschinen. Die Polyethylenschienen kann man fertig kaufen oder selbst aus Plattenmaterial zuschneiden. Falls Sie sich für die zweite Lösung entscheiden, sollten Sie die Schienen zuerst auf Übermaß schneiden und dann nach und nach auf Passung hobeln.

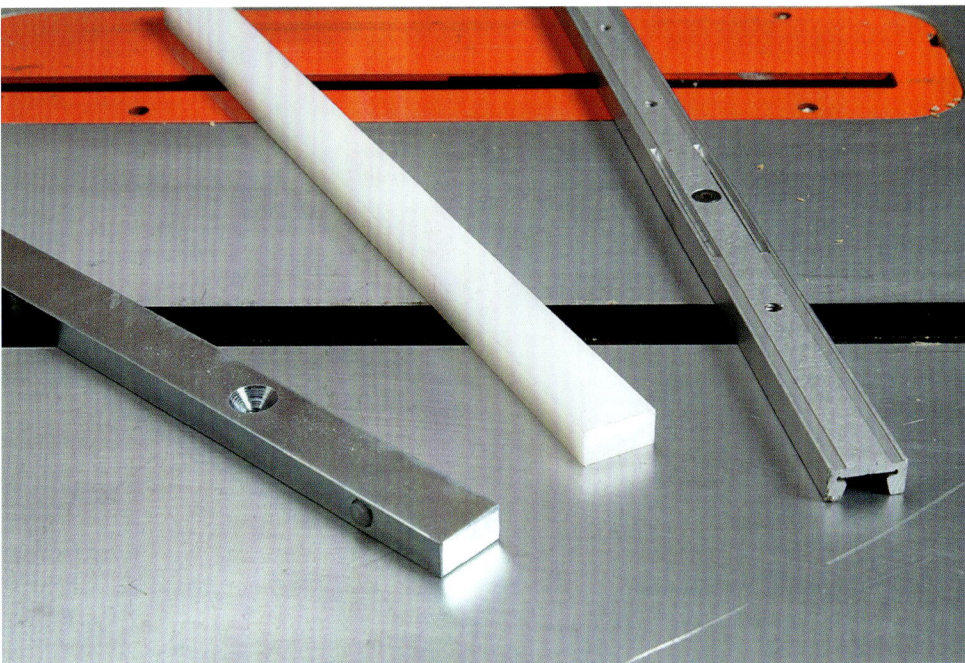

Führungsschienen für die Nuten in Arbeitstischen bekommt man (von links nach rechts) aus Stahl mit verstellbaren Kunststoffeinsätzen, aus UHMW-Kunststoff und aus Aluminium.

## ANDERE BESCHLÄGE FÜR VORRICHTUNGEN

Manchmal benötigt man für eine selbst angefertigte Vorrichtung einen ganz bestimmten Beschlag, um die gewünschte Funktion zu erhalten. So kann es sein, dass man an einem Anschlag ein Maßband befestigen muss, um genaues Arbeiten zu gewährleisten. Oder man benötigt besonders starke Magneten, um eine große Vorrichtung zeitweilig am Maschinentisch der Tischkreissäge zu befestigen. Andere Hilfsmittel wie druckluftbetriebene Exzenterhebel, Absaugöffnungen und Vakuumsauger werden in den Abschnitten erörtert, in denen sie zum Einsatz kommen.

## KAPITEL ZWEI: MATERIAL UND BESCHLÄGE

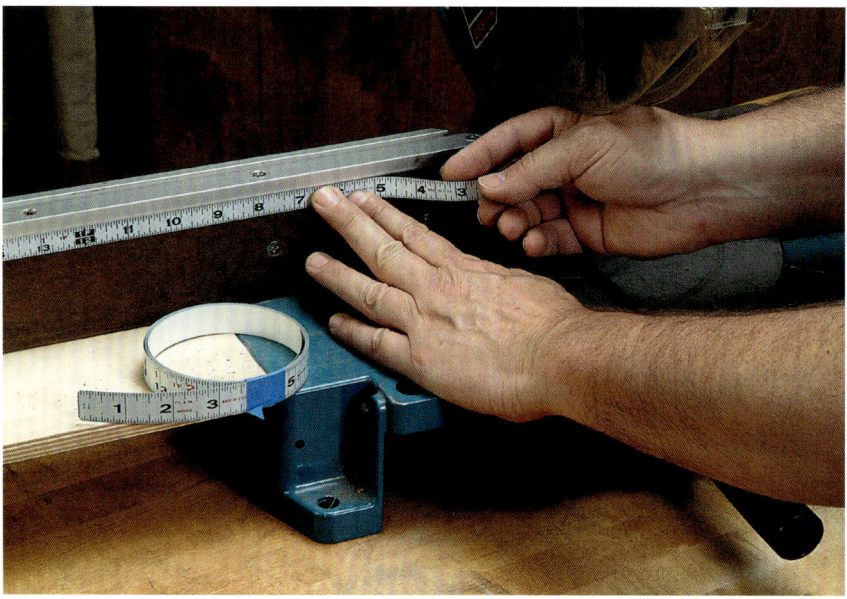

Selbstklebende Maßbänder machen es sehr leicht, Anschläge oder Vorrichtungen mit beweglichen Teilen mit einer Maßskala zu versehen.

### Selbstklebendes Maßband

Um an einer Anlageschiene mit T-Nut und verschiebbaren Anschlägen genaue und wiederholbare Schnitte ausführen zu können, befestigt man ein Maßband an der Anlageschiene oder an der Profilschiene mit der T-Nut. Selbstklebende Maßbänder lassen sich leicht an Anlagen aus Holz, Aluminium oder jedem anderen glatten und sauberen Material befestigen. Die Maßeinheiten sind wahlweise von links nach rechts oder umgekehrt angeordnet, so dass diese Maßbänder eine gute Möglichkeit bieten, Anschläge oder andere feste oder bewegliche Teile einer Vorrichtung mit einer Einstellmöglichkeit zu versehen. Wenn noch größere Genauigkeit erforderlich ist, kann man zusätzlich noch ein Vergrößerungsglas mit Einstellstrich vor dem Maßband anbringen.

> **Siehe „Umlegbare Endanschläge", S. 192.**

### Rare-Earth-Magneten

Rare-Earth-Magneten (Neodym-Magneten) werden aus einer Legierung aus Neodym, Eisen und Bor hergestellt (NdFeB), sie gehören zu den stärksten bekannten Dauermagneten. Sie kommen als kleine Scheiben unterschiedlichen Durchmessers in den Handel und zeigen eine unglaubliche Haltekraft, wenn man sie an einen Stahl- oder Eisengegenstand hält. Sie sind ideal, um zeitweilig Schutzvorrichtungen an einem Arbeitstisch aus Eisen zu befestigen. Ebenso sicher kann man eine Vorrichtung am Arbeitstisch einer Bandsäge befestigen, wenn man in ihrer Grundplatte vier solche Magneten mit einem Durchmesser von 20 mm einlässt. Neodym-Magneten sind so kräftig, dass man mit ihnen sogar einen Anschlag für das Auftrennen von Holz befestigen kann.

Kraftvolle Magneten aus Seltene-Erden-Legierungen können Anschläge, Niederhalter und andere Vorrichtungen vorübergehend an Stahl- oder Gusseisenflächen befestigen.

⚠ Seltene-Erden-Magneten sind so kräftig, dass sie elektronische Geräte und Magnetspeichermedien ernsthaft schädigen können. Bringen Sie diese Magneten nicht in die Nähe von Computern, Mobiltelefonen, Uhren, Tonbandkassetten oder Kreditkarten.

KAPITEL DREI

# Werkzeuge und Arbeitsverfahren

Die meisten Werkzeuge, die man zum Bau von Vorrichtungen benötigt, werden auch beim Möbelbau verwendet. Und die meisten Verfahren, die man beim Bau von soliden, haltbaren Vorrichtungen aus Vollholz und Holzwerkstoffen einsetzt, gleichen jenen, die beim Bau von hochwertigen Möbeln angewendet werden. Allerdings müssen Vorrichtungen oft mit höherer Maßhaltigkeit gebaut werden, um präzise und wiederholbare Arbeiten ausführen zu können. Darüber hinaus müssen sie so haltbar sein, dass sie auch den Kräften widerstehen können, die von starken Maschinen auf sie ausgeübt werden. In diesem Abschnitt beschäftigen wir uns mit dem Herstellen von Verbindungen, dem Verleimen, der Oberflächenbehandlung und anderen Arbeitsverfahren aus der Holzbearbeitung, die bei der Herstellung von Vorrichtungen zur Anwendung kommen. Außerdem werden Werkzeuge wie Zirkel, Lineale, Messlehren und 1-2-3-Blöcke vorgestellt, mit denen man eine höhere Genauigkeit beim Bau und Einrichten von Vorrichtungen erreichen kann. Schließlich werden auch Arbeitsverfahren besprochen, die bei Nicht-Holzwerkstoffen angewendet werden, zum Beispiel das Schneiden von Gewinden in Kunststoff oder Metall.

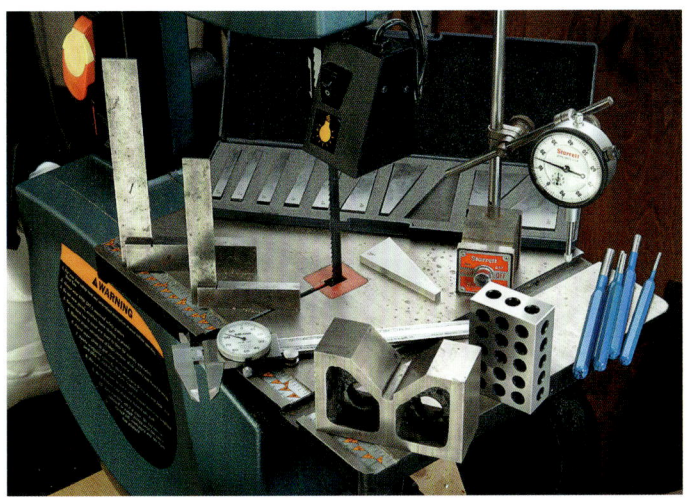

Beim Bau von Vorrichtungen kann man mit Vorteil für die Genauigkeit auf das Werkzeug des Werkzeugmachers, Metallbauers und Feinmechanikers zurückgreifen.

Mit dem Messschieber lassen sich Außen- und Innenmaße von Bauteilen ebenso überprüfen wie die Tiefe von Bohrlöchern und Nuten.

KAPITEL DREI: WERKZEUGE UND ABREITSVERFAHREN

# WERKZEUGE FÜR DEN VORRICHTUNGSBAU

Über die bei der Holzbearbeitung üblichen Werkzeuge, die wir auch bei der Herstellung von Vorrichtungen aus Holz, Holzwerkstoffen, Kunststoffen und Aluminium verwenden können, gibt es einige aus dem Bereich des Maschinenbaus, die man gut verwenden kann, wenn man besonders genau arbeiten möchte: Messschieber, Metalllineale, Messlehren und 1-2-3-Blöcke.

## Messschieber

Digitale Messschieber haben ein Display, an dem man die Maße wahlweise in Millimetern oder in Zoll ablesen kann.

Messschieber sind außerordentlich nützliche und leicht zu bedienende Werkzeuge, wenn es darum geht, genaue Messungen vorzunehmen. Die meisten Messschieber können auf drei verschiedene Weisen Entfernungen messen: Mit den größeren Messschenkeln lassen sich Außenmaße messen (die Länge oder Stärke eines Werkstücks), mit den kleineren Messschenkeln misst man die Breite eines Schlitzes oder den Durchmesser einer Bohrung und mit der Tiefenmessstange kann man die Tiefe von Bohrungen oder Schlitzen ermitteln. Moderne Messschieber gibt es in drei Varianten: mit Nonius, mit Messuhr und mit digitaler Anzeige (in der Abbildung links zu sehen). Die Messgenauigkeit liegt bei allen Modellen im Bereich von 0,01 mm. Messschieber mit digitaler Anzeige können unter Umständen das Ergebnis in verschiedenen Einheiten (mm, Zoll) angeben.

## Schlosserwinkel

Ganzmetallwinkel sind nützlich, wenn es darum geht, die Maßhaltigkeit von Bauteilen oder die Einstellung von Sägeblättern und Fräsern zu überprüfen.

Schlosserwinkel werden in verschiedenen Größen hergestellt. Sie sind außerordentlich stabil und eignen sich hervorragend für das präzise Anreißen und die genaue Montage, die beim Bau hochwertiger Vorrichtungen so wichtig sind. Ein Schlosserwinkel besteht aus einem Messschenkel aus schwerem Stahl und einem Anschlag aus stärkerem Stahl. Kleinere Winkel mit einer Schenkellänge von 100 mm eignen sich gut für das Anreißen von Teilen für kleine Vorrichtungen, während man die großen Winkel mit einer Schenkellänge von 300 mm meist dazu verwendet, die Teile von großen Vorrichtungen bei der Montage aneinander auszurichten. Mit den mittleren Größen (150 mm Schenkellänge) kann man unterschiedliche Aufgaben erledigen, so zum Beispiel Arbeitstische winkelgenau ausrichten oder das Sägeblatt einer Tischkreissäge genau senkrecht einstellen.

## Ausrichtblöcke für Metallarbeiter

V-Blöcke und 1-2-3-Blöcke gehören zu den wichtigsten Hilfsmitteln in jeder Metallwerkstatt. Sie sind bei den verschiedenen Einrichtungs- und Fertigungsarbeiten sehr nützlich. Die sogenannten 1-2-3-Blöcke sind ein Hilfsmittel, das besonders in den USA verbreitet ist. Sie weisen genau rechtwinklig zueinander stehende Kanten auf, deren Längen 1, 2 und 3 Zoll betragen. Die Löcher, mit denen sie versehen sind, dienen einerseits der Gewichtsersparnis und andererseits lassen sich die Blöcke mit ihnen auf unterschiedliche Weisen befestigen. Sie sind hervorragend geeignet, um Werkstücke bei der Bearbeitung auszurichten und zu fixieren. So kann man zum Beispiel einen oder zwei dieser schweren Blöcke dazu verwenden, einen Anschlag aus Holz auf einer Grundplatte zu halten, während er mit Schrauben und Leim befestigt wird (siehe Abbildung rechts).

Ein V-Block ist ein schwerer, rechteckiger Stahlblock, der an einer Seite mit einer V-förmigen Kerbe versehen ist. Diese Kerbe ist ausgesprochen gut als Aufnahme für runde oder rechteckige Werkstücke beim Bohren oder anderen Bearbeitungsgängen geeignet, wie man das in der Abbildung unten rechts sehen kann. Wenn man den Grund der V-Kerbe genau unter der Mittellinie der Ständerbohrmaschine ausrichtet, befindet sich das Bohrloch immer mittig im Werkstück, vollkommen unabhängig von der Größe des Werkstücks oder dem Durchmesser des Bohrers.

Solche Metallklötze werden in den USA als „1-2-3 blocks" bezeichnet. Sie sind beim Verleimen nützlich, um die Rechtwinkligkeit sicherzustellen.

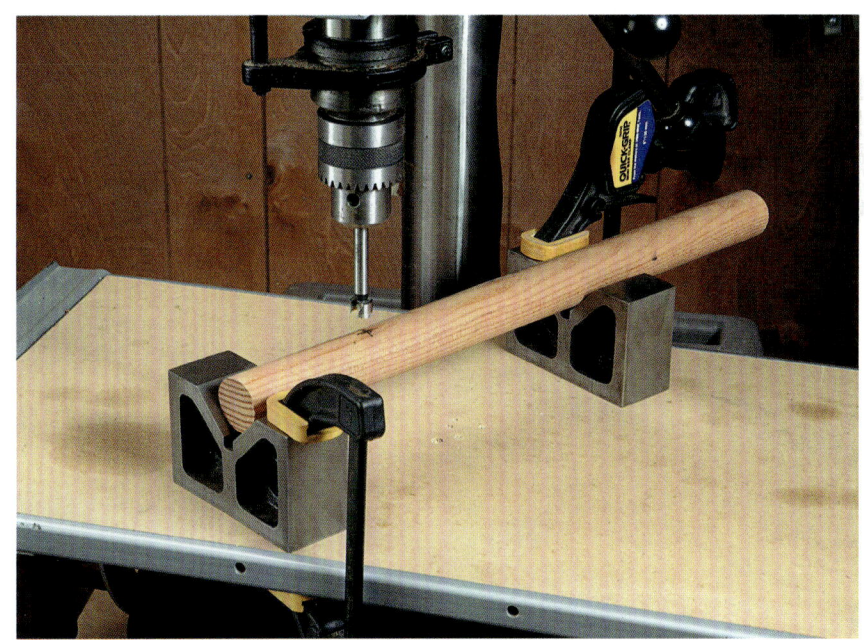

Ein schwerer V-Block hält Rundmaterial beim Bohren und anderen Arbeiten sicher.

KAPITEL DREI: WERKZEUGE UND ABREITSVERFAHREN

Transfer-Körner können durch eine Bohrung in einer Schablone gesteckt werden, um die Lage der Bohrung sehr genau auf das Werkstück darunter zu übertragen.

### Transfer-Körner

Wenn man die Lage eines vorhandenen Loches oder gefrästen Schlitzes präzise auf ein anderes Werkteil übertragen muss, kann man dazu einen Transfer-Körner verwenden. Diese Körner sind in verschiedenen Durchmessern erhältlich (meist als ganze Sätze) und werden ähnlich wie normale Körner verwendet. Man wählt einen Körner aus, dessen Durchmesser dem Loch entspricht, das übertragen werden soll. Er wird durch das Loch gesteckt und dann mit einem leichten Schlag in das untere Werkstück getrieben. Dort hinterlässt er eine kleine Vertiefung (siehe Abbildung oben), in der man den Bohrer ansetzt, um das korrespondierende Loch zu bohren. Die Genauigkeit dieses Verfahrens ist bei der Montage von großen Beschlägen, Anschlägen und Anlagen an Vorrichtung von unschätzbarem Wert, nicht zuletzt, wenn es darum geht, Einbohrmuttern genau unter den zugehörigen Schlitzen anzubringen.

Eine Verbindung auf Stoß muss mit Leim und Nägeln oder Schrauben verstärkt werden, wenn sie dauerhaft sein soll.

## HOLZVERBINDUNGEN

Es kann zwar ausreichen, eine Vorrichtung schnell mit Nägeln und Leim zusammenzubauen, aber es gibt doch nichts Besseres als fachgerechte Holzverbindungen, um die Teile miteinander zu verbinden. Statt der stabilsten (und aufwändigsten) Verbindungen wie Schlitz-und-Zapfen oder Schwalbenschwanzzinkungen kann man dabei ohne weiteres auf die einfachen Verbindungen auf Stoß, auf Verbindungen mit Formfedern oder auf Nuten und Fälze zurückgreifen. Arbeitstische und andere Flächen, die eben und verwindungsfrei sein sollen, lassen sich sehr gut als selbstragende Kästen konstruieren.

## HOLZVERBINDUNGEN

### Verbindungen auf Stoß

Wenn eine Vorrichtung schnell fertig werden soll, sind Verbindungen auf Stoß meist das Mittel der Wahl. Dabei werden, wie in der Abbildung unten zu erkennen, zwei Teile mit rechtwinkligen Kanten miteinander verbunden. Solche Verbindungen lassen sich schnell und leicht zuschneiden und sind für viele Kastenkonstruktionen im Vorrichtungsbau ausreichend. Allerdings müssen sie mit Nägeln, Klammern, Schrauben, losen Federn oder Formfedern verstärkt werden.

Um die Teile während der Montage aneinander auszurichten, kann man Nägel und Schrauben zusammen verwenden: Geben Sie Leim an beide Verbindungsflächen, richten Sie die Teile sorgfältig aneinander aus, und treiben Sie einen Nagel an jedem Ende der Verbindung durch beide Teile, um zu verhindern, dass diese sich verschieben (vgl. Abbildung oben rechts). Dann drehen Sie die Schrauben ein.

### Verbindungen mit Formfedern

Eine einfache Verbindung auf Stoß lässt sich gut mit Formfedern verstärken. Diese Formfedern werden in Schlitze eingesetzt, die man mit einer speziellen Fräse in das Vollholz, Sperrholz oder den Holzwerkstoff fräst. Sie sorgen für eine stabile Verbindung – eine Reihe von Formfedern, die man an den Ecken einer Verbindung auf Stoß oder an der Verbindungsstelle von zwei Platten einsetzt, ergibt eine außerordentlich starke Verbindung und erleichtert zudem das Ausrichten und Einspannen während des Verleimens. Mit Formfedern kann man auch Längsverleimungen und Verbindungen auf Gehrung verstärken.

Bei breiten Werkstückteilen sollten die Schlitze für die Formfedern im Abstand von 50 bis 150 mm angebracht werden. Nachdem die Schlitze in beide Teile der Verbindung gefräst worden sind (vgl. Abbildung unten rechts), gibt man Leim in die Schlitze und an die Formfedern, steckt die Verbindung zusammen und setzt die Zwingen an. Bei Gehrungen und anderen Verbindungen, die sich schlecht einspannen lassen, kann man auch Schrauben in die Verbindung drehen, um diese zusammenzuhalten, während der Leim anzieht.

Wenn man zuerst einige Nägel mit dem Druckluftnagler in die geleimten Verbindungen eintreibt, kann man hinterher die Verbindung mit Schrauben verstärken, ohne dass die Teile verrutschen.

Um ein Bauteil senkrecht auf einem anderen zu befestigen, werden Schlitze für Formfedern in die Seite des einen Teils und die Kante des anderen gefräst.

## KAPITEL DREI: WERKZEUGE UND ABREITSVERFAHREN

Ein Falz lässt sich an die Kante eines Werkstückes mit zwei Schnitten der Tischkreissäge anschneiden.

Beim Schneiden von Nuten ist es wichtig, dass der Fräser den richtigen Durchmesser für das einzusteckende Material hat.

### Nuten und Fälze

Genutete und gefälzte Verbindungen lassen sich nicht nur schnell und leicht schneiden, sie tragen auch zur Belastbarkeit von Verbindungen bei und erleichtern das Ausrichten und Montieren von Vorrichtungsteilen. Sie sind besonders für Verbindungen in Vollholz und Holzwerkstoffen, aber auch in stärkerem Kunststoffmaterial geeignet. Ein Falz ist eine Verbindung, mit der die Ecken von Rahmen und von kastenähnlichen Konstruktionen verbunden werden. Dazu wird mit der Kreissäge oder einem entsprechenden Fräser in der Handoberfräse eine Stufe in das Ende eines der Verbindungsteile geschnitten (vgl. Abbildung oben links). Die Breite des Falzes sollte der Stärke des Teils entsprechen, das er aufnehmen soll. Die Tiefe kann frei gewählt werden, sollte aber zwei Drittel der Materialstärke nicht überschreiten.

Eine Nut ist ein Schlitz mit rechtwinkligem Grund, der ein zweites Verbindungsteil so aufnimmt, dass die beiden Teile senkrecht zueinander stehen. Um eine gute Passung zu erreichen, sollte die Breite der Nut so gewählt werden, dass das Gegenstück stramm darin sitzt. Die Tiefe der Nut sollte die Hälfte der Materialstärke nicht überschreiten. Wie der Falz kann auch die Nut entweder an der Tischkreissäge oder mit der Handoberfräse geschnitten werden. Die Verbindung wird verleimt und mit Nägeln oder Schrauben verstärkt.

## HOLZVERBINDUNGEN

### Nuten in Sperrholz schneiden

Eine gute Passung kann man bei genuteten Verbindungen in Sperrholz erreichen, indem man einen genau passenden Fräser in der Handoberfräse verwendet (siehe Abbildung unten links). Falls ein solcher nicht zur Hand ist, kann man auch in mehreren Durchgängen mit einem kleineren Fräser oder an der Tischkreissäge arbeiten. Bei der Verwendung eines kleineren Fräsers in der Handoberfräse empfiehlt sich die Zuhilfenahme einer guten Führung (siehe Abbildung oben rechts). Nach dem ersten Schnitt wird der Anschlag entsprechend verstellt, um die Endbreite der Nut schneiden zu können. Saubere, ausrissfreie Schnitte kann man mit einem abwärtsschneidenden Fräser erreichen.

### T-Nuten schneiden

Haltbare und langlebige Vorrichtungen lassen sich nur mit soliden und dauerhaften Verbindungen herstellen. Auf der anderen Seite müssen jedoch verstellbare Bestandteile wie Anschläge und Einspannvorrichtungen so angebracht werden, dass man sie entfernen oder ihre Lage verändern kann. T-Nuten und die auf sie abgestimmten Befestigungselemente stellen ein sehr belastbares und leicht einzusetzendes System dar, mit dem man ein Vielzahl unterschiedlicher Bauteile an einer Vorrichtung anbringen kann. Man kann die T-Nuten als fertige Profilschienen kaufen, die in entsprechenden Nuten angebracht werden, man kann sie aber auch selbst mit der Handoberfräse schneiden, wie es auf der Abbildung unten rechts zu sehen ist. Eine so in Sperrholz, MDF oder gar Spanplatte geschnittene T-Nut ist zwar nicht so belastbar wie eine Profilschiene aus Metal, aber sie wird dennoch ihre Aufgabe erfüllen.

> Siehe „Profilschienen", S. 29

Nuten und Schlitze mit ungewöhnlichen Breiten lassen sich leichter schneiden, wenn man einen guten Parallelanschlag für die Handoberfräse hat, der sich präzise einstellen lässt.

Eine T-Nut wird in zwei Arbeitsgängen hergestellt: Zuerst wird eine einfache Nut in das Material geschnitten, die dann mit einem speziellen Fräser am Grund erweitert wird.

# KAPITEL DREI: WERKZEUGE UND ABREITSVERFAHREN

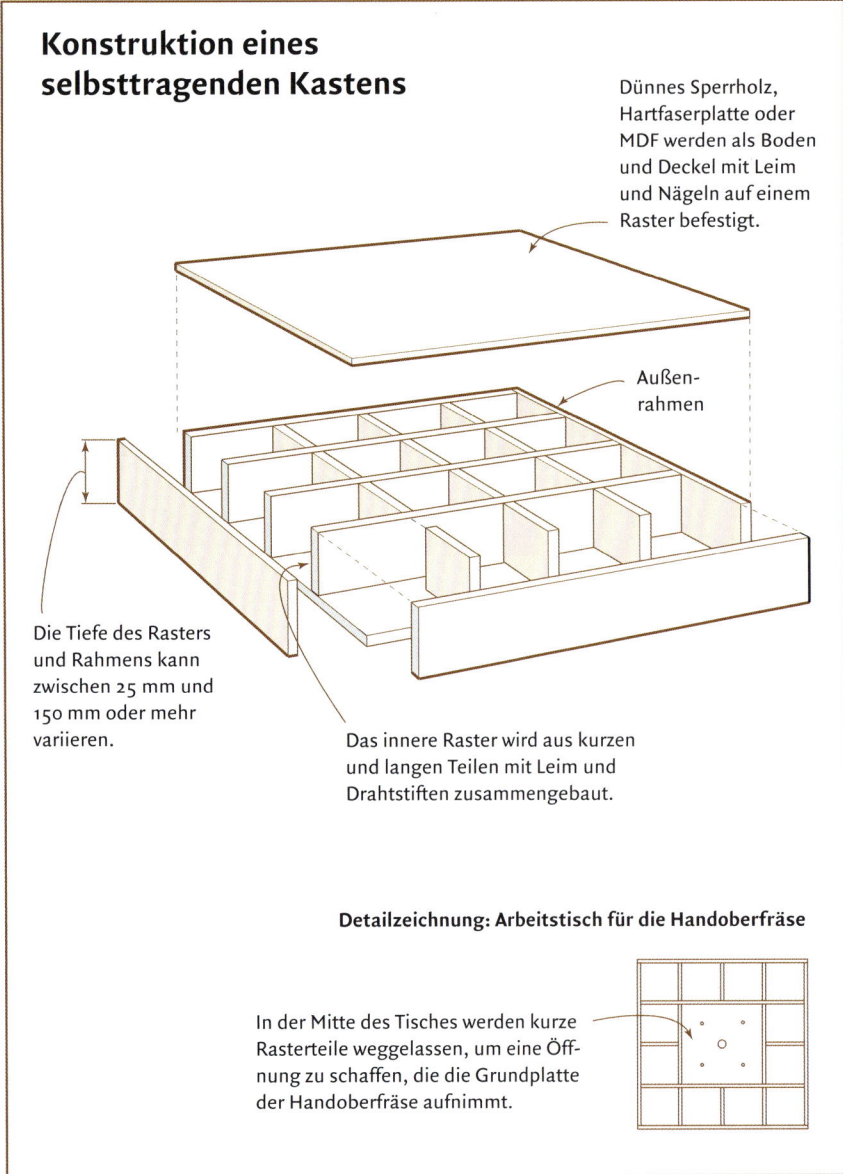

**Konstruktion eines selbsttragenden Kastens**

Dünnes Sperrholz, Hartfaserplatte oder MDF werden als Boden und Deckel mit Leim und Nägeln auf einem Raster befestigt.

Außenrahmen

Die Tiefe des Rasters und Rahmens kann zwischen 25 mm und 150 mm oder mehr variieren.

Das innere Raster wird aus kurzen und langen Teilen mit Leim und Drahtstiften zusammengebaut.

**Detailzeichnung: Arbeitstisch für die Handoberfräse**

In der Mitte des Tisches werden kurze Rasterteile weggelassen, um eine Öffnung zu schaffen, die die Grundplatte der Handoberfräse aufnimmt.

## Der Bau eines selbsttragenden Kastens

Selbsttragende Kästen sind hervorragend als Grundplatten für Vorrichtungen oder als Arbeitstische für Handoberfräsentische, Verleimtische und Ähnliches geeignet, da sie außerordentlich stabil sind.

> **Siehe „Lufttisch", S. 130**

Ein selbsttragender Kasten besteht aus einem Außenrahmen und einem Innengerüst zwischen einem dünnen Deckel und Boden (siehe Abbildung links). Die Konstruktionsweise ähnelt der eines Flugzeugflügels – leicht und belastbar. Der Deckel und Boden können aus Sperrholz, MDF oder Faserplatte bis hinunter zu einer Stärke von 3 mm hergestellt werden. Für den Rahmen und das Innengerüst kann man fast alles verwenden - Sperrholz, Spanplatte oder Nadelholz. Zusammen können Rahmen und Innengerüst eine Stärke von nur 25 mm oder bis hin zu 150 mm erreichen. Je dünner der Deckel und der Boden sind, desto dichter müssen die Teile des Innengerüstes nebeneinander stehen, damit der Kasten stabil wird: Bei Materialstärken von 3 mm für Deckel und Boden sollten die Abstände im Gerüst 50 mm betragen, 10 mm starkes Material kann durch ein Gerüst mit Abständen von 100 bis 150 mm getragen werden.

Es ist erstaunlich, wie einfach der Zusammenbau des Innengerüsts ist. Die kurzen Stücke werden einfach mit Leim und Drahtstiften an den langen befestigt, so dass ihre Kanten in einer Ebene liegen, bis der Deckel und der Boden angebracht werden (siehe Abbildung oben auf der gegenüberliegenden Seite). Bauen Sie den Kasten auf einer absolut ebenen Arbeitsfläche oder dem Arbeitstisch einer stationären Maschine zusammen, nachdem Sie großzügig Leim an jede Kante der Einzelteile des Gerüsts gegeben haben. Befestigen Sie Deckel und Boden mit Drahtstiften, die sie im Abstand von etwa 50 mm anbringen. Wenn die Oberfläche widerstandsfähig sein soll, können Sie ein Kunststofflaminat verwenden.

Falls der selbsttragende Kasten als Arbeitstisch für einen Handoberfräsentisch dienen soll, können Sie in seiner Mitte eine Aussparung mit Rah-

Eine T-Nut wird in zwei Arbeitsgängen gefräst. Zuerst wird eine normale Nut geschnitten, die etwas breiter als der Durchmesser des Schraubenschaftes ist. Dann wird mit einem Spezialfräser der Grund der Nut zu einem T-förmigen Querschnitt erweitert. In dieser Nut lassen sich dann die entsprechenden Schrauben mit Muttern oder Griffen verwenden.

men anbringen (siehe Detailzeichnung auf der gegenüberliegenden Seite). Bringen Sie Deckel und Boden an, und schneiden Sie dann die Aussparung für die Handoberfräse. Im Deckel wird eine Fase angeschnitten, die als Aufnahme für die Grundplatte der Handoberfräse dient.

## VERLEIMEN

Die Vibrationen von Maschinen können mit der Zeit dazu führen, dass sich Teile einer Vorrichtung lockern, was deren Genauigkeit beeinträchtigt. Deshalb sollten feste Bestandteile der Vorrichtung, die genau an ihrer Position bleiben müssen (Anschläge zum Beispiel), nicht nur mit Nägeln oder Schrauben, sondern zusätzlich auch mit Klebstoff befestigt werden. Dabei kann in den meisten Fällen, wenn Holz mit Holz verbunden werden soll, einfacher Tischlerleim verwendet werden. Aber auch Epoxidkleber und Cyanacrylatkleber können für bestimmte Zwecke im Vorrichtungsbau gut eingesetzt werden.

**TIPP:** Unabhängig vom Leim, den Sie verleimen, sollten Sie nie Vollholzteile mit mehr als 100 mm Breite miteinander verleimen, bei denen der Faserverlauf senkrecht zueinander steht. Das Arbeiten des Holzes stellt die Haltbarkeit der Verbindung in Frage.

### Epoxidkleber

Zweikomponentenkleber auf Epoxidbasis erweisen sich beim Bau von Vorrichtungen als besonders nützlich, da sie die unterschiedlichsten Stoffe miteinander verbinden können, unter anderem Holz, Holzwerkstoffe, Metall und viele Kunststoffe. Man kann mit ihnen auch zwei verschiedene Materialien verbinden – etwa Metall oder Kunststoff mit Holz. Darüber hinaus eignen sich diese Kleber auch sehr gut als Fugenfüller, so dass man auch Teile miteinander verkleben kann, die nicht genau aneinander passen.

Bei der Auswahl und Verwendung von Epoxidklebern gibt es einige Dinge zu bedenken. Zum

Die MDF-Teile dieses selbsttragenden Kastens müssen lediglich mit Leim und Klammern an den Kanten benachbarter Teile aneinander befestigt werden.

Legen Sie den selbsttragenden Kasten auf eine ebene Fläche, und befestigen Sie den dünnen Deckel und den Boden mit Leim und Nägeln.

## KAPITEL DREI: WERKZEUGE UND ABREITSVERFAHREN

Zweikomponentenkleber auf Epoxidharzbasis entwickeln hohe Haltekraft und können unterschiedliche Materialien miteinander verbinden. Sie sind aus diesem Grund sehr vielseitig beim Bau von Vorrichtungen einzusetzen.

Cyanacrylatkleber wird meist als ‚Sekundenkleber' bezeichnet. Er zeichnet sich durch hohe Haltekraft und kurze Trockenzeiten aus, die noch durch einen Beschleuniger verkürzt werden können.

einen sind die Schnellkleber, die in fünf Minuten aushärten, nicht so haltbar wie jene, die volle 24 Stunden zum Aushärten benötigen. Außerdem sollte man die beiden Komponenten genau nach Anleitung miteinander vermischen und dann mindestens 30 Sekunden sehr gut verrühren, bevor man den Kleber aufträgt. Schließlich sollte man für eine stabile Verbindung darauf achten, dass die Flächen sauber bzw. Holzflächen frisch zugerichtet sind. Und nachdem man die Verbindung eingespannt hat, sollte man lange genug warten, bevor man die Zwingen wieder löst - mindestens so lange, wie die Aushärtzeit des Klebers beträgt.

**TIPP:** Werfen Sie den Behälter, in dem Sie den Epoxydkleber angemischt haben, nicht sogleich fort. Die Kleberreste darin zeigen an, wann der verwendete Kleber getrocknet ist.

### Cyanacrylatkleber

Diese Klebstoffe werden landläufig als ‚Sekundenkleber' bezeichnet. Sie zeichnen sich durch ihre große Haltekraft aus und durch die Fähigkeit, sehr unterschiedliche Stoffe miteinander zu verbinden. Cyanacrylatkleber gibt es in verschiedenen Viskositäten: Die dünnflüssigen eignen sich eher für glatte, nicht-poröse Materialien wie Metall und Kunststoff, während man die zähflüssigen gut für Holz verwenden kann. Wenn man den Kleber mit einem Beschleuniger besprüht, trocknet er sofort, so dass er gut zum Befestigen sehr kleiner Teile geeignet ist, die man nur schwer festspannen kann.

> Siehe „Schlitzlehren", S. 54

Cyanacrylatkleber eignen sich auch gut dazu, Beschläge zu fixieren, während man sie mit Schrauben befestigt. Um zwei Teile in Sekundenschnelle miteinander zu verbinden, wird die eine Fläche mit dem Kleber und die andere mit dem Beschleuniger benetzt, bevor man die Teile einige Sekunden aneinander drückt, wie auf der Abbildung unten links zu sehen ist.

# OBERFLÄCHENBEHANDLUNG

Wie bei allen anderen Tischlerarbeiten ist auch beim Vorrichtungsbau der letzte Schritt die Oberflächenbehandlung. Ein schnell aufgebrachter Anstrich kann bei Rohholz, Sperrholz und sogar MDF oder Hartfaserplatte ausreichen, um das Material vor Feuchtigkeit zu schützen, die sonst vielleicht dazu führen könnte, dass das Werkstück sich verzieht oder gar reißt. Eine belastbare Oberflächenbehandlung kann auch die Abriebfestigkeit der Vorrichtung erhöhen und ihre Säuberung erleichtern.

Im Vergleich zur Oberflächenbehandlung von Möbelstücken aus hochwertigen Materialien ist die Behandlung von Vorrichtungen sehr viel weniger anspruchsvoll. Am besten eignen sich Oberflächenmittel, die abriebfest sind, also Lacke oder Polyurethanfarben, die mit dem Pinsel aufgetragen oder aufgesprüht werden. Zu meinen persönlichen Favoriten gehören Polyurethanfarben, die sich mit dem Lappen auftragen lassen. Sie sind sehr haltbar, leicht aufzutragen und trocknen binnen 15 Minuten. Man trägt mit einem sauberen Lappen oder Schwamm eine dünne Schicht auf das Holz auf, lässt sie etwas antrocknen, und wischt dann den Überstand ab. Die besten Ergebnisse erhält man (vor allem bei offenporigen Hölzern), wenn man zwei Schichten aufträgt und dazwischen die empfohlene Trockenzeit einhält.

**TIPP:** Bei Vorrichtungen, die aus nur leicht geschliffenen Holzteilen hergestellt wurden, kann man ein Oberflächenmittel mit einem Scheuerschwamm aus Nylon auftragen, um die Kanten zu brechen und Splittern zu vermeiden.

Polyurethanlacke sind sehr einfach aufzutragen und schützen Vorrichtungen gegen Schmutz, Abnutzungen und die Auswirkungen von Veränderungen der Luftfeuchtigkeit.

## Anleitungen für Vorrichtungen notieren

Manche Vorrichtungen benötigen auf bestimmte Weise eingerichtete Maschinen. Es kann schwierig sein, diese Einstellung von einem zum anderen Mal nicht zu vergessen. Um das Gedächtnis nicht allzu sehr zu strapazieren, sollte man die wichtigen Informationen zu Einstellungen und Verwendung direkt auf der Vorrichtung notieren, wie auf der Abbildung rechts zu sehen. Zu diesen Notizen können die Art des Sägeblatts oder Fräsers gehören, die Schnitttiefeneinstellung, die Stellung der Anlagen und Anschläge, und die Reihenfolge der Arbeitsschritte. Schreiben Sie die Notizen mit einem feinen Permanentmarker auf, und überziehen Sie sie dann mit Klarlack, um sie gegen Abnutzung zu schützen.

TEIL ZWEI

# Die Vorrichtungen

Vom ersten Bleistiftstrich, mit dem man die Länge eines Teils anreißt, bis hin zu den letzten Schleifgängen sind Vorrichtungen wichtige Hilfsmittel, mit denen Ihnen Ihre Tischlereivorhaben schneller und leichter von der Hand gehen. Es gibt eine Vielzahl von verschiedenen Vorrichtungen, die Sie je nach Bedarf für den Einsatz mit stationären Maschinen, Elektrowerkzeugen oder Handwerkzeugen herstellen können.

Vorrichtungen zum Anreißen helfen dabei, Abmessungen, Verbindungen und Formen präzise auf dem Material anzuzeichnen. Maschinenlehren sind wertvolle Hilfsmittel für das Einstellen von Maschinen. Anschläge, Führungen und Schiebevorrichtungen machen die Arbeit an Maschinen sicherer und genauer, indem sie die Werkstücke so ausrichten und führen, dass sie sich genau schneiden, fräsen, bohren, hobeln und schleifen lassen. Mit Vorrichtungen lassen sich die Funktionen vieler Maschinen erweitern, man kann die Genauigkeit von Elektrowerkzeugen wie Handoberfräsen, Handkreissägen, Stichsägen und anderen erhöhen. Schließlich kann man mit Schablonen und Mustern formschöne Werkstücke herstellen, aber auch Holzverbindungen schneiden, die sich durch ihre gute Passung auszeichnen.

**Vorrichtungen zum Anreißen und Einstellen von Maschinen**
S. 46

**Anschläge und Führungen**
S. 63

**Verschiebbare und schwenkbare Vorrichtungen**
S. 91

**Arbeitstische**
S. 121

**Vorrichtungen für Hand- und Elektrowerkzege**
S. 139

**Schablonen**
S167

KAPITEL VIER: ÜBERBLICK

# Vorrichtungen zum Anreißen und Einstellen von Maschinen

**Streichmaße**

**Vorrichtungen zum Anreißen**

**Schablonen**

**Vorrichtungen zum Einrichten von Maschinen**

> Streichmaße (S. 48)

> Streichmaße mit Bleistift (S. 49)

> Mittelpunkte anreißen (S. 50)

> Stangenzirkel (S. 52)

> Ellipsen anreißen (S. 53)

> Schlitzlehren (S. 54)

> Winkel- und Zinkenlehren (S. 55)

> Schablonen für Ecken und andere Einzelteile (S. 56)

> Rissleiste (S. 57)

> Schnitttiefenlehren (S. 58)

> Einstelllehren (S. 59)

> Winkellehren (S. 60)

> Eine Halterung für die Handoberfräse (S. 61)

Es gibt eine Vielzahl von käuflichen Hilfsmitteln, mit denen man Linien und Kreise auf Werkstücken anreißen kann. Viele von ihnen sind verstellbar, damit man sie unter verschiedenen Gegebenheiten benutzen kann. Allerdings ist die Einstellung dieser Geräte zeitaufwändig, und sie können sich auch von selbst verstellen. Es ist ja auch so, dass man oft überhaupt nicht auf verstellbare Hilfsmittel angewiesen ist, da man meist mit Standardmaßen arbeitet, wenn man Rohmaterial anreißt oder Maschinen einstellt. Wie oft haben Sie zum Beispiel schon ein verstellbares Streichmaß auf 10 mm oder 20 mm eingestellt, um eine Linie in diesem Abstand von einer Kante anzureißen?

In diesem Abschnitt zeige ich Ihnen, wie man spezielle Lehren, Streichmaße und andere Werkzeuge herstellt, mit denen sich die meisten alltäglichen Anreißarbeiten schnell erledigen lassen. Mit manchen dieser Hilfsmittel aus Eigenfertigung lassen sich Schnittlinien anreißen, Schraubenlöcher markieren oder Beschläge an einer Kante ausrichten. Andere nützliche Vorrichtungen sind dazu vorgesehen, den Mittelpunkt eines Werkstücks zu bestimmen oder Kreise, Kreisbögen und geschwungene Linien zu zeichnen. Sie werden lernen, wie man einen Stangenzirkel herstellt und eine überraschend einfache Vorrichtung zum Zeichnen von Ovalen und Ellipsen. Ich zeige Ihnen sogar, wie Sie Ihre eigenen Finger als Werkzeug zum Anreißen verwenden können.

> **Siehe „Fingerreißmaß" auf S. 47**

Darüber hinaus beschäftige ich mit im Folgenden auch mit Schablonen als Anreißwerkzeugen. Es mag sein, dass Sie vor allem im Zusammenhang mit dem Formfräsen mit der Handoberfräse an Schablonen denken (siehe S. 159), aber sie erweisen sich auch bei verschiedenen Anreiß- und Markierungsarbeiten als nützlich. Einfache Kurven- und Kreisschablonen ermöglichen es, schnell und leicht identische Schnittlinien anzureißen. Winkelschablonen helfen beim Anreißen von Gehrungsschnitten, und mit Schlitz- und Schwalbenschwanzscha-

# VORRICHTUNGEN ZUM ANREIẞEN UND EINSTELLEN VON MASCHINEN

blonen kann man sich die Herstellung von Verbindungen erleichtern. Man kann sogar eine Schablone wie auf der mittleren Abbildung unten dazu verwenden, um komplizierte Anordnungen von Schraubenlöchern und Beschlägen auf eine Reihe von Teilen zu übertragen.

> **Siehe „Fräsen von Mustern und Schriften", S. 159**

Beim Einrichten von Maschinen erweisen sich Vorrichtungen als nützlich, die genau für diesen Zweck hergestellt wurden. So kann mit einer entsprechenden Lehre die Höhe eines Fräsers in einer Handoberfräse oder einer Tischfräse schnell eingestellt werden, ohne auf ein Lineal oder einen Messschieber zurückgreifen zu müssen. An der Kapp- und Gehrungssäge und an der Tischkreissäge lässt sich der Winkel des Sägeblattes mit einer dreieckigen Lehre (siehe Abbildung unten) gut einstellen. Sogar eine einfache Holzleiste kann sich als nützlich erweisen, wenn man an ihr die verschiedenen Maße eines Werkstücks abträgt und sie dann zum Einstellen der Maschinen verwendet. Am Ende dieses Abschnitts finden Sie dann eine meiner liebsten Vorrichtungen: Eine Halterung für die Handoberfräse, in der man diese ablegen und ihren Schaft arretieren kann, um problemlos den Fräser zu wechseln.

### Die eigenen Finger als Reißmaß

Wo steht es eigentlich geschrieben, dass man zum Anreißen immer ein Reißmaß oder eine Vorrichtung verwenden muss? Wenn Sie eine Linie parallel zu einer Werkstückkante anzeichnen müssen, um eine Reihe von Schraubenlöchern oder die Lage eines Beschlags zu markieren, dann versuchen Sie doch einmal diesen Trick: Halten Sie einen spitzen Bleistift fest zwischen Daumen und Fingern, und drücken Sie dann die Fingerspitzen gegen die Kante des Werkstücks. Nähern Sie die Bleistiftspitze dem Holz an, bis sie in der gewünschten Anreißentfernung aufliegt. Ziehen Sie dann mit fest gegen die Holzkante gepressten Fingerspitzen den Bleistift wie gezeigt am Holz entlang. Mit ein wenig Übung ziehen Sie so überraschend präzise und gerade Linien.

Streichmaße sind nicht schwer herzustellen und können an eine Vielzahl von Aufgaben angepasst werden.

Verwenden Sie eine dünne Hartfaserschablone und einen Transfer-Körner, um bei Kleinserien die Lage von Bohrlöchern für Schrauben und Beschläge genau anzureißen.

Dreiecke aus Hartfaserplatte mit verschiedenen Winkeln helfen beim schnellen und genauen Einstellen der Gehrungssäge.

# KAPITEL VIER: VORRICHTUNGEN ZUM ANREIßEN UND EINSTELLEN VON MASCHINEN

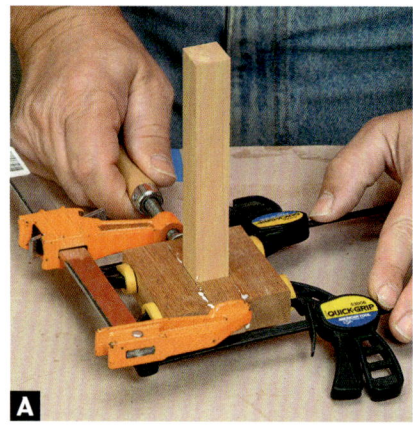

## STREICHMAßE

Im Gegensatz zu einem verstellbaren Streichmaß, das zeitaufwändig eingestellt werden muss und sich versehentlich verstellen kann, lassen sich mit einem festen Streichmaß Maße mit hoher Genauigkeit und Zuverlässigkeit anreißen. Das hier gezeigte Streichmaß besteht aus einer Anlage, die fest mit einem Schenkel verbunden ist. Mit ihm lassen sich acht Maße anreißen, die entweder gängigen Maßen entsprechen oder Ihren eigenen Bedürfnissen angepasst sein können. Man kann die Vielseitigkeit noch dadurch erhöhen, dass man beim Anreißen eine Zulage zwischen die Anlage des Streichmaßes und das Werkstück legt (siehe Abbildung E). Um das Streichmaß herzustellen, wird erst der Schenkel aus einer Laubholzleiste mit geradem Faserverlauf geschnitten (20 x 20 x 200 mm). Der Anschlag besteht aus 20 mm starkem Laubholz, aus dem man zwei Teile mit den Maßen 70 x 25 mm und zwei mit den Maßen 20 x 25 mm schneidet. Verleimen Sie die vier Teile um den Schenkel herum **(A)**, achten Sie jedoch darauf, sie nicht am Schenkel festzuleimen.

Nachdem der Leim getrocknet ist, verschieben Sie den Anschlag so, dass eine seiner Flächen genau 30 mm von einem Ende des Schenkels entfernt ist. Messen Sie dann von der gleichen Anschlagfläche aus am Schenkel jeweils auf einer Seite 10, 15, 20 und 25 mm ab. Am anderen Ende des Schenkels werden entsprechende Markierungen in 30, 50, 75 und 100 mm Entfernung von der Anschlagfläche angebracht.

Nehmen Sie den Anschlag vom Schenkel, und bohren Sie an jeder der Markierungen ein kleines Führungsloch für einen Drahtstift **(B)**. Bringen Sie den Anschlag wieder am Schenkel an, und bohren Sie ein versenktes Schraubloch durch die Kante des Anschlags, um ihn am Schenkel festschrauben zu können. Treiben Sie einen Drahtstift in jedes der vorgebohrten Löcher, und schneiden Sie die Köpfe etwa 2 mm über dem Schenkel mit einem Seitenschneider ab **(C)**. Dabei sollte der Seitenschneider senkrecht zum Schenkel gehalten werden, so dass die Schnittkante am Drahtstift parallel zur Fläche des Anschlags verläuft. Falls einer der Drahtstift nicht ganz genau sitzt, kann man ihn durch

Biegen oder Zurechtfeilen der Spitze mit einer Nadelfeile feinjustieren **(D)**.

Um wiederholte Risse bestimmter Maße auszuführen, kann man auch eine Lehre herstellen, indem man einen Schenkel der gewünschten Länge an einem kurzen Anschlag befestigt. Genauigkeit und Haltbarkeit werden erhöht, wenn man den Schenkel in eine Nut einleimt, die man mittig in den Anschlag geschnitten hat **(F)**.

## Streichmaße mit Bleistift

Falls Sie lieber mit dem Bleistift als mit der Reißnadel anreißen, können Sie sich auch ein Streichmaß herstellen, in das ein Bleistift eingesetzt wird. Anstatt einen Drahtstift in den Schenkel des Streichmaßes einzutreiben, bohren Sie ein Loch mit einem Durchmesser, der etwas geringer als der eines runden Bleistiftes ist **(A)**. Bringen Sie das Loch so an, dass sein Mittelpunkt in der gewünschten Entfernung vom Anschlag liegt. Sägen Sie den Schenkel an der Bandsäge etwa 25 mm über das Loch hinaus ein **(B)**. Dieser Schlitz erlaubt es dem Loch, sich etwas zu erweitern, wenn man den Bleistift hineinsteckt, durch die Federkraft des Holzes wird der Stift jedoch sicher gehalten.

> Siehe „Fingerreißmaß" auf S. 47

**TIPP:** Ein Streichmaß mit Bleistift kann nur dann genau anreißen, wenn die Mine sehr spitz und diese Spitze genau konzentrisch zum Holzschaft ist.

### Mittelpunkte anreißen

Vor allem für Drechsler ist eine Vorrichtung unverzichtbar, mit der sie schnell den Mittelpunkt eines Rohlings bestimmen können, unabhängig davon, ob dieser einen quadratischen, rechteckigen, runden oder vieleckigen Querschnitt hat. Verbinden Sie als Anlagen zwei Stück Sperrholz oder MDF (150 x 300 x 10 mm) rechtwinklig mit Leim und Nägeln miteinander **(A)**.

> Siehe „Ausrichtblöcke für Metallarbeiter" auf S. 35

Befestigen Sie an einer Kante der unteren Anlage ein 45°-Zeichendreieck mit mehreren kleinen Schrauben und Unterlegscheiben **(B)**. Achten Sie darauf, dass die lange Kante des Dreiecks genau durch den Innenwinkel der Anlage läuft. Um den Mittelpunkt eines Holzstücks zu ermitteln, legt man dieses fest an den beiden Platten der Anlage und an dem Zeichendreieck an und zeichnet eine Diagonale über die Schnittfläche **(C)**. Dann wird das Holz um 90° gedreht und der Vorgang wiederholt. Der Schnittpunkt der beiden Linien ist der Mittelpunkt.

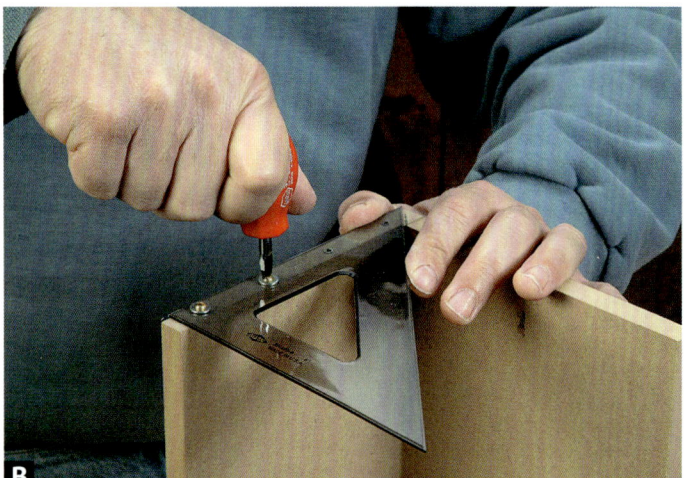

Um die Mitte von Leisten und Brettern mit einer Breite von 10 mm bis hin zu 350 mm zu bestimmen, können Sie sich eine vielseitige Vorrichtung selbst herstellen: Schneiden Sie ein 450 mm lan-

ges Kantholz mit einem Querschnitt von 30 x 30 mm aus Vollholz mit geradem Faserverlauf zu. Bohren Sie durch die Mitte der Längsseiten ein Loch, das gerade groß genug ist, einen Bleistift aufzunehmen. Bohren Sie dann 5-mm-Löcher mit einer Tiefe von 25 mm in die Längsseiten. Diese Löcher werden paarweise auf den vier Seiten und jeweils im Abstand von 50 mm, 150 mm, 250 mm und 400 mm voneinander symmetrisch zum Mittelpunkt angeordnet **(D)**. Geben Sie Leim an, und stecken Sie in jedes dieser Löcher ein 50 mm langes Stück Rundstab **(E)**. Um die Mitte eines Werkstücks zu bestimmen, legen Sie die Vorrichtung so darauf, dass die Dübel mit dem geringsten möglichen Abstand an den beiden Kanten anliegen. Stecken Sie einen Bleistift in die Vorrichtung und ziehen Sie die Vorrichtung am Werkstück entlang, wobei die beiden Dübel fest gegen die Kanten gehalten werden **(F)**.

# KAPITEL VIER: VORRICHTUNGEN ZUM ANREIẞEN UND EINSTELLEN VON MASCHINEN

## VORRICHTUNGEN ZUM ANREIẞEN

### Stangenzirkel

Mit einem Stangenzirkel kann man große Kreise und Kreisbögen anreißen, wie man sie zum Beispiel für Tischplatten oder bogenförmige Türstürze benötigt. Der Schenkel des hier vorgestellten Zirkels besteht aus zwei Leisten (10 x 30 mm), die mit zwei kräftigen Papierklammern zusammengehalten werden. Mit ihm kann man Kreise bis zu einem Radius von 2000 mm zeichnen **(A)**.

Schneiden Sie eine der Leisten auf eine Länge von 1100 mm, schneiden Sie ein Ende auf Gehrung (45°), und färben Sie es mit einem Marker ein, so dass das Ablesen an der Skala erleichtert wird. Befestigen Sie am anderen Ende mit Leim eine Platte aus Sperrholz oder MDF (75 x 75 x 10 mm). Verwenden Sie einen Bohrer mit dem Durchmesser eines 60 mm langen Nagels, um ein kleines Loch senkrecht durch die Leiste und die Grundplatte als Aufnahme für den Drehzapfen der Vorrichtung zu bohren **(B)**. Kürzen Sie einen 60 mm langen Nagel auf 50 mm, und feilen Sie das Ende spitz zu **(C)**. Treiben Sie den Nagel vorsichtig in das vorgebohrte Loch.

Schneiden Sie die andere Leiste auf 1250 mm Länge zu. Für die Bleistiftklemme benötigen Sie ein drittes Leistenstück mit 75 mm Länge. Schneiden Sie jeweils in ein Ende eine V-Kerbe als Aufnahme für einen Bleistift **(D)**, und verschrauben Sie die beiden Teile mit eingelegtem Bleistift **(E)**.

Eine selbstklebende Zentimeterskala wird an der Innenseite der Leiste mit dem Bleistift angebracht, um den benötigten Radius schnell und genau einstellen zu können. Die Einteilung sollte von rechts nach links verlaufen und von 1250 mm bis 2000 mm reichen. Klemmen Sie die beiden Leisten zusammen, stellen Sie die Entfernung vom Drehpunkt bis zum Bleistift genau auf 1250 mm ein, und übertragen Sie dann das auf Gehrung geschnittene Ende der Leiste mit dem Drehzapfen sorgfältig auf die entsprechende Stelle der Leiste mit dem Bleistift. Richten Sie dann die selbstklebende Skala an diesem Punkt aus, und befestigen Sie sie **(F)**.

**TIPP:** Bewahren Sie die Reste von selbstklebenden Maßbändern für andere, kleinere Vorrichtungen auf.

## Ellipsen anreißen

Wenn man eine Ellipse für einen Bilderrahmen, eine Wandtafel oder eine Tischplatte anreißen muss, kann man auf verschiedene käufliche Hilfsgeräte zurückgreifen **(A)**. Sie haben den Vorteil, dass man sie auch mit der Handoberfräse verwenden kann, um die Form auszuschneiden. Falls Sie jedoch eine solche Vorrichtung nicht zur Hand haben, gibt es noch eine andere Methode, um diese Arbeit auszuführen. Dazu braucht man lediglich einen Zimmermannswinkel und eine Hilfsleiste. Schneiden Sie zuerst das rechteckige Werkstück so zu, dass Länge und Breite genau den beiden Achsen der Ellipse entsprechen. Reißen Sie eine waage- und eine senkrechte Linie durch den Mittelpunkt **(B)**. Dadurch wird das Rechteck in vier gleiche Teile unterteilt - notieren Sie sich die Länge und Breite eines dieser Teile.

Die Hilfsleiste wird aus Laubholz mit einem Querschnitt von 20 x 10 mm zugeschnitten. Die Länge sollte etwa zwei Drittel der Gesamtlänge der gewünschten Ellipse betragen. Bringen Sie an einem Ende wie auf Seite 49 beschrieben eine Bohrung und einen Schlitz an, um einen Bleistift aufzunehmen. Treiben Sie dann zwei kleine Drahtstifte in die Leiste, die als Führung an den Kanten des Winkels anliegen, wenn Sie die Ellipse zeichnen **(C)**. Der eine Stift wird so weit vom Bleistift entfernt angebracht, wie die Ellipse lang ist, für den anderen wird die Breite der Ellipse als Maß genommen.

> Siehe „Streichmaße mit Bleistift" auf S. 49

Die Ellipse wird in vier Abschnitten angerissen. Dabei wird der Zimmermannswinkel jeweils an den Linien angelegt, die das darunter liegende Viertel definieren **(D)**. Der Bleistift wird an der Längskante des Werkstücks angesetzt, die Führungsnägel werden am Zimmermannswinkel fest angedrückt, und dann wird in einem flüssigen Zug ein Viertel der Ellipse gezeichnet. Danach wird der Vorgang für die anderen drei Viertel wiederholt.

KAPITEL VIER: VORRICHTUNGEN ZUM ANREIßEN UND EINSTELLEN VON MASCHINEN

## SCHABLONEN

### Schlitzlehren

Beim genauen Anreißen von Schlitz-und-Zapfen-Verbindungen erweist sich eine Schlitzlehre als außergewöhnlich nützlich. Darüber hinaus kann man sie auch verwenden, um Ausklinkungen für Scharniere und andere Beschläge anzureißen. Die Lehre wird aus Hartfaserplatte (3 oder 5 mm stark) hergestellt, in der eine Öffnung mit der Form und den Abmessungen des gewünschten Schlitzes angebracht ist, um beim Anreißen den Bleistift oder das Anreißmesser zu führen.

Die Lehre lässt sich leicht aus mehreren Streifen Hartfaserplatte verleimen, die man zuvor auf die richtigen Maße zugeschnitten hat. Die Lehre kann in jeder gewünschten Größe hergestellt werden – so habe ich zwei Lehren angefertigt, mit denen ich 10 mm breite Schlitze in zwei unterschiedlichen Längen anreiße, die ich häufig für Rahmen mit 50 mm breiten Friesen verwende.

Schneiden Sie zuerst drei Streifen Hartfaserplatte zu: Einer 10 mm breit, einer 12 mm und einer 20 mm. Schneiden Sie von dem 10 mm breiten Streifen ein 25 mm langes Stück ab, und halbieren Sie dann den Rest der Länge nach. Legen Sie dann die Streifen auf einem Stück Wachspapier so zurecht wie in der Abbildung **(A)** zu sehen: Oben den 20 mm breiten Streifen, unten den 12 mm breiten, dazwischen die drei Stücke des 10 mm breiten (das 25 mm lange Stück in der Mitte). Verschieben Sie die äußeren 10 mm breiten Streifen so, dass eine der Öffnungen 35 mm und die andere 50 mm lang ist. Spannen Sie die Teile vorsichtig mit Zwingen zusammen, und überprüfen Sie die Länge der Öffnungen nochmals (gegebenenfalls können Sie durch leichtes Klopfen auf die Enden Korrekturen vornehmen), bevor Sie die Teile mit einigen Tropfen von dünnflüssigem Cyanacrylatkleber in den Fugen verkleben **(B)**.

> Siehe „Cyanacrylatkleber", S. 42

Nachdem Sie die Enden der Lehre rechtwinklig verputzt haben, leimen Sie einen Streifen MDF als Anschlag an die Lehre. Bei der Verwendung der Lehre wird der Anschlag an das Werkstück angelegt, so dass die Lehre bei 20 mm starkem Material automatisch mittig ausgerichtet wird. Dann kann der Schlitz leicht mit dem Bleistift oder Anreißmesser angerissen werden.

## Winkel- und Zinkenlehren

Mit einer einfachen Lehre aus 3 mm starker Hartfaserplatte und einem 10 mm starkem und 25 mm breiten Stück MDF kann man präzise beliebige Winkel auf einem Werkstück anreißen. Schneiden Sie ein Stück Hartfaserplatte, das lang und breit genug für das Vorhaben ist, mit der Handsäge oder elektrischen Gehrungssäge auf den gewünschten Winkel zu **(A)**. Schneiden Sie mittig in den MDF-Streifen eine 3 mm breite und 5 mm tiefe Nut, und leimen Sie die Hartfaserplatte mit der geraden Kante in die Nut ein **(B)**. Da der Anschlag auf beiden Seiten über die Hartfaserplatte hinausragt, kann die Lehre gewendet werden, um steigende oder fallende Linien anzureißen.

Wenn man Schwalbenschwanzzinkungen mit der Hand schneidet, ist eine Zinkenlehre beim Anreißen überaus nützlich **(C)**. Schneiden Sie zuerst aus 10 mm starkem Material einen kurzen Anschlag zu und aus 3 mm starker Hartfaserplatte einen kleinen Keil (legen Sie die Abfallstücke von der Hartfaserplatte beiseite). Die beiden Seiten des Keils sollten die gleiche Neigung aufweisen – etwa zwischen 1 : 6 und 1 : 8.

Zeichnen Sie zwei Linien an, die den Keil jeweils längs und quer halbieren. Spannen Sie den Anschlag am Keil fest, wobei Sie die Abfallstücke vom Zusägen als Hilfe beim Ausrichten verwenden **(D)**. Dann geben Sie einige Tropfen dünnflüssigen Cyanacrylatkleber auf die Fugen und besprühen Sie sie mit Beschleuniger, so dass der Kleber sofort härtet. Danach wird die Verbindung mit kleinen Drahtstiften oder Schrauben gesichert.

---

**TIPP:** Um eine haltbarere Lehre für Winkel oder Schwalbenschwänze herzustellen, verwenden Sie als Material dünnen Kunststoff, Messing oder Aluminium.

---

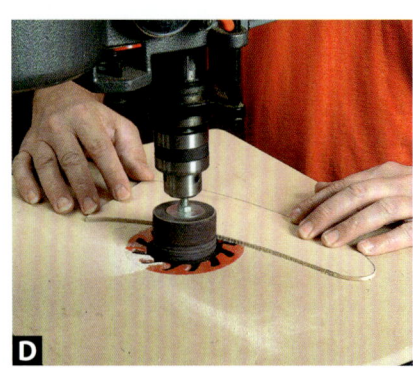

## Schablonen für Ecken und andere Einzelteile

Eine Schablone kann beim Zuschnitt von gerundeten oder anderen nicht rechteckigen Ecken an Tischplatten oder den Oberkanten von Bücherregalen oder anderen Möbelstücken nützlich sein **(A)**. Schneiden Sie zuerst mit der Band- oder Stichsäge die gewünschte Form – Viertelkreis, Karnies o.Ä. – aus einem quadratischen Stück Sperrholz oder MDF (10 mm) aus. Säubern Sie die Schnittkante mit der Feile oder mit Schleifpapier und einem Schleifblock. Befestigen Sie auf beiden Seiten der ausgeschnittenen Form an den Kanten des Quadrats mit Leim und Nägeln 25 mm breite Streifen aus Vollholz **(B)**. Diese Streifen dienen als Anlagen, damit Ihre Schablone genau an der Ecke Ihres Werkstücks ausgerichtet wird.

Mit einer anderen Schablone lassen sich Kleinserien von identischen Teilen – Möbelbeine oder andere ungewöhnlich geformte Bauteile – anreißen. Dafür wird zuerst die Form des gewünschten Teils auf 3 mm oder 5 mm starker Hartfaserplatte aufgezeichnet **(C)**. Schneiden Sie die Form mit etwas Überstand mit der Band-, Dekupier- oder Stichsäge aus, und verputzen Sie dann mit einem Trommelschleifer bis zur angezeichneten Kante **(D)**. Die Schablone kann in diesem Zustand schon verwendet werden, man kann sie aber auch an einem Ende mit einer Anlage versehen, falls die Faser im fertigen Teil in einer bestimmten Richtung verlaufen soll.

**TIPP:** Zeichenlehren wie Kurvenlineale und Ähnliches helfen beim Anreißen von glatten, geschwungenen Linien, um schöne kurvenreiche Möbelstücke zu schaffen.

## VORRICHTUNGEN ZUM EINRICHTEN VON MASCHINEN

### Rissleiste

Mit einer Rissleiste kann das Einrichten von Maschinen, um Teile zuzuschneiden, deutlich vereinfacht und verbessert werden. Alle Maße eines Werkstücks – die Höhe eines Kranzgesimses, die Länge eines Schubladenvorderstücks usw. – werden auf einer Leiste angerissen, die dann verwendet wird, um Anschläge, Stoppklötze und Ähnliches an der Tischkreissäge und anderen Maschinen einzustellen.

Jede lange, gerade Leiste aus Vollholz oder dünnem Sperrholz kann als Anrissleiste dienen. Man kann die traditionelle Form der Anrissleiste noch verbessern, indem man eine selbstklebende Zentimeterskala an ihr anbringt. Die Leiste sollte mindestens so lang sein, dass das längste Maß des Werkstücks an ihr abgetragen werden kann. Schneiden Sie mit der Tischkreissäge an einer Längskante eine 45°-Fase an **(A)**. Bringen Sie an dieser Fase die selbstklebende Zentimeterskala an, so dass sich ihr Ende eine Haaresbreite vom einen Ende der Leiste entfernt befindet (als Rechtshänder werden Sie eine Skala benötigen, deren Zahlen von rechts nach links verlaufen). Verputzen Sie mit dem Gehrungsanschlag an der Scheiben- oder Bandschleifmaschine das Ende der Leiste, bis sie genau mit der Skala abschließt **(B)**. Auf diese Weise stellen Sie sicher, dass genau das richtige Maß abgelesen wird, wenn man die Leiste an einen Anschlag oder Stoppklotz anlegt.

Jetzt können Sie alle Maße Ihres Werkstücks auf die Rissleiste übertragen **(C)**. Dabei werden Bezeichnung und die Abmessungen (Stärke, Höhe usw.) direkt auf die Leiste geschrieben und die abgetragene Länge mit einem Strich oder einem Pfeil an der Skala gekennzeichnet. Dann kann die Leiste zum Einstellen der Maschine **(D)**, zum Anreißen der Lage von Beschlägen oder zum Ausrichten von Bauteilen während der Montage verwendet werden.

---

**TIPP:** Eine kurze Rissleiste kann man auch verwenden, um die Abmessungen und die Lage von Beschlägen bei Werkstücken festzuhalten, die man ohne den Einsatz von Maschinen herstellt.

---

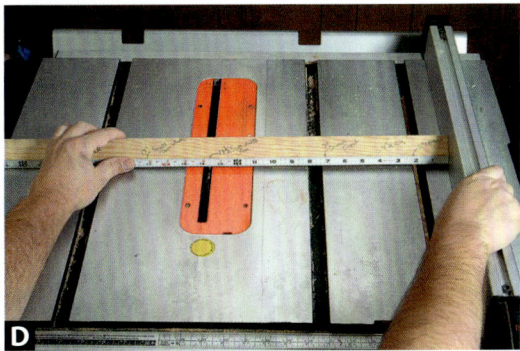

## Schnitttiefenlehren

Die meisten Tischkreissägen, Tischfräsen und anderen stationären Maschinen in der Tischlerwerkstatt weisen keine Skalen auf, mit denen man die Schnitttiefe genau einstellen kann. Selbstgefertigte Schnitttiefenlehren aus stabiler Hartfaserplatte oder MDF helfen dabei, schnell und genau die Höhe eines Sägeblattes oder eines Fräsers bzw. zwischen einem Fräser und einem Anschlag einzustellen.

Solche Lehren lassen sich leicht an der Tischkreissäge herstellen. Schneiden Sie aus kleinen Leisten (10 x 125 mm) die gängigsten Stärken zu: 3 mm, 5 mm, 10 mm, 20 mm usw. Vergewissern Sie sich durch Nachmessen mit dem Messschieber, dass die Leisten genau die vorgesehene Stärke haben. Schneiden Sie zusätzlich für jedes Leistenstück aus Hartfaserplatte einen Anschlag mit den Maßen 10 x 80 x 3 mm zu. Leimen Sie auf jedem Leistenstück einen dieser Anschläge so fest, dass das Ende etwa 20 mm über die Leiste hinausragt. Der Anschlag kann mit Klebeband fixiert werden, bis der Leim getrocknet ist **(A)**. Mit dem Anschlag wird die Höhe des Sägeblattes oder Fräsers eingestellt **(B)**, während man das Ende der Leiste ohne Anschlag dazu verwendet, die Entfernung zwischen Fräser und Anschlag einzustellen **(C)**.

Man kann auch aus gestapelten Streifen von 3 mm oder 5 mm starker Hartfaserplatte eine nützliche Schnitttiefenlehre herstellen. Schneiden Sie dazu an der Tischkreissäge neun Streifen mit den Maßen 200 x 25 mm zu. Halten Sie die Streifen (notfalls mit Hilfe einer Zwinge) zusammen **(D)**, und messen Sie die einzelnen Abstände nach. Bei Abweichungen können Sie Papier zwischen die einzelnen Plattenstücke legen. Verschieben Sie die Plattenstücke jeweils um etwa 10 mm stufenförmig gegeneinander, geben Sie Leim an, und spannen Sie die Platten ein **(E)**. Nachdem der Leim getrocknet ist, werden die Seiten der Lehre gesäubert und verputzt und ein Ende wird rechtwinklig zugeschnitten. Tragen Sie dann die Höhenmaße an einer Seite gut ablesbar mit einem Marker auf. Die Lehre wird flach auf den Arbeitstisch gestellt und das Sägeblatt oder der Fräser langsam angehoben, bis es den gewünschten Plattenstreifen berührt.

## Einstelllehren

Die meisten Lehren und Schablonen zum Einstellen von Maschinen sind nicht ganz einfach herzustellen. Es gibt jedoch eine Methode, mit der man automatisch einen Satz Einstelllehren erhält, indem man nur die Holzreste aufhebt, an denen man Probeschnitte ausgeführt hat. Dies ist besonders bei der Arbeit mit der Handoberfräse oder Tischfräse nützlich, wenn man komplizierte Konterfräsungen ausführt.

Wenn Sie das erste Mal einen Schnitt (oder eine Schnittfolge) einstellen, verwenden Sie die Informationen des Fräserherstellers, um mit Lineal oder Messschieber die Schnitthöhe und Entfernung vom Anschlag einzustellen **(A)**. Führen Sie an einem Stapel Restholz mit den gleichen Abmessungen wie Ihr Werkstück so lange Probeschnitte aus, bis Sie einen perfekten Schnitt erreichen **(B)**. Falls Sie mit dem Fräser Holzverbindungen schneiden, überprüfen Sie diese auf gute Passung **(C)**. Beschriften Sie die Probeschnitte mit allen relevanten Informationen – Fräser, Anlaufring, Fräsrichtung usw. Wenn Sie dann den gleichen Schnitt noch mal ausführen müssen, können Sie die Holzreste mit den Probeschnitten als Lehren verwenden, um Schnitthöhe und Abstand vom Anschlag einzustellen, ohne erneut Probeschnitte ausführen zu müssen **(D)**.

> Siehe „Anleitungen für Vorrichtungen notieren" auf S. 43

## Winkellehren

Wird es Ihnen nicht auch manchmal lästig, immer wieder Probeschnitte auszuführen, bis Sie endlich die Kapp- und Gehrungssäge auf den ungewöhnlichen Winkel eingestellt haben, den Sie gerade benötigen? Dabei dauert es doch nur einige Minuten, um eine Winkellehre herzustellen, mit der Sie die Einstellungen für diesen Schnitt wiederholen können, falls Sie ihn später noch einmal ausführen müssen.

Stellen Sie die Lehre aus 3 mm oder 5 mm starker Hartfaserplatte her, indem Sie einfach ein Dreieck ausschneiden, dessen eine Seite in dem gewünschten Winkel verläuft **(A)**. Stellen Sie mit einem Zeichendreieck oder Winkelmesser sicher, dass der Winkel genau ist **(B)**. Schreiben Sie die Gradzahl des Winkels auf die Lehre und kennzeichnen Sie die entsprechende Ecke. Mit einer solchen Lehre kann man auch Winkelschnitte an einer Tischkreissäge einstellen. Um das Einstellen von Fasenschnitten an der Tischkreissäge zu erleichtern, kann man sie aus 20 mm starkem MDF herstellen und in eine Kante zwei flache Sacklöcher bohren, in die man runde Magneten einklebt. Die Magneten halten die Lehre sicher am Sägeblatt oder Maschinentisch fest, während man die Neigung des Sägeblatts verstellt **(C)**.

Um eine Lehre für einen doppelten Gehrungsschnitt herzustellen, werden zwei dreieckige Lehren miteinander verbunden – eine, die auf den gewünschten Gehrungswinkel, und eine, die auf den gewünschten Fasenwinkel eingestellt ist. Legen Sie das größere Dreieck auf die Werkbank, stützen Sie das kleinere mit einem Leimklotz ab, und leimen Sie es am größeren fest. Richten Sie die schrägen Kanten der beiden Dreiecke aneinander aus, wie in Abbildung D zu erkennen. Mit einer solchen Lehre lassen sich auch komplizierte Schnitte an Kranzgesimsen ausführen **(E)**.

**TIPP:** Halten Sie alle Informationen über Schnitte an Kranzgesimsen auf der Lehre selbst fest (Art des Gesimses, Innen- oder Außenschnitt usw.)

# VORRICHTUNGEN ZUM EINRICHTEN VON MASCHINEN

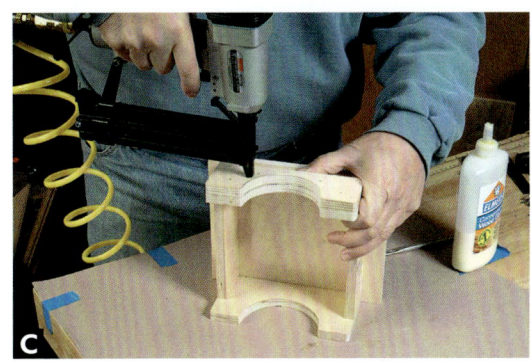

## Eine Halterung für die Handoberfräse

Man kann die lästige Arbeit des Fräserwechsels an der Handoberfräse deutlich erleichtern, indem man eine Halterung für die Fräse herstellt, in der diese nicht nur gehalten wird, sondern die gleichzeitig auch die Spindel arretiert. Die einfache Halterung, wie sie in der Zeichnung unten zu sehen ist, funktioniert mit jeder Handoberfräse, die einen abnehmbaren Fräskorb hat.

Stellen Sie die Halterung aus 10 mm starkem Sperrholz in einer für Ihre Handoberfräse passenden Größe her. Messen Sie zuerst den Durchmesser des Maschinenkorpus am oberen und unteren Ende. Schneiden Sie einen Streifen zu, der lang genug für die beiden rechteckigen Endstücke der Halterung ist, und reißen Sie darauf mit einem Zirkel zwei Halbkreise an, die etwas größer sind als der Korpus Ihrer Handoberfräse am oberen und unteren Ende **(A)**. Schneiden Sie auch den Abstandshalter für das untere Ende der Halterung zu. Schneiden Sie dann die Halbkreise mit der Stich- oder Bandsäge aus **(B)**.

Schneiden Sie dann die Grundplatte und die Seiten der Halterung an der Tischkreissäge zu. Die Seite sollten 50-60 mm breit und so lang sein, dass die halbkreisförmigen Ausschnitte in den Endstücken die Handoberfräse oben und unten abstützen. Die Grundplatte sollte mindestens 50 mm breiter sein als die Endstücke lang sind, um die Halterung standfest zu machen. Bringen Sie den Abstandshalter wie in der Zeichnung zu sehen an und montieren Sie die Halterung mit Nägeln und Leim zusammen **(C)**.

*(Fortsetzung auf S. 62)*

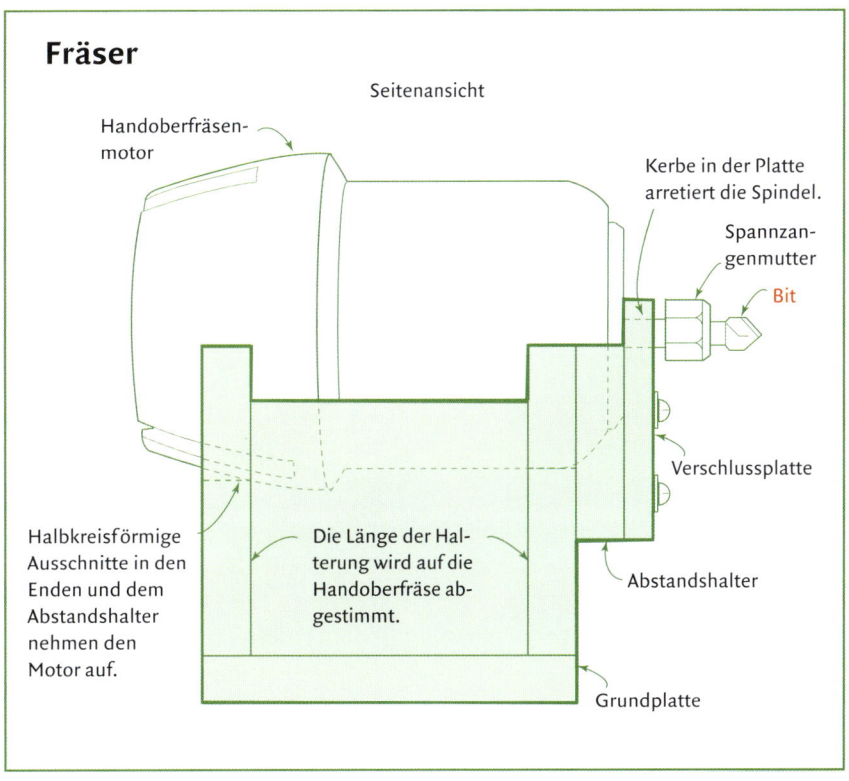

Besonders praktisch an der Halterung ist die eingebaute Spindelarretierung, mit der man die Spannzange mit nur einem Schraubenschlüssel lösen oder anziehen kann. Stellen Sie die Arretierung aus 5 mm starkem Kunststoff oder aus Aluminium her, die Länge und Breite orientieren sich am Abstandshalter der Halterung. Schneiden Sie dann eine quadratische Aussparung mittig in die Arretierungsplatte. Die Maße sollten der inneren Mutter an der Spannzange entsprechen **(D)**. Schneiden Sie die Aussparung zuerst etwas kleiner und vergrößern Sie sie dann, bis sie genau auf die Mutter passt. Runden Sie die oberen Ecken der Aussparung etwas ab, damit sich die Mutter leichter einführen lässt. Befestigen Sie die Arretierungsplatte mit vier Schrauben an der Halterung **(E)**. Bohren Sie die Löcher für die Schrauben mit leichter Übergröße, damit Sie vor dem Festziehen der Schrauben die Platte noch justieren können, bis die Mutter der Spannzange genau hineinpasst.

Um den Fräser zu wechseln, wird der Fräskorb vom Motorgehäuse abgenommen und in die Halterung gelegt. Die Mutter der Spannzange muss dabei in der Aussparung der Arretierungsplatte zu liegen kommen **(F)**. Achten Sie beim Einsetzen von Fräsern darauf, die Spannzange nicht zu fest anzuziehen. Übermäßige Kraftanwendung ist überflüssig und führt oft zu Beschädigungen an der Arretierungsplatte, die den Fräserwechsel erschweren.

**TIPP:** Falls Ihre Handoberfräse über eine eingebaute Spindelarretierung verfügt, können Sie an der Halterung eine Rundholzstange oder einen Sperrholzfinger anbringen, mit dem der Arretierungshebel während des Fräserwechsels niedergedrückt wird.

KAPITEL FÜNF: ÜBERBLICK

# Anschläge und Führungen

Wenn man in der Tischlerwerkstatt arbeitet, dann greift man immer wieder auf Anschläge aller Art zurück – eine Tischkreissäge, eine Abrichthobelmaschine oder eine Kappsäge ohne Anschlag zu verwenden, wäre sträflicher Leichtsinn. Je nach Maschine und Arbeitsgang dient der Anschlag oder die Führung dazu, das Werkstück am Sägeblatt oder am Fräser entlang zu führen oder es für einen rechtwinkligen oder Gehrungsschnitt genau zu positionieren. Man kann an der Ständerbohrmaschine auch mit einem Aschlag präzise Bohrungen vornehmen. Obwohl die meisten Anschläge und Führungen auf die Arbeit mit geradem Material ausgelegt sind, gibt es auch solche, mit denen man runde und gekrümmte Werkstücke bearbeiten kann. In Abschnitt acht werden auch die Führungen besprochen, die sich bei der Arbeit mit Elektrowerkzeugen als so sehr nützlich erweisen.

Obwohl die meisten Holzbearbeitungsmaschinen ab Werk mit entsprechenden Anschlägen versehen sind, ist es doch oft angebracht, diese durch Sonderanfertigungen zu ersetzen oder zu ergänzen. Dazu gehören bestimmte Arbeitsgänge wie die Bearbeitung besonders großer oder langer Werkstücke, aber auch die Ausführung von Arbeiten, für welche die Maschine normalerweise nicht gedacht ist. So muss zum Beispiel ein Brett, das auf Breite geschnitten werden soll, parallel zum Sägeblatt geführt werden. Wenn man jedoch eine Hohlkehle schneiden möchte, wird das Brett in einer entsprechenden Führung in einem Winkel über das Sägeblatt geführt, so dass man mit einem normalen Sägeblatt eine Vielzahl unterschiedlicher Profile schneiden kann.

Wenn der werksseitige Anschlag einer Maschine nicht ganz den Anforderungen einer bestimmten Arbeit entspricht, kann man ihn mit einem Zusatzanschlag verlängern oder um andere Merkmale ergänzen, durch welche die Arbeit erleichtert oder sicherer gemacht wird. So kann ein kas-

**Parallelanschläge**

> Mehrzweck-Parallelanschlag (S. 65)
> Hohlkehl-Anschlag (S. 66)
> Anschlag zum Schlitzen (S. 69)

**Hilfsanschläge**

> Kastenanschlag (S. 70)
> Langer Parallelanschlag (S. 72)
> Zusatzanschlag für den Handoberfräsentisch (S. 73)

**Kurze Anschläge**

> Kurzer Parallelanschlag (S. 74)
> Anschlag zum Auftrennen (S. 75)
> Geteilter Anschlag für den Handoberfräsentisch (S. 76)

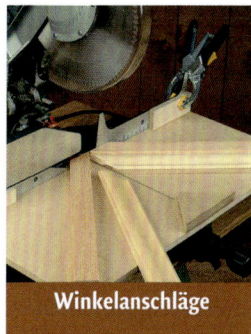

**Winkelanschläge**

> Gehrungsanschlag für Rahmenfriese (S. 77)
> Verstellbarer Winkelanschlag (S. 78)
> Kranzgesims-Anschlag (S. 79)
> Schwenkbarer Anschlag für die Ständerbohrmaschine (S. 81)

**Geschwungene Anschläge**

> Scheiben-Anschlag (S. 83)
> Senkrechter Scheiben-Anschlag (S. 84)
> Kreisbogenanschlag (S. 85)
> Fräsanschläge für gebogene Werkstücke (S. 86)

**Führungen zur Bearbeitung von Rundmaterial**

> Halbierungsanschlag für Rundmaterial (S. 88)
> Vorrichtung zum Anspitzen von Rundmaterial (S. 89)
> Vorrichtung zum Verdünnen von Dübeln (S. 90)

63

Ein kastenförmiger Anschlag lässt sich leicht über den Parallelanschlag der Tischkreissäge anbringen, um zum Beispiel einen Falz zu schneiden.

Perfekte Gehrungen für rechtwinklige Ecken zu schneiden, fällt an der Kapp- und Gehrungssäge nicht schwer, wenn man eine entsprechende Lehre verwendet.

tenförmiger Anschlag (siehe Abbildung oben) nicht nur beim Fräsen von Fälzen den Fräser abdecken, sondern seine T-Nut bietet auch die Möglichkeit, Schutzschilde, Einspanner und andere Hilfsmittel zu befestigen.

Eine andere Art von Zusatzanschlag ist kürzer als das Original, aber dennoch sehr nützlich. Am Handoberfräsentisch oder an der Tischfräse ist ein geteilter Anschlag ein unentbehrliches Zubehörteil, da man bei ihm den Abstand zwischen den beiden Anschlaghälften so einstellen kann, dass er dem Durchmesser des Fräswerkzeugs entspricht. Wenn man an der Bandsäge Holz auftrennt, ermöglicht ein kurzer Anschlag präziseres Arbeiten, und beim Sägen von Material mit wilder Maserung an der Tischkreissäge kann ein kurzer Anschlag die Gefahr des Zurückschlagens reduzieren.

Winkelanschläge und drehbare Anschläge dienen einer Reihe weiterer wichtiger Arbeiten in der Werkstatt. So kann man mit ihnen zum Beispiel schnell und einfach Gehrungen für Rahmen schneiden (siehe Abbildung links unten), beliebige Winkel schneiden oder die hohe (und schwierige) Kunst des Zuschneidens von Kranzgesimsen an der Kapp- und Gehrungssäge meistern. Der schwenkbare Anschlag für die Ständerbohrmaschine in diesem Abschnitt ist eine unschätzbare Hilfe beim Bohren und vermutlich eine der nützlichsten Vorrichtungen in diesem gesamten Buch.

Obwohl Sie sie vielleicht nicht jeden Tag benutzen werden, ist eine gebogene Führung oft die letzte Rettung, wenn es darum geht, runde oder gekrümmte Werkstücke oder Platten zu sägen oder zu fräsen. Der Anschlag zum Schneiden von Kreisbögen macht sich besonders beim Zuschneiden von Rahmenfriesen mit Innenbogen nützlich, wie man auf der Abbildung unten gut erkennen kann.

Schließlich bietet dieser Abschnitt auch noch eine Reihe sehr nützlicher Führungen, mit denen man Dübel- und Rundstangen schneiden und formen kann. Darunter ist zum Beispiel eine Vorrichtung, mit der man an der Bandsäge Rundstangen längs halbieren, und andere, mit denen man an der Scheibenschleifmaschine Rundstangen anspitzen kann. Sehr nützlich ist auch die Vorrichtung, mit der man den Durchmesser einer Rundstange reduzieren kann, die etwas zu stark ist.

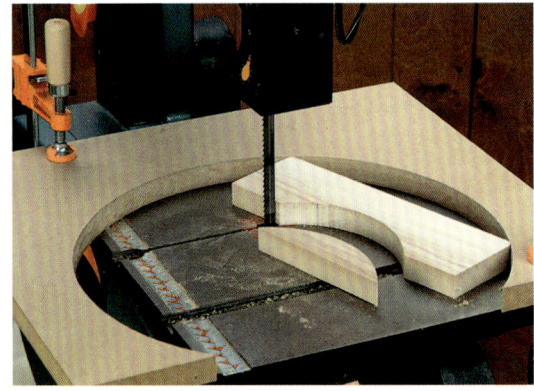

Mit dieser einfachen Führung für die Bandsäge lassen sich schnell geschwungene Rahmenfriese in größerer Anzahl herstellen.

## PARALLELANSCHLÄGE

### Mehrzweck-Parallelanschlag

Ob Sie einen alten, heruntergekommenen Parallelanschlag an ihrer Tischkreissäge auswechseln wollen oder ob Sie einen Anschlag aus Holz brauchen, in den das Sägeblatt auch einmal hineinschneiden kann, dieser Parallelanschlag ist sowohl für das normale Sägen auf Breite als auch für das Schneiden von Hohlkehlen an der Tischkreissäge gut geeignet. Schneiden Sie zuerst aus 25 mm starkem Vollholz mit geradem Faserverlauf einen 60 mm hohen Anschlag. Er sollte mindestens 200 mm länger sein, als der Arbeitstisch Ihrer Tischkreissäge (einschließlich eventuell vorhandener Führungsstangen für Anschläge) breit ist. Falls Sie häufig große Platten zuschneiden, sollten Sie ihn sogar noch länger machen. Schneiden Sie aus 10 mm starkem Sperrholz ein Dreieck mit 30°-60°-90°-Winkeln, die längste Kante sollte etwas länger als ein Drittel des Anschlags sein. Leimen Sie dieses Dreieck an der rechten Seite des Anschlags fest, und verstärken Sie die Verbindung mit Hilfe einer Leiste (Querschnitt etwa 20 x 20 mm).

Der Anschlag wird an einer Querleiste befestigt, die 45 mm breit und 400 mm lang ist. Bohren Sie durch den Anschlag und die Querleiste jeweils ein Loch, das mittig durch die Querleiste führt und etwa 100 mm vom vorderen Ende des Anschlags entfernt liegt. Verbinden Sie die beiden Teile dann mit einer 125 mm langen Schlossschraube **(A)**, die Sie auf der Unterseite mit einem Handgriff sichern.

Nehmen Sie die Tischkreissäge vom Netz, und schieben Sie den Anschlag nahe genug an das Sägeblatt, dass Sie bequem messen können. Spannen Sie dann die Querleiste an der Vorderkante des Kreissägetisches (oder, falls das praktikabel ist, an der Führungsstange für Anschläge) fest **(B)**. Heben Sie das Sägeblatt an, und verändern Sie vorsichtig den Winkel des Anschlags, bis er genau parallel zum Sägeblatt verläuft – messen Sie dazu den Abstand sowohl vorne am Sägeblatt als auch hinten **(C)**. Bohren Sie in der Nähe der entfernten Ecke des Dreiecks ein Loch, und drehen Sie eine Holzschraube bis in die Querleiste, um die Stellung des Anschlags parallel zum Sägeblatt zu fixieren **(D)**. Wenn Sie (wie im nächsten Abschnitt beschrieben) Hohl-

# KAPITEL FÜNF: ANSCHLÄGE UND FÜHRUNGEN

kehlen schneiden möchten, entfernen Sie die Schraube und verstellen den Winkel des Anschlags nach Wunsch.

## Hohlkehl-Anschlag

Mit einer Tischfräse und großen, teuren Fräswerkzeugen ist es kein Problem, Hohlkehlen in eine Profilleiste oder in Teile eines Möbelstücks zu schneiden. Andererseits lassen sich auch eine Vielzahl unterschiedlich großer und unterschiedlich geformter Hohlkehlen an der Tischkreissäge mit einem normalen Sägeblatt und einem Winkelanschlag schneiden. Die Hohlkehle entsteht dadurch, dass man das Werkstück in einem Winkel über das Sägeblatt führt. Je größer der Winkel, desto größer auch der Radius der Hohlkehle, wie auf der Abbildung auf der gegenüberliegenden Seite zu erkennen. Im Gegensatz zur Tischfräse wird die Hohlkehle an der Tischkreissäge allerdings nicht in einem Durchgang geschnitten, sondern in mehreren, wobei das Sägeblatt jeweils um etwa 3 mm angehoben wird.

Man kann sich zwar beim Schneiden von Hohlkehlen mit einem Anschlag behelfen, der aus einem einfachen Brett besteht, das man am Kreissägentisch festgespannt hat, aber einfacher und sicherer ist die Arbeit mit einem Anschlag, der aus zwei Führungsleisten besteht, die das Werkstück sicher über das Sägeblatt führen. Schneiden Sie die beiden Leisten aus 20 mm starkem Holz mit geradem Faserverlauf zu. Sie sollten 60 mm breit und mindestens 1000 mm lang sein. Schneiden Sie mittig in ein Ende jeder Leiste einen 250 mm langen und 10 mm breiten Schlitz **(A)**. Bohren Sie in etwa 25 mm Entfernung vom anderen Ende der Leisten jeweils mittig ein Loch mit 10 mm Durchmesser. Die Leisten werden durch zwei Querstücke mit den Maßen 40 x 40 x 400 mm verbunden. An jedem Querstück wird oben eine T-Profilschiene mit 400 mm Länge festgeschraubt **(B)**. Dann werden die Querstücke mit 40 mm langen Gewindeschrauben und Handgriffen an den Führungsleisten befestigt **(C)**.

Nehmen Sie die Kreissäge vom Netz, und senken Sie das Sägeblatt vollkommen ab. Spannen Sie das Querstück am nicht geschlitzten Ende der Vorrichtung an der Vorderkante der Tischkreissäge fest, so dass der Anschlag links von der Schnittlinie zu liegen kommt **(D)**.

*(Fortsetzung auf S. 68)*

# PARALLELANSCHLÄGE

## Hohlkehlen an der Tischkreissäge schneiden

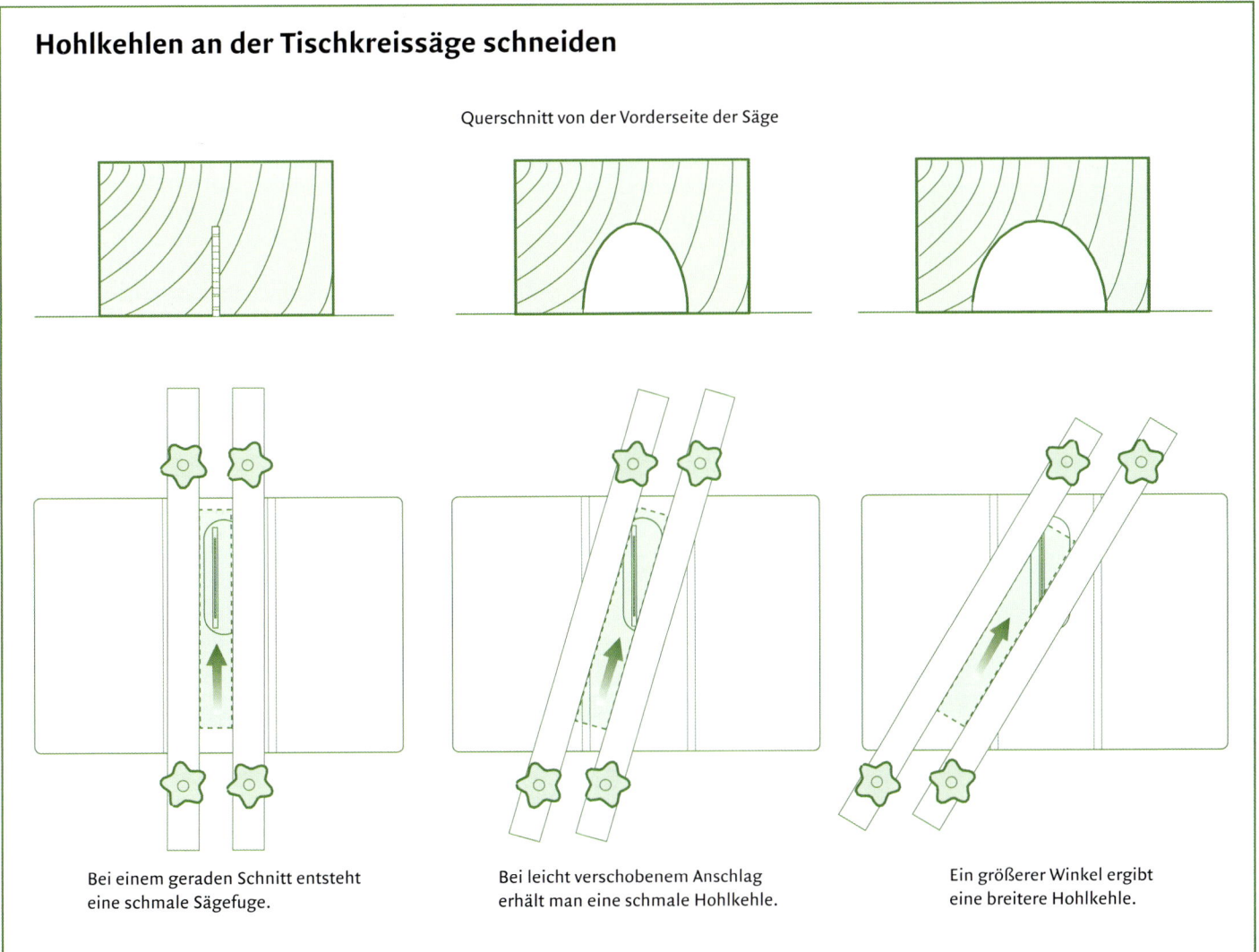

Querschnitt von der Vorderseite der Säge

Bei einem geraden Schnitt entsteht eine schmale Sägefuge.

Bei leicht verschobenem Anschlag erhält man eine schmale Hohlkehle.

Ein größerer Winkel ergibt eine breitere Hohlkehle.

## KAPITEL FÜNF: ANSCHLÄGE UND FÜHRUNGEN

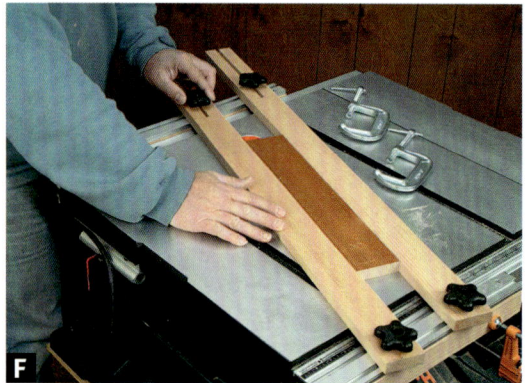

Heben Sie das Sägeblatt bis zu der Höhe an, die der gewünschten Tiefe der Hohlkehle entspricht, und stellen Sie Lage und Winkel des rechten Anschlags so ein, dass die gewünschte Breite und der gewünschte Abstand von der Kante des Werkstücks eingehalten werden **(E)**. Spannen Sie das hintere Querstück an der hinteren Kante des Kreissägetisches fest, und sichern Sie die rechte Anlage, indem Sie die Handgriffe vorne und hinten festdrehen. Legen Sie das Werkstück an der rechten Anlage an, und schieben Sie die linke Anlage gegen die andere Kante des Werkstücks. Ziehen Sie dann die Anlage an den Querstücken fest **(F)**.

Senken Sie das Sägeblatt ab, bis es nur noch etwa 3 mm über die Tischfläche herausragt. Jetzt können Sie mit dem Schneiden der Hohlkehle beginnen. Nehmen Sie einen Schiebestock zu Hilfe, und führen Sie das Werkstück langsam über das Sägeblatt. Heben Sie dann das Sägeblatt um höchstens 3 mm an, und führen Sie einen weiteren Schnitt aus **(G)**. Wiederholen Sie den Vorgang, bis die Hohlkehle fast fertig gestellt ist. Heben Sie das Sägeblatt für den letzten Durchgang nur um 1 bis 0,5 mm an. So erreichen Sie eine relativ glatte Oberfläche, die nur noch leicht geschliffen werden muss. Falls Sie später genau dieses Hohlkehlprofil noch einmal schneiden möchten, schneiden Sie ein Dreieck zu, das dem Winkel der Anlagen entspricht, und zeichnen Sie das Profil der Hohlkehle als Kennzeichnung darauf **(H)**.

## Anschlag zum Schlitzen

Mit einem Schlitzstemmer an der Ständerbohrmaschine lassen sich schneller Schlitze stemmen als wenn man mit Stechbeitel und Klüpfel zu Werke geht. Dieser stabile Anschlag ist mit einem praktischen verschiebbaren Doppelkeil versehen, mit dem man den Anschlag verstellen kann, ohne dass er seine Stellung parallel zum Schlitzstemmer verliert. Der Keilmechanismus besteht aus zwei 500 mm langen und 10 mm starken Sperrholzstücken, die an der Tischkreissäge mit einer Vorrichtung für Keilschnitte zugeschnitten wurden (siehe Abbildung S. 109).

Der breitere Streifen verjüngt sich von 70 mm auf 40 mm; der schmalere von 35 mm auf 10 mm. Schneiden Sie mit der Handoberfräse in den breiteren Streifen mittig entlang der schrägen Kante einen 10 mm breiten und 300 mm langen Schlitz **(A)**. Befestigen Sie den schmalen Streifen mit der schrägen Kante nach innen mit Leim und Nägeln mittig an der hinteren Kante einer 600 mm langen und 190 mm langen Grundplatte aus 10 mm oder 20 mm starkem Sperrholz.

Verleimen Sie aus zwei 600 mm langen und 90 mm breiten Stücken Vollholz mit geradem Faserverlauf einen rechtwinkligen Anschlag. Fräsen Sie an der hinteren Kante des Anschlags und in die nicht geschlitzte Kante des breiteren Keilstreifens Schlitze für Formfedern, und verleimen Sie die Teile miteinander **(B)**. Leimen Sie an der Rückseite des Anschlags einen Abstandshalter aus Sperrholz (500 x 100 x 10 mm). Bringen Sie oben an dem Anschlag ein Stück T-Profilschiene an **(C)**, das als Aufnahme für den Niederhalter dient, mit dem das Material während der Bearbeitung am Hochsteigen gehindert wird. Legen Sie jetzt den breiteren Keil an den schmaleren auf der Grundplatte, und bringen Sie im Abstand von 150 mm zwei Stockschrauben durch den Schlitz in der Grundplatte an. Oben an den Stockschrauben werden Drehgriffe angebracht, mit denen sich der Anschlag arretieren lässt. Spannen Sie die Vorrichtung am Arbeitstisch der Ständerbohrmaschine fest **(D)**, lösen Sie die Griffe, und verstellen Sie den breiten Keil, so dass der Anschlag in die richtige Stellung im Verhältnis zum Schlitzstemmer gebracht wird.

KAPITEL FÜNF: ANSCHLÄGE UND FÜHRUNGEN

## HILFSANSCHLÄGE

### Kastenanschlag

Ein kastenförmiger Hilfsanschlag lässt sich über den Parallelanschlag der Tischkreissäge legen und schnell befestigen, wenn man das Sägeblatt teilweise abdecken möchte, etwa um einen Falz zu schneiden. Dieser nützliche Anschlag aus 10 mm starkem Sperrholz oder MDF ist ein langer U-förmiger Kasten, der unten offen ist. Wählen Sie die Höhe und Breite so, dass die Innenmaße nur knapp einen Millimeter größer sind als die Abmessungen Ihres Parallelanschlags **(A)**, damit der Hilfsanschlag stramm auf dem Parallelanschlag sitzt. Die Seitenteile sollten so lang sein, dass sie an beiden Seiten über die Enden des Parallelanschlags hinausreichen, der Deckel sollte jedoch etwas kürzer sein, damit die Funktion des Feststellhebels am Parallelanschlag nicht beeinträchtigt wird. Bohren Sie an der Seite des Kastenanschlags, die vom Sägeblatt weg weist, in 25 mm Abstand von der Oberkante zwei Löcher als Aufnahme für zwei Einschraubmuttern **(B)**. Darin werden zwei Flügelschrauben angebracht, mit denen der Kastenanschlag fest am Parallelanschlag angebracht wird. Montieren Sie jetzt die Seitenteile und den Deckel mit Leim und Schrauben zusammen, wobei Sie die Konstruktion durch ein Endstück am entfernten Ende des Kastens verstärken **(C)**. Um das Anbringen von Niederhaltern und anderem Zubehör zu erleichtern, befestigen Sie an der Oberseite noch ein Stück T-Profilschiene **(D)**.

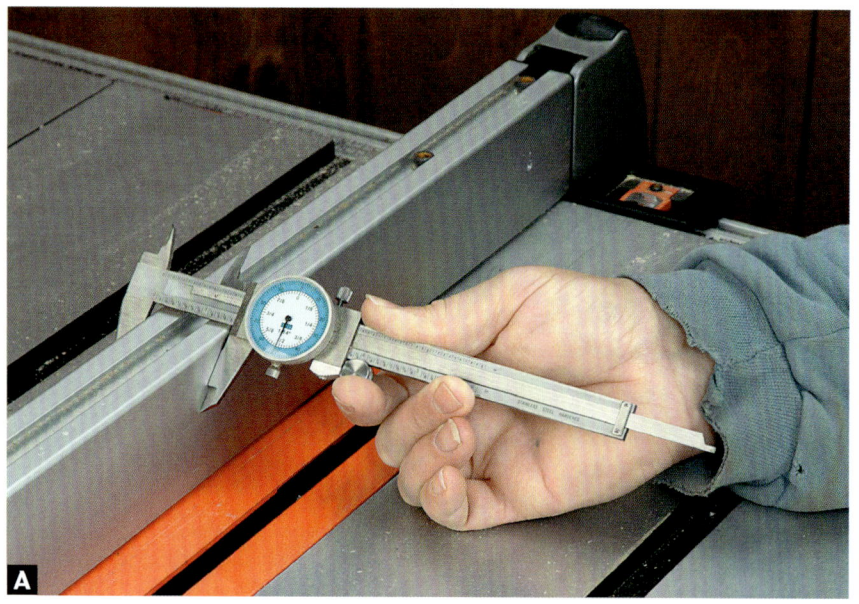

# HILFSANSCHLÄGE

Der Kastenanschlag sollte leichtgängig über den Parallelanschlag passen und sich mit wenigen Umdrehungen der Flügelmuttern arretieren lassen **(E)**. Um zu verhindern, dass dünnes Material unter den Anschlag rutschen kann, sollte er auf jeden Fall bis ganz auf den Arbeitstisch der Kreissäge abgesenkt werden.

**Variante:** Ein kastenförmiger Hilfsanschlag kann noch vielseitiger gestaltet werden, wenn man von Fall zu Fall Zubehör anschraubt. So kann man zum Beispiel einen kleinen Hartfaserstreifen in einer Nut an der Vorderseite des Anschlags anbringen (A), um dünnes Material wie Kunststoffplatten, Furniere und dünnes Sperrholz daran zu hindern, sich beim Schneiden vom Arbeitstisch abzuheben. Bringen Sie die Nut so hoch an, dass das Sägeblatt den Hartfaserstreifen nicht berührt.

Eine Leiste kann nützlich sein, wenn man eine Kante in einem Winkel anfasen möchte, der größer ist als der, auf den sich das Sägeblatt neigen lässt (meist sind das 45°). Bringen Sie in diesem Fall mit Schrauben eine Leiste an der Sichtseite des Anschlags an, um eine Kante des Werkstücks anzuheben (B). Der Neigungswinkel des Sägeblatts und der Fasenwinkel der Leiste werden in diesem Fall addiert, um den Fasenwinkel des Werkstücks zu bestimmen: Bei einer Sägeblattneigung von 45° muss die Leiste um 13° angefast sein, um das Werkstück mit 58° anzufasen (45 + 13 = 58).

Variante

Variante

## Langer Parallelanschlag

Der Abnahmetisch an der Tischkreissäge und Rollenständer sind für die meisten Schnitte auf Breite ausreichend. Lange, schmale Streifen und dünnes Plattenmaterial müssen jedoch oft besser abgestützt werden, damit sie am Sägeblatt vorbeigeführt werden können, ohne hängen zu bleiben. Mit diesem verlängerten Parallelanschlag wird nicht nur die Stabilität beim Sägen von großen Platten verbessert, sie bietet auch vor und hinter dem Kreissägetisch kleine Ablageflächen, die dünne und schmale Werkstücke stützen **(A)**. Schneiden Sie für den Anschlag aus Vollholz mit geradem Faserverlauf ein Stück zu, das so hoch ist wie Ihr Parallelanschlag und 600 mm länger als der Kreissägetisch **(B)**. Die beiden Ablagen werden aus 10 mm starkem Sperrholz auf 300 mm Länge und 100 bis 200 mm Breite zugeschnitten. Befestigen Sie die Ablagen mit Leim und Schrauben an den Unterseiten der Enden des Anschlags **(C)**, achten Sie dabei darauf, dass die Ablagen nicht an eventuell vorhandene Zubehörteile stoßen. Notfalls können Sie die Ablagen auch entsprechend einkerben. Wenn man die zum Tisch gerichtete Kante der Abnahmefläche leicht anfast, verringert sich die Gefahr, dass Werkstücke dort hängenbleiben.

Wenn Ihr Parallelanschlag über eine T-Nut verfügt, können Sie daran den Zusatzanschlag befestigen. Andernfalls kann er einfach mit Zwingen oder Schrauben provisorisch befestigt werden **(D)**. Bevor Sie mit dem Sägen beginnen, sollten Sie sich vergewissern, dass die Ablagen in einer Ebene mit dem Kreissägetisch liegen.

# HILFSANSCHLÄGE

## Zusatzanschlag für den Handoberfräsentisch

Für die meisten Arbeiten reicht der Standardanschlag am Handoberfräsentisch vollkommen aus. Falls man aber mit sehr großen Fräsern oder kleinen Werkstücken arbeitet, oder falls das Material wildwüchsig oder gegenläufig ist, dann kommt man mit dem einfachen Anschlag vielleicht nicht weiter. Indem man die Lücken zwischen Fräser und Anschlag reduziert, kann man das Rattern des Werkstücks und Faserausrisse beim Fräsen verhindern, weil das Material während der Arbeit vollflächig abgestützt wird. Einen solchen Anschlag kann man aus einem 10 mm starken Streifen Sperrholz, MDF oder Vollholz herstellen, der so hoch und lang wie der normale Anschlage des Handoberfräsentischs ist. Reißen Sie in der Mitte dieses Streifens den Umriss des Fräsers an, den Sie verwenden wollen **(A)**. Schneiden Sie mit der Dekupier- oder Stichsäge den Großteil des Verschnitts aus. Bleiben Sie dabei etwa 3 mm innerhalb des Risses **(B)**. Falls Ihr Fräser einen Anlaufring hat, schneiden Sie dessen Umriss direkt am Riss aus.

Befestigen Sie den Zusatzanschlag mit Schrauben oder Zwingen an dem normalen Anschlag und spannen Sie dort, wo der Fräser ist, ein dickes Stück Restholz an den Zusatzanschlag. Spannen Sie ein Ende des Anschlags notfalls am Tisch fest, um seitliche Bewegungen zu verhindern. Schalten Sie die Handoberfräse ein, und führen Sie den Anschlag vorsichtig über den Fräser **(C)**, bis dieser soweit durch den Zusatzanschlag geschnitten hat, wie er auch später schneiden soll. Stellen Sie dann die Fräse wieder aus, und entfernen Sie das Stück Restholz. Wenn Sie jetzt die Handoberfräse wieder anstellen, können Sie überprüfen, ob der Fräser nicht zu sehr am Anschlag reibt. In diesem Fall muss entweder der Anschlag etwas zurückgenommen werden, oder der Schnitt durch den Zusatzanschlag in das Restholz muss wiederholt werden. Zwar muss man für jeden Fräser und jede Einstellung einen speziellen Zusatzanschlag herstellen, aber die sicheren und sauberen Schnitte, die man damit erhält, lohnen die Mühe **(D)**.

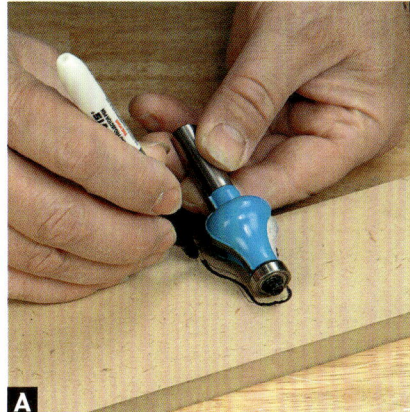

## KURZE ANSCHLÄGE

### Kurzer Parallelanschlag

In Amerika werden Tischkreissägen oft mit nicht vor- und zurück verstellbaren Parallelanschlägen ausgestattet. Mit einem Anschlag, der nur bis kurz hinter das Sägeblatt reicht, wird jedoch die Rückschlaggefahr deutlich reduziert. Aber auch bei einem langen, nur seitlich zu verstellenden Parallelanschlag kann man sich behelfen. In diesem Fall ergänzt man ihn durch einen kurzen Zusatzanschlag. Schneiden Sie den Anschlag aus 10 mm starkem Sperrholz oder MDF zu. Er sollte mindestens so hoch wie der Parallelanschlag sein und etwa halb bis zwei Drittel so lang wie dieser. Falls Ihr Parallelanschlag oben über eine T-Nut verfügt, dann schneiden Sie den Zusatzanschlag 10 mm breiter als die Höhe des Parallelanschlags, und schneiden Sie zusätzlich einen Befestigungsstreifen, der so breit wie Ihr Parallelanschlag ist. Bohren Sie zwei Löcher in diesen Streifen, die über der T-Nut liegen, und befestigen Sie dann den Streifen mit Leim und Nägeln an der Oberkante des Anschlags **(A)**. Um die Reibung zu verringern, bringen Sie an der Sichtseite des Zusatzanschlags einen Streifen selbstklebendes hochglattes Polyethylen (UHMW) an.

> Siehe „Hochglatte Kunststoffe", S. 20

Drücken Sie den Klebestreifen mit einem Roller oder Holzklotz fest an **(B)**.

Befestigen Sie den Zusatzanschlag mit zwei Hammerschrauben und Drehgriffen in der T-Nut. Richten Sie den Anschlag so aus, dass seine Hinterkante vor den hinteren Zähnen des Sägeblattes liegt **(C)**. Falls Sie ein Stück wildwüchsiges Holz sägen, verhindert der Freiraum, den der kurze Anschlag schafft, das Klemmen und dadurch das Verbrennen und Zurückschlagen des Materials **(D)**.

# KURZE ANSCHLÄGE

## Anschlag zum Auftrennen

Stärkeres Vollholz wird an der Bandsäge oft aufgetrennt, indem man es an einer ‚Punktanlage' entlang führt, so dass man den Zuführwinkel des Materials beim Sägen verändern kann. Dadurch ist es möglich, das Abwandern des Sägeblattes zu kompensieren, das sonst zu unsauberen Ergebnissen führen könnte. Die Anlage dieser Vorrichtung besteht aus einer 10-mm-Dübelstange, die mit einer entsprechenden Vorrichtung längs halbiert wurde **(A)**.

> Siehe „Halbierungsanschlag für Rundmaterial", S. 88

Schneiden Sie die dreieckigen Stützen des Anschlags aus 10 mm starkem Sperrholz zu. Das größere Dreieck sollte so hoch sein wie die maximale Durchlasshöhe Ihrer Bandsäge, die beiden kleineren Dreiecke dienen als seitliche Stützen. Leimen Sie die halbierte Dübelstange an die Vorderkante des großen Dreiecks (den notwendigen Druck können Sie beim Verleimen mit einfachem Klebeband ausüben). Schneiden Sie aus 10 mm starkem MDF oder Sperrholz eine 75 mm bis 150 mm breite Grundplatte für die Vorrichtung zu, die zwei Drittel so lang ist wie der Arbeitstisch der Bandsäge. Bringen Sie unten an der Grundplatte ein Querstück an, das an der Kante des Arbeitstisches angelegt wird. Leimen Sie das große Dreieck so an der Grundplatte fest, dass die halbierte Dübelstange am Sägeblatt ausgerichtet ist **(B)**. (Zum Auftrennen sollte man ein 10 mm oder 25 mm breites Sägeblatt verwenden.) Sichern Sie den Anschlag durch Schrauben, die Sie von unten durch die Grundplatte drehen.

Spannen Sie das Querstück an der Bandsäge fest **(C)**, so dass der Abstand zwischen Dübelstange und Sägeblatt der gewünschten Holzstärke entspricht. Reißen Sie eine gut zu sehende Bleistiftlinie an der Oberkante des Rohmaterials an, die der Endstärke entspricht – an diesem Riss führen Sie dann das Sägeblatt entlang. Die besten Ergebnisse erhält man, wenn man eine Andruckrolle verwendet, um das Material gegen den Anschlag zu drücken **(D)**.

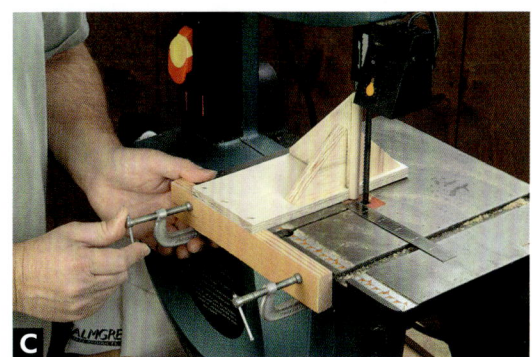

> Siehe „Hochglatte Kuststoffe", S. 20

**TIPP:** Bringen Sie vor dem Auftrennen einer dicken Bohle auf der Kante über die ganze Breite eine V-förmige Markierung an, um später die Maserung benachbarter Bretter aneinander ausrichten zu können.

## Geteilter Anschlag für den Handoberfräsentisch

Einen geteilten Anschlag aus Holz, der an dem normalen Anschlag ihres Handoberfräsentisches befestigt wird, können Sie so einstellen, dass die Werkstücke bis dicht an den Fräser noch vom Anschlag geführt werden. Schneiden Sie die beiden Anschlagteile aus Vollholz mit geradem Faserverlauf. Die Höhe sollte der des Standardanschlags entsprechen, die Länge jedes Teils der Hälfte des Standardanschlags. Schneiden Sie die inneren Enden der beiden Teile auf Gehrung, dabei sollte die Spitze etwas abgestumpft werden. Um die Anschläge verstellen zu können, wird in etwa 40 mm von der Unterkante an der Rückseite jeweils eine T-Nut eingefräst. Dazu schneidet man zuerst mit der Tischkreissäge oder mit der Handoberfräse eine 5 x 8 mm-Nut. Danach wird mit einem entsprechenden Fräser und dem Parallelanschlag an der Handoberfräse die T-förmige Erweiterung geschnitten **(A)**.

Schneiden Sie als Aufnahme für Niederhalter und anderes Zubehör eine weitere T-Nut in die Vorderseite der Anschläge, etwa 20 mm bis 25 mm unterhalb der Oberkante **(B)**. Bohren Sie in den Anschlag Ihres Handoberfräsentischs vier Löcher mit 8 mm Durchmesser – zwei in 50 mm Entfernung von den Enden, zwei in 50 mm Entfernung vom Mittelpunkt. Führen Sie kurze Hammerschrauben durch die Löcher, schieben Sie die Holzanschläge auf die Hammerschrauben, und befestigen Sie sie mit Drehgriffen. Am besten wird das Werkstück geführt und den saubersten Schnitt erhält man, wenn man die auf Gehrung geschnittenen Enden der Anschläge so dicht wie möglich an den Fräser heranführt **(C)**.

Mit einem solchen geteilten Anschlag kann man auch die Kanten von Material abrichten, wie man das sonst mit dem Abrichthobel tut. Bringen Sie hinter den beiden Enden des Abnahmeanschlags zwei Zulagen mit der gleichen Stärke an **(D)**. Diese sollte der gewünschten Schnitttiefe entsprechen, meist sind dies 0,5-2 mm. Stellen Sie den Anschlag mit den Zulagen so ein, dass er an der Schneide eines Nutfräsers ausgerichtet ist, und schon können Sie mit dem Abrichten beginnen.

## WINKELANSCHLÄGE

### Gehrungsanschlag für Rahmenfriese

Wenn Ihre Gehrungssäge nicht ausgesprochen genau schneidet und leicht einzustellen ist, dann ist es effizienter, Gehrungen für Bilderrahmen und Ähnliches zu schneiden, indem man die Säge rechtwinklig eingestellt lässt und diesen Gehrungsanschlag benutzt **(A)**. Zuerst schneidet man aus 10 mm starkem Sperrholz oder MDF eine Grundplatte, die so lang ist wie der Arbeitstisch der Säge und 50-100 mm breiter als die maximale Schnittbreite der Säge. Dann schneiden Sie aus Vollholz mit geradem Faserverlauf zwei Anschläge mit 40 mm Breite zu und schneiden die Enden im Winkel von 45° auf Gehrung **(B)**.

Spannen Sie die Grundplatte auf dem Arbeitstisch der Säge fest. Schneiden Sie dann im Winkel von 90° eine flache Kerbe in die Grundplatte. Richten Sie mit einem Zeichendreieck einen der Anschläge im Winkel von 45° an der Kerbe aus, und befestigen Sie den Anschlag mit Nägeln und Leim an der Grundplatte. Benutzen Sie einen großen, genauen Zimmermannswinkel, um den zweiten Anschlag genau rechtwinklig zum ersten auszurichten **(C)** und befestigen Sie ihn ebenfalls mit Leim und Nägeln. Verstärken Sie die Grundplatte, indem Sie einen dreieckigen Holzklotz am Ende der Sägekerbe darauf festleimen. Bringen Sie schließlich noch zwei Leisten an der Hinterkante der Grundplatte an, an denen Sie die Vorrichtung am Anschlag der Säge festspannen können. Dabei kann das Sägeblatt in die Sägekerbe abgesenkt werden, um die Vorrichtung auszurichten **(D)**.

**TIPP:** Um einen perfekten Rahmen herzustellen, müssen die Gehrungen nicht nur genau auf 45° geschnitten werden, sondern die kurzen und langen Friese müssen auch jeweils genau gleich lang sein.

## Verstellbarer Winkelanschlag

Der schwenkbare Anschlag dieser Vorrichtung erlaubt es dem Benutzer, ungewöhnliche Winkel an der Kapp- und Gehrungssäge zu schneiden, ohne zeitraubende Einstellarbeiten vornehmen zu müssen. Die Grundplatte besteht aus 10 mm starkem MDF, sie ist 700 mm lang und 50–75 mm breiter als die maximale Schnittbreite der Säge. Reißen Sie in 125 mm Entfernung von der rechten Kante der Platte eine Linie an. Bohren Sie 50 mm links von dieser Linie und 40 mm von der Hinterkante der Platte ein Loch für die Drehachse des Anschlags. Versenken Sie das Bohrloch an der Unterseite, so dass es den Kopf einer Schlossschraube aufnehmen kann. Schneiden Sie als Nächstes mit einem Fräszirkel und einem 5-mm-Nutfräser in der Handoberfräse die Kreisbogennut in die Grundplatte. Stellen Sie den Fräszirkel auf einen Radius von 400 mm ein und benutzen Sie das vorgebohrte Loch als Mittelpunkt des Kreisbogens. Erweitern Sie die Kreisbogennut auf der Unterseite mit einem 10-mm-Nutfräser, mit dem Sie 3 mm tief eintauchen **(A)**.

Schneiden Sie aus Vollholz mit geradem Faserverlauf den Anschlag in den Maßen 20 x 50 x 600 mm zu, und schneiden Sie an einem Ende eine 45°-Gehrung an **(B)**. Schneiden Sie dann im Abstand von 400 mm zwei Schlitze (5 mm breit, 25 mm lang) in die Mittelachse des Anschlags, damit der Anschlag leicht verschoben werden kann, um seine Spitze an der Schnittkerbe auszurichten. Die Schlitze können mit der Handoberfräse oder in der Ständerbohrmaschine mit einem Spiralnutfräser geschnitten werden **(C)**. Befestigen Sie ein Ende des Anschlags mit einer Hammerschraube und einem Drehgriff in dem vorgebohrten Loch. Bringen Sie mit Leim und Nägeln an der Hinterkante der Grundplatte eine Leiste an, um die Vorrichtung am Anschlag der Säge festspannen zu können. Schneiden Sie eine Sägekerbe in die Grundplatte, die Sie beim Anbringen der Vorrichtung zum Ausrichten verwenden können **(D)**.

**TIPP:** Mit selbstklebendem Schleifpapier an einer Anlage kann man verhindern, dass das Werkstück beim Sägen verrutscht.

## Kranzgesims-Anschlag

Eine Herausforderung an den Tischler ist das Zuschneiden und Anbringen von Kranzgesimsen. Diese breiten Profilleisten werden oben an hohen Möbelstücken oder am Übergang von Wand zu Zimmerdecke angebracht. Da sie in einem Winkel zur Unterlage befestigt werden, ist es sehr schwierig, sie richtig zuzuschneiden – rechte und linke Innen- und Außenecken unterscheiden sich jeweils. Man kann die Profilleisten flach auf einer Kapp- und Gehrungssäge zusägen, aber die Gehrungs- und Fasenwinkel der Säge müssen für jeden Schnitt neu eingestellt werden. Leichter ist es, einen Anschlag zu bauen, der die Profilleiste ausrichtet und abstützt, während man sägt.

Da die Profilleisten für Kranzgesimse in vielen verschiedenen Breiten und Profilen angeboten werden, müssen Sie die Leiste ausmessen, die Sie verwenden möchten. Stellen Sie die Leiste kopfüber gegen einen rechtwinkligen Block **(A)**, und kontrollieren Sie Breite und Höhe (diese Maße stimmen meist nicht überein). Beachten Sie, dass die ‚klassische' Orientierung eines Kranzgesimses vorsieht, das die breitere Hohlkehle des Karnieses oben liegt **(B)**.

Die grundlegende Vorrichtung besteht aus einem U-förmigen offenen Kasten aus einem Boden und zwei Seitenteilen von jeweils 600-700 mm Länge. Die Innenmaße des Kastens müssen der an der Profilleiste gemessenen Höhe und Breite entsprechen. Montieren Sie den Kasten mit Leim und Nägeln zusammen **(C)**, achten Sie jedoch darauf, dass an den Enden einige Zentimeter frei von Nägeln bleiben. Schneiden Sie dann an beiden Enden des Kastens gegensätzliche 45°-Gehrungen an **(D)**.

Zum Sägen wird die Vorrichtung gegen den linken Anschlag der Kapp- und Gehrungssäge gelegt, so dass das Ende an der Schnittlinie liegt. Dann wird die Profilleiste kopfüber in den Kasten gelegt **(E)**. Je nachdem, was für ein Schnitt ausgeführt werden soll (links oder rechts, innen oder außen), muss man drei Faktoren berücksichtigen: Zum einen muss der Gehrungswinkel der Säge entweder nach rechts oder nach links auf 45° eingestellt werden. Dann muss man darauf achten, ob die lange oder die kurze Seite der Vorrichtung gegen den Anschlag gelegt wird. Und schließlich kann die Profilleiste so in die Vorrichtung gelegt werden, dass sie entweder vom Sägeanschlag abfällt oder zu ihm abfällt.

(Fortsetzung auf S. 80)

KAPITEL FÜNF: ANSCHLÄGE UND FÜHRUNGEN

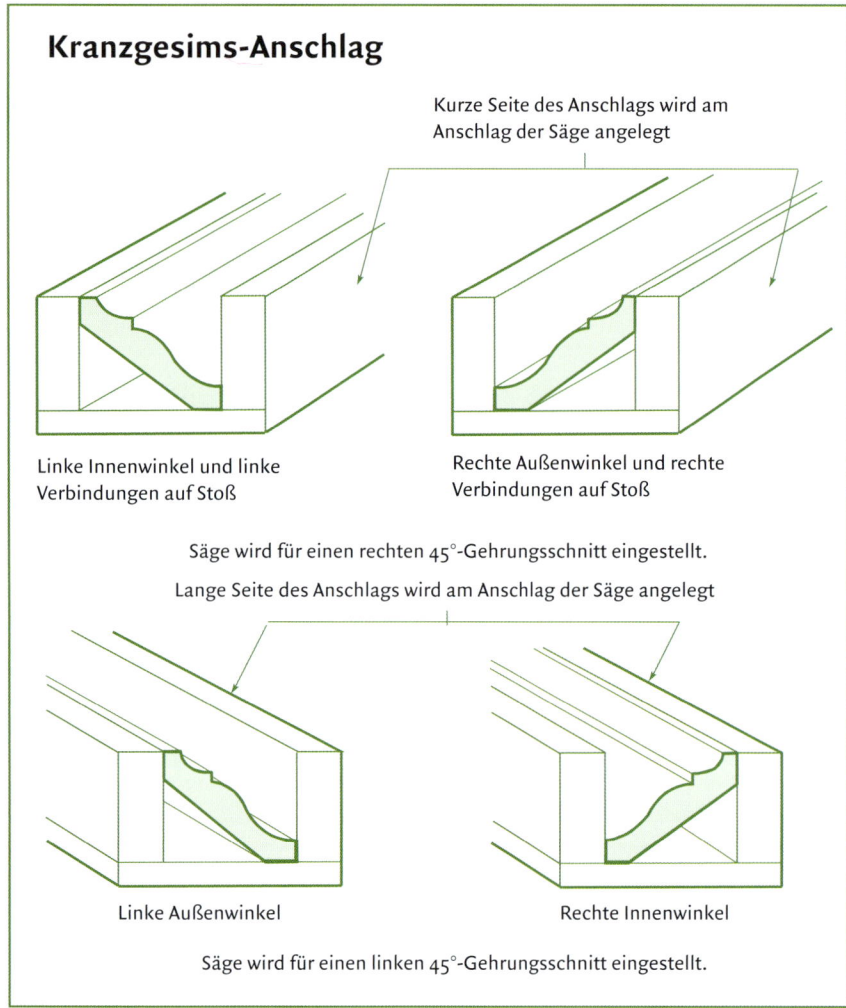

**Kranzgesims-Anschlag**

Kurze Seite des Anschlags wird am Anschlag der Säge angelegt

Linke Innenwinkel und linke Verbindungen auf Stoß

Rechte Außenwinkel und rechte Verbindungen auf Stoß

Säge wird für einen rechten 45°-Gehrungsschnitt eingestellt.

Lange Seite des Anschlags wird am Anschlag der Säge angelegt

Linke Außenwinkel

Rechte Innenwinkel

Säge wird für einen linken 45°-Gehrungsschnitt eingestellt.

Die Zeichnung links zeigt Ausrichtung von Profilleiste, Säge und Vorrichtung für die wichtigsten vier Eckverbindungen wie auch für Verbindungen auf Stoß, die unten besprochen werden. Bei den Beschreibungen hier bedeutet ‚rechts' und ‚links' jeweils die Ausrichtung, wie man sie im installierten Zustand sieht. So ist wird bei einer ‚rechten Außenecke' der Schnitt am linken Ende des rechten Werkstücks ausgeführt.

Um eine rechte Außenecke zu schneiden, wird die Säge um 45° nach rechts geschwenkt, die kurze Seite der Vorrichtung wird an den Anschlag angelegt, und die Profilleiste fällt vom Anschlag ab **(F)**. Halten Sie die Profilleiste fest im Kasten und den Kasten gegen den Anschlag der Säge, während Sie schneiden **(G)**. Um einen rechten Innenschnitt oder einen linken Außenschnitt auszuführen, drehen Sie die Vorrichtung um, so dass die lange Seite am Anschlag anliegt, und stellen Sie die Säge so ein, dass sie 45° nach links weist **(H)**. Als Gedächtnisstütze für die verschiedenen Schnitte sollten Sie diese Informationen direkt auf der Vorrichtung notieren, nachdem Sie die Schnitte das erste Mal ausgeführt haben.

Mit der Vorrichtung lassen sich auch Verbindungen auf Stoß schneiden, was manchmal notwendig ist, wenn man zwei Stücke Profilleiste miteinander verbinden muss **(I)**. Bei dieser schrägen Verbindung auf Stoß fällt die Fuge bei weitem nicht so auf wie bei einem rechtwinkligen Stoß.

**TIPP:** Wenn Sie ein Kranzgesims an einer Wand oder einem Möbelstück anbringen, die nicht genau rechtwinklig sind, verstellen Sie die Gehrungssäge geringfügig, um den Fehler zu kompensieren.

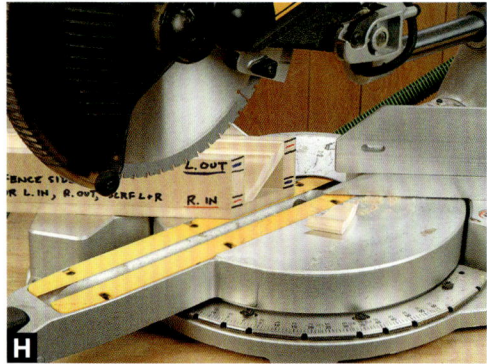
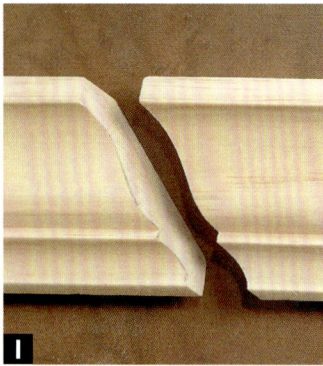

# WINKELANSCHLÄGE

## Schwenkbarer Anschlag für die Ständerbohrmaschine

Diese Vorrichtung mit schwenkbarem Anschlag macht die meisten Bohrungen an der Ständerbohrmaschine schneller und präziser. Der Anschlag und der Stoppklotz sind beide verstellbar, so dass man Löcher in der Länge und Breite des Werkstücks mit hoher Genauigkeit wiederholen kann **(A)**. Schneiden Sie zuerst die Grundplatte der Vorrichtung aus 20 mm starkem Sperrholz auf die Maße 400 x 600 mm zu. Markieren Sie sorgfältig den Mittelpunkt der Grundplatte, um die Vorrichtung später an der Bohrachse der Ständerbohrmaschine auszurichten.

Reißen Sie in 20 mm Entfernung von der linken Kante der Grundplatte und 50 mm Entfernung der hinteren Kante den Drehpunkt des Anschlags an. Reißen Sie von dort aus mit einem Stangenzirkel einen Kreisbogen mit 600 mm Radius an der rechten Kante der Grundplatte von der Hinterkante bis 75 mm vor der Vorderkante an. Bohren Sie dann ein Loch in den Drehpunkt. Sägen Sie den Kreisbogen und die Ausklinkung mit der Stichsäge aus **(B)**, und schleifen Sie die Kante dann mit Schleifpapier glatt. Bringen Sie zwei Leisten an der Unterseite der Grundplatte an, damit Sie die Vorrichtung später schnell und leicht auf dem Arbeitstisch der Ständerbohrmaschine anbringen können **(C)**. Achten Sie darauf, dass die Leisten die Grundplatte genau unter der Bohrachse ausrichten.

Schneiden Sie aus 25 mm starkem Vollholz mit geradem Faserverlauf den Anschlag mit den Maßen 50 x 700 mm zu. Bohren Sie in 600 mm Entfernung voneinander zwei Löcher senkrecht durch den Anschlag. Sie dienen als Aufnahmen für zwei Schlossschrauben, von denen eine als Drehachse dient und die andere den Anschlag an der Grundplatte arretiert. Versenken Sie die Bohrlöcher, damit die Köpfe der Schlossschrauben nicht stören.

Bohren Sie ein halbkreisförmiges Loch in die obere Kante des Anschlags, damit das Bohrfutter nicht an den Anschlag stößt, wenn man nahe am Anschlag bohrt. Spannen Sie dazu ein Stück Restholz am Anschlag fest, und bohren Sie ein Loch mit 40 mm Durchmesser und etwa 25 mm Tiefe **(D)**.

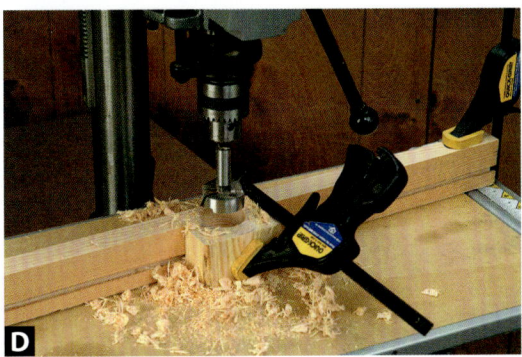

*(Fortsetzung auf S. 82)*

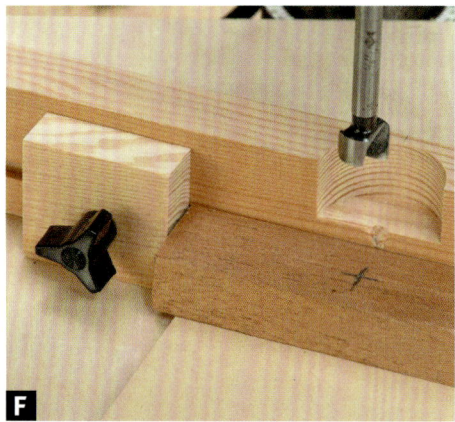

Fräsen Sie unten in die Sichtseite des Anschlags eine T-Nut als Aufnahme für den verschiebbaren Stoppklotz der Vorrichtung. Dazu schneiden Sie zuerst eine 5 mm breite und 10 mm tiefe Nut, deren Mitte 20 mm oberhalb der Unterkante des Anschlags liegt. Dann wird mit einem entsprechenden Fräser das T-Profil geschnitten **(E)**. Schneiden Sie einen Stoppklotz (40 x 50 x 20 mm), und bohren Sie eine Aufnahme für die Hammerschraube mit Drehgriff, die als Befestigung des Stoppklotzes dient **(F)**.

Bevor Sie den schwenkbaren Anschlag an der Grundplatte anbringen, leimen Sie einen kleinen Klotz aus 20 mm starkem Sperrholz an seine Unterseite, der als Abstandshalter für die Schlossschraube dient **(G)**. Legen Sie eine große Unterlegscheibe unter den Drehgriff, und sichern Sie die Schlossschraube mit einer Kontermutter **(H)**.

Sie können die Einstellarbeiten an der Vorrichtung verkürzen, indem Sie für gebräuchliche Abstände von der Kante des Werkstückes (10, 25, 50 mm usw.) Markierungen auf der Grundplatte für die Position des Anschlags anbringen **(I)**.

**TIPP:** Die Anlage an einem schwenkbaren Anschlag kann nach Ihren eigenen Vorlieben nach rechts oder nach links geneigt sein.

# GESCHWUNGENE ANSCHLÄGE

## Scheiben-Anschlag

Mit diesem einfachen Anschlag ist es leicht, funktionale oder dekorative Fräsungen und Bohrungen an einer Holzscheibe vorzunehmen. Er wird aus einer quadratischen MDF-Platte (300 x 300 x 20 mm) hergestellt, in seiner V-förmigen Aussparung lassen sich Scheiben mit einem Durchmesser von 50-300 mm bearbeiten.

Schneiden Sie mit der Kapp- und Gehrungssäge zwei 45°-Schnitte in gegenläufiger Richtung, um die V-förmige Aussparung zu schaffen. Jeder der beiden Schnitte sollte etwa in der Mitte der Platte enden **(A)**. Um den Anschlag leichter ausrichten zu können, zeichnen Sie mit dem Tischlerwinkel oder Zeichendreieck eine senkrechte Linie vom Treffpunkt der beiden Schnitte bis hin zur hinteren Kante der Grundplatte. Bohren Sie dann an der Ständerbohrmaschine ein Loch mit 25 mm Durchmesser am Treffpunkt der Schnitte, um auch beim Bearbeiten von kleinen Scheiben Raum für den Fräser zu haben **(B)**.

Die Vorrichtung ist nützlich, wenn man an der Ständerbohrmaschine Mittellöcher in fertige Holzscheiben bohren oder am Umfang Löcher in gleichmäßigen Abständen anbringen möchte, etwa um eine Teilscheibe für die Drechselbank herzustellen.

> Siehe „Teilscheibe für die Drechselbank", S. 204

Richten Sie das V wie gewünscht aus, und spannen Sie die Vorrichtung am Tisch der Ständerbohrmaschine fest. Wenn die Löcher am Umfang in gleichmäßigem Abstand gebohrt werden sollen, bringen Sie am Tisch der Ständerbohrmaschine eine Markierung an, und richten Sie sie an entsprechenden Teilstrichen an der Kante der Scheibe aus **(C)**. Die Vorrichtung ist auch nützlich, wenn man am Handoberfräsentisch Nuten in eine Scheibe fräsen möchte, die als Aufnahme für Furnierbänder dienen oder rein dekorative Zwecke erfüllen sollen **(D)**. Um die Vorrichtung leichter an einem großen Handoberfräsentisch festspannen zu können, kann man sie auch an einem Kantholz (25 x 50 mm oder 50 x 100 mm) festschrauben, das länger als die Tischplatte ist.

## Senkrechter Scheiben-Anschlag

Diese Vorrichtung hält und führt senkrecht stehende Scheiben, während man ihre Kante bearbeitet oder sie auftrennt. Für einen Anschlag, mit dem man 20 mm starke Scheiben mit Durchmessern von 100 bis 200 mm bearbeiten kann, schneiden Sie ein Stück 20 mm starkes Sperrholz auf 110 x 250 mm zu und entfernen Sie dann mit der Band- oder Stichsäge die in Abbildung **(A)** zu sehende Form in der Mitte. Schneiden Sie aus 10 mm starkem Sperrholz zwei weitere 110 mm lange Stücke zu, eines 350 mm lang als Grundplatte und eines mit 250 mm Länge als Abdeckung. Legen Sie die drei Teile mit dem Schablonenteil in der Mitte als Sandwich aufeinander. Damit das Werkstück in die Vorrichtung passt, werden einige Zwischenlagen aus Papier in die gleiche Form wie die Schablone geschnitten und in die Vorrichtung eingelegt. Verschrauben Sie die drei Teile und die Papierlagen mit Messingschrauben **(B)**. Die Vorrichtung wird nicht verleimt, damit man später Papierlagen zufügen oder entfernen kann, falls die lichte Weite zu klein oder zu groß ist. Man kann auch Schablonenteile zuschneiden, die für andere Materialstärken geeignet sind, und dann bei Bedarf auswechseln.

Wenn man mit der Vorrichtung an der Kante einer Scheibe eine Nut fräsen oder eine Scheibe auftrennen möchte, wird die Vorrichtung am Parallelanschlag der Tischkreissäge festgespannt. Fahren Sie das Sägeblatt ganz hinunter, und verstellen Sie den Parallelanschlag so, dass die Vorrichtung wie gewünscht über dem Blatt steht. Führen Sie an einem Probestück einen Schnitt aus, indem Sie das sich drehende Sägeblatt nach oben an die Scheibe in der Vorrichtung führen. Kontrollieren Sie die Schnitttiefe und passen Sie sie gegebenenfalls an, und bearbeiten Sie dann die Werkstücke, indem Sie sie vorsichtig auf das sich drehende Sägeblatt absenken und langsam gegen die Drehrichtung des Sägeblattes drehen **(C)**.

Mit dieser Vorrichtung kann man auch am Handoberfräsentisch die Kanten von Scheiben profilieren. Schneiden Sie dazu einen Schlitz in die Grundplatte der Vorrichtung, durch welchen der Fräser geführt wird, und spannen Sie dann die Vorrichtung am Anschlag des Handoberfräsentisches fest **(D)**.

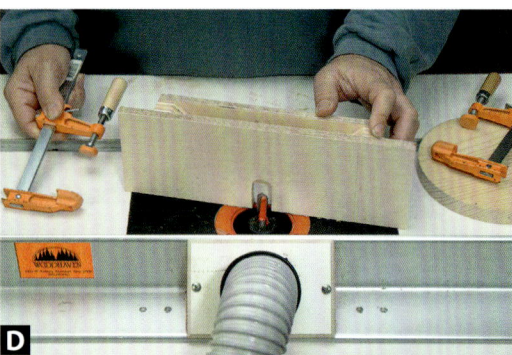

## Kreisbogenanschlag

Mit dieser Vorrichtung ist es ein Kinderspiel, die oberen Querfriese für dekorative Möbeltürrahmen zu schneiden. Der Anschlag besteht lediglich aus einer großen quadratischen MDF- oder Sperrholzplatte, in deren Mitte ein großes Loch geschnitten ist. Die Kante des Lochs dient als Führung für den Türfries, während er mit der Bandsäge geschnitten wird **(A)**. Um die Größe des Loches festzulegen, spannen Sie einen Fries auf der Werkbank fest, und stellen Sie einen Stangenzirkel so ein, dass Sie mit ihm den gewünschten Kreisbogen ziehen können. Die Entfernung vom Drehpunkt des Stangenzirkels bis zu den entfernten Ecken des Frieses **(B)** entspricht dem Durchmesser des Loches im Anschlag.

> Siehe „Stangenzirkel", S. 52

Schneiden Sie die Platte mit mindestens 75 mm längeren Seiten als der Durchmesser des Loches ist. Besser als es auszusägen, ist es, das Loch mit der Handoberfräse, einem 10-mm-Nutfräser und einem Fräszirkel zu schneiden **(C)**. Das Loch muss nicht ein ganzer Kreis sein, auch zwei Drittel eines Kreises erfüllen den Zweck. Fräsen Sie den Verschnitt in mehreren Durchgängen frei.

Schleifen Sie die gefräste Kante glatt, und tragen Sie dann Paraffin oder Wachs von einem Kerzenrest auf die Kante auf, damit das Werkstück leichter an ihr entlanggleitet. Spannen Sie die Platte auf dem Bandsägentisch so fest, dass der Abstand zwischen dem Mittelpunkt des Kreisloches und der Schneide des Sägeblatts dem Radius des Stangenzirkels entspricht, den Sie als Kreisbogen auf das Türfries gezeichnet haben. Um einen Kreisbogen zu schneiden, legen Sie die Oberkante des Frieses gegen den Kreis und drehen das Fries dann langsam im Uhrzeigersinn in das Sägeblatt hinein **(D)**. Schieben Sie den Fries langsam vor, bis der Schnitt vollendet ist **(E)**.

## Fräsanschläge für gebogene Werkstücke

An der Tischfräse oder dem Handoberfräsentisch lassen sich mit einem großen Fräser viele schön geformte, nicht gerade Teile herstellen, darunter ovale Profile, gebogene Paneele, Stuhlrücken, Tischbeine und sogar gekrümmte Treppenhandläufe. Dafür benötig man in jedem Fall einen gebogenen Anschlag, mit dem das Werkstück geführt wird, während man es fräst.

Um die gebogenen Kanten von Fassdauben mit einem senkrechten Abplattfräser zu formen, benötigt man einen hohen Anschlag, der die Daube senkrecht stehend stützen kann. Diesen Anschlag kann man aus starkem Vollholz aussägen oder aus mehreren Lagen MDF oder Sperrholz verleimen. Schneiden Sie mit der Bandsäge ein konkaves Stück aus dem Anschlag, dessen Radius der Krümmung der Daube entspricht **(A)**. Benutzen Sie den Verschnitt als Schleifblock, den Sie mit grobem Schleifpapier zusammen dazu verwenden, die sägeraue Fläche zu glätten **(B)**. Befestigen Sie den hohen Anschlag mit Leim und Schrauben an einer Grundplatte aus Sperrholz oder MDF, die groß genug ist, um sie am Anschlag der Tischfräse oder des Handoberfräsentischs festzuspannen **(C)**. Zeichnen Sie in der Mitte der Unterkante des Anschlags den leicht verkleinerten Umriss des Fräsers an, und schneiden Sie ihn dann mit der Stich- oder Dekupiersäge aus. Wenn der Anschlag über dem Fräser befestigt ist, führen Sie die Daube entgegen der Drehrichtung des Werkzeuges am Fräser vorbei **(D)**. Am besten ist es, wenn man in mehreren Durchgängen fräst und dabei jeweils die Schnitttiefe etwas erhöht.

## GESCHWUNGENE ANSCHLÄGE

Um die konkaven oder konvexen Kanten gebogener Kanthölzer oder Kreisstücke zu nuten oder zu fräsen – die Kufen eines Schaukelstuhls etwa oder Teile eines Spinnrades – lässt sich aus 50 mm starkem Holz leicht ein einfacher gebogener Anschlag herstellen. Die Länge und Höhe sollte dem zu bearbeitenden Werkstück entsprechen. Bohren Sie zuerst in die Mitte des Rohlings ein Loch, in das der Fräser passt. Schneiden Sie dann mit der Bandsäge an eine Kante des Rohlings eine Krümmung, die dem Radius des Werkstücks entspricht **(E)**. Stellen Sie dann aus Sperrholz oder MDF eine Grundplatte her, deren Breite der Länge des Anschlags entspricht, und befestigen Sie sie an der Hinterkante des Anschlags, damit man diesen an der Tischfräse oder am Handoberfräsentisch festspannen kann **(F)**.

Müssen Sie ein noch komplexeres Teil bearbeiten? Vielleicht den Handlauf einer Wendeltreppe? Sie können einen gebogenen Anschlag für fast jede Situation herstellen, indem Sie zwei gebogene Blöcke miteinander kombinieren. Nehmen Sie ein starkes Stück Vollholz, und schneiden Sie den unteren Anschlag passend für die Krümmung der Unterseite des Werkstücks zu. Bohren Sie zuvor (wie oben) eine Öffnung für den Fräser in den Rohling.

Schneiden Sie einen zweiten Anschlag zu, der der Kante des Werkstücks entspricht, um dieses am Fräser vorbeizuführen. Fräsen Sie eine Kante des unteren Anschlags so, dass er an den anderen Anschlag passt **(G)**. Schrauben Sie die beiden Anschläge zusammen, und bringen Sie sie auf dem Arbeitstisch an, indem Sie sie mit einer Grundplatte daran festspannen oder am Anschlag der Maschine befestigen **(H)**.

## FÜHRUNGEN ZUR BEARBEITUNG VON RUNDMATERIAL

### Halbierungsanschlag für Rundmaterial

Mit dieser Vorrichtung für die Bandsäge kann man Dübelstangen und anderes Rundmaterial präzise der Länge nach halbieren. Man kann damit sowohl einen Schlitz in das Ende eines Dübels schneiden, um ihn zu verkeilen, als auch ihn der ganzen Länge nach durchschneiden (siehe Abbildung A auf S. 75).

Schneiden Sie zuerst mittig in eine Seite eines mindestens 300 mm langen Kantholzes mit dem Querschnitt 50 x 100 mm eine V-förmige Kerbe, die 50 mm breit und 40 mm tief ist. Das Verfahren ist im nächsten Abschnitt über die Vorrichtung zum Anspitzen eines Rundholzes dargestellt. Schneiden Sie an der Bandsäge in 75 mm Entfernung von einem Ende des V-Blocks eine 25 mm breite Aussparung **(A)**, die knapp über den tiefsten Punkt der Kerbe hinausreicht. Schneiden Sie am anderen Ende des Blocks ein 75 langes Teil ab, drehen Sie es kopfüber, und leimen Sie es neben der Aussparung am V-Block fest. Sägen Sie dann einen 20 mm langen Schlitz genau in die Mitte der V-Kerbe **(B)** als Aufnahme für eine Leitschiene, an der der Sägeschnitt ausgerichtet wird.

Stellen Sie die Leitschiene aus einem 75 mm langen Stück alten Bandsägeblattes her, an dem Sie die Zähne abgefeilt haben. Umwickeln Sie beide Enden der Schiene mit Klebeband, bis sie stramm in dem Sägeschnitt sitzt **(C)**. Fixieren Sie die Schiene im Sägeschnitt, indem Sie V-Block und Schiene an beiden Enden durchbohren, in die Sie zwei Drahtstifte stecken.

Leimen Sie die Vorrichtung auf einer quadratischen Grundplatte aus 3 mm oder 5 mm starker Faserplatte fest. Spannen Sie die Vorrichtung am Tisch der Bandsäge fest, so dass das Sägeblatt etwas vor der Leitschiene und genau parallel zu dieser in der V-Kerbe verläuft. Führen Sie an einem Dübelstück einen Probeschnitt durch, und korrigieren Sie gegebenenfalls die Position der Vorrichtung. Leimen Sie schließlich eine Leiste an die Unterseite der Grundplatte, die in die Tischnute der Bandsäge passt, damit das Positionieren der Vorrichtung zukünftig schneller geht **(D)**.

**TIPP:** Der Halbierungsanschlag kann auch verwendet werden, um einen Schlitz in das Hirnholz von rechtwinkligen Zapfen zu schneiden, um diese verkeilen zu können.

# FÜHRUNGEN ZUR BEARBEITUNG VON RUNDMATERIAL

## Vorrichtung zum Anspitzen von Rundmaterial

Falls Sie eine stationäre Scheibenschleifmaschine besitzen, können Sie mit dieser Vorrichtung leicht die Enden von Dübelstangen oder anderem Rundmaterial anfasen oder mit einer Spitze versehen. Die Vorrichtung hat zwei V-Kerben, eine für dünnere Dübel und eine für Material bis zu einer Stärke von 60 mm.

Schneiden Sie die Anlage aus einem 250 mm bis 350 mm langen Kantholz (100 x 200 mm) zu. Schneiden Sie an der Tischkreissäge zwei V-Kerben in eine Seite des Anschlags: eine 10 mm, die andere 40 mm breit **(A)**. Als Nächstes wird das Ende der Anlage im gewünschten Winkel schräg angeschnitten, der bestimmt, wie spitz das Rundholz angeschliffen wird. So ergibt ein Winkel von 45° eine eher stumpfe Fase oder Spitze, während ein Winkel von 15° zu sehr spitzen Ergebnissen führt.

Nachdem Sie den Winkel geschnitten haben, leimen Sie den Anschlag auf einer Grundplatte aus 5 mm starker Hartfaserplatte fest. Legen Sie einen Abstandshalter aus dünner Pappe zwischen die Schleifscheibe und das schräge Ende des Anschlags **(B)**, und leimen Sie eine Leiste an die Unterseite der Grundplatte, die als Führung in der Tischnut der Bandsäge läuft. So kann man den Anschlag verschieben, um die gesamte Fläche der Schleifscheibe auszunutzen, und dennoch sicher sein, dass er präzise ausgerichtet bleibt. Befestigen Sie ein kleines Stück dünner Hartfaserplatte als Fingerschutz an der Grundplatte **(C)**.

Um eine Fase oder Spitze zu schleifen, wird die Dübelstange einfach in die V-Kerbe gelegt und ihr Ende gegen die Schleifscheibe gedrückt, während man sie mit der Hand dreht. Noch genauer wird das Ergebnis, wenn man auf das hintere Ende der Stange einen Stoppklotz steckt, der gegen den V-Klotz stößt, um seine Vorwärtsbewegung einzuschränken **(D)**.

**TIPP:** Mit dieser Führung lassen sich auch sehr gut Bleistifte mit rundem Schaft anspitzen.

## Vorrichtung zum Verdünnen von Dübeln

Mit dieser Vorrichtung kann man schnell und präzise den Durchmesser jedes beliebigen Dübels reduzieren, den man im Bohrfutter der Ständerbohrmaschine einspannen kann. Stellen Sie zuerst aus 10 mm starkem MDF oder Sperrholz eine Grundplatte mit 150 x 300 mm Fläche her. Bohren Sie wie auf der Abbildung **(A)** zu sehen eine Reihe von Löchern in die Platte. Bohren Sie für jeden gewünschten Dübeldurchmesser ein Loch, und lassen Sie zwischen den Löchern mindestens 10 mm Raum. Jedes Loch sollte einen Durchmesser haben, der 1 mm größer ist als die Nennstärke des Dübels, für einen 6-mm-Dübel bohrt man also zum Beispiel ein Loch mit 7 mm Durchmesser.

Schneiden Sie den schwenkbaren Schleifarm aus einem Kantholz zu. Wählen Sie die Maße so, dass ein längs aufgetrenntes Schleifband von Ihrer Schleifmaschine stramm um den Schleifarm passt. Sägen Sie die Enden des Arms an der Bandsäge halbrund zu, und schleifen Sie sie glatt **(B)**. Schneiden Sie außerdem eine Zulage mit 5 mm Stärke und passender Länge zu, die zwischen das Schleifband und die Rückseite des Schleifarms gelegt wird, um das Schleifband stramm zu halten. Bohren Sie an der den Dübellöchern gegenüberliegenden Ecke ein Loch durch die Grundplatte und befestigen Sie den Schleifarm mit einer Schraube drehbar an der Platte **(C)**.

Spannen Sie einen Dübel in das Futter der Ständerbohrmaschine so ein, dass das Ende nach unten durch das gewünschte Loch in der Grundplatte und den Tisch der Ständerbohrmaschine ragt. Spannen Sie jetzt die Vorrichtung fest, stellen Sie die Bohrmaschine mit niedriger Geschwindigkeit an, und schwenken Sie den Schleifarm mit leichtem Druck gegen den Dübel, während Sie ihn auf der gewünschten Länge nach unten schieben **(D)**. Überprüfen Sie den Durchmesser des Dübels mit dem Messschieber. Wenn sich das Schleifband abnutzt, schieben Sie es bis zur nächsten frischen Stelle um den Schleifarm herum.

KAPITEL SECHS: ÜBERBLICK

# Verschiebbare und schwenkbare Vorrichtungen

Ob man sie nun als Schlitten, Wagen oder Träger bezeichnet, Vorrichtungen, die sich verschieben lassen, sind ein wichtiger Bestandteil in der Rüstkammer des Tischlers. Verschiebbare Vorrichtungen lassen sich mit Tischkreissägen, Bandsägen, Tischfräsen, Scheibenschleifmaschinen, Hobelmaschinen und anderen Maschinen verwenden, um ein Werkzeug kontrolliert an einem Sägeblatt, Fräser oder Schleifmittel vorbei zu bewegen. Sie machen sich bei einer Vielfalt unterschiedlicher Arbeitsgänge nützlich, ob es nun darum geht, etwas auf Gehrung zu sägen, eine Holzverbindung zu schneiden oder ein verzogenes Brett abzurichten. Darüber hinaus kann man mit ihnen runde und zusammengesetzte Formen ausschneiden und auf ungefährliche Weise kurze Teile fräsen und schmale Leisten profilieren.

Ein einfaches Beispiel für eine verschiebbare Vorrichtung ist der Gehrungsanschlag, der zum Lieferumfang jeder Tischkreissäge gehört. Mit ihm wird das Material in einem bestimmten Winkel gehalten und in gerader Linie am Sägeblatt vorbeigeführt. Dieser Gehrungsanschlag dient sogar als Grundlage für viele verschiebbare Vorrichtungen. So kann man zum Beispiel Fingerzinken als Eckverbindungen für stabile und ansehnliche Schubladen herstellen, indem man an einem Gehrungsanschlag eine Platte mit einem Registerstift anbringt, wie das auf der Abbildung S. 101 zu sehen ist. Andere verschiebbare Vorrichtungen lassen sich herstellen, indem man eine Führungsleiste an der Grundplatte der Vorrichtung befestigt, die dann in den Nuten läuft, die man auf den Arbeitstischen fast aller stationären Holzbearbeitungsmaschinen findet.

Bei der wendbaren Vorrichtung zum Schneiden von Schwalbenschwanzzinkungen, die auf der Abbildung oben links zu sehen ist, werden zwei Führungsleisten verwendet, um eine präzise Schiebe-

**In der Nutschiene für den Queranschlag geführt**

- Gehrungsschlitten (S. 93)
- Schiebeschlitten für die Tischkreissäge (S. 94)
- Schlitten zum Beschneiden (S. 96)
- Schiebeschlitten zum Fasenschneiden (S. 97)
- Schlitzvorrichtung für lose Federn (S. 98)
- Anschlag für Schwalbenschwanzzinken (S. 99)

**Am Queranschlag befestigt**

- Anschlag für Fingerzinken (S. 101)
- Rundzapfen schneiden (S. 102)
- Kleinteile sägen (S. 103)

**Am Anschlag geführt**

- Vielzweckanschlag (S. 104)
- Besäumen (S. 106)
- Vorrichtungen zum Verjüngen (S. 107)
- Vorrichtungen für den Handoberfräsentisch (S. 110)

**Am Arbeitstisch geführt**

- Träger für den Dickenhobel (S. 112)
- Fräsen von kleinen Werkstücken (S. 114)
- Komplexe Formen sägen (S. 115)

**Schwenkbare Vorrichtungen**

- Vorrichtungen für Kreise und Scheiben (S. 116)
- Kreisbögen sägen (S. 118)
- Ecken abrunden (S. 119)
- Dreidimensionale Krümmungen sägen (S. 120)

## KAPITEL SECHS: ÜBERBLICK — VERSCHIEBBARE UND SCHWENKBARE VORRICHTUNGEN

Dieser Schiebeschlitten zum Schneiden von Schwalbenschwanzzinkungen wird in der Nut des Arbeitstisches geführt und kann in vier verschiedenen Positionen verwendet werden, um die rechten und linken Seiten von Zinken und Schwalbenschwänzen zu schneiden.

bewegung zu ermöglichen, mit der sauber geschnittene Verbindungen gewährleistet werden.

Die Nuten für den Gehrungsanschlag sind jedoch nicht die einzige Möglichkeit, eine Vorrichtung in einer geraden Linie vorwärts zu bewegen. Auch Anschläge – käuflich erworbene ebenso wie selbst gefertigte – sind hervorragend als Führung für eine Vorrichtung geeignet, mit der ein Werkstück in einer geraden Linie bewegt wird. Eine vielseitig anzuwendende Vorrichtung wird am Parallelanschlag der Tischkreissäge angesetzt. Der tunnelähnliche Korpus wird über den Parallelanschlag gesteckt und nimmt verschiedene Vorrichtungen auf, zum Beispiel die Führung zum Schneiden von Verjüngungen, die auf der Abbildung unten links zu sehen ist.

Auch der Arbeitstisch einer Maschine kann als Führung für eine verschiebbare Vorrichtung ausreichen. So bewegt sich der Schiebeschlitten auf einer Abrichthobelmaschine in einer geraden Linie, wird aber nur vom Arbeitstisch der Maschine geführt. Andere bewegliche Vorrichtungen lassen sich nicht verschieben, sondern sind schwenkbar gestaltet. Solche Vorrichtungen sind unabdingbar, wenn man vollkommen runde Scheiben oder Ringe herstellen will, die Ecken von Tischplatten abrunden möchte oder präzise Kreisbögen schneiden muss.

Diese Vorrichtung für Winkelschnitte wird am Parallelanschlag der Tischkreissäge geführt. Sie ist verstellbar, mit einem praktischen Handgriff ausgestattet und erlaubt sogar das Zuschneiden von Dreiecken.

Dieser Anschlag zum Schneiden von Kreisen wird an der Bandsäge verwendet, wo er ein rechteckiges Werkstück auf einem verstellbaren Stift an dem Sägeblatt vorbeiführt, so dass man perfekte Scheiben und Ringe ausschneiden kann.

# IN DER NUTSCHIENE FÜR DEN QUERANSCHLAG GEFÜHRT

## Gehrungsschlitten

Mit dem normalen Gehrungsanschlag an der Tischkreissäge lassen sich die Teile eines kleinen Bilderrahmens recht gut auf Gehrung schneiden. Aber eine verschiebbare Vorrichtung zum Gehrungsschneiden erlaubt es nicht nur, längeres und breiteres Material mit weniger Mühe zu schneiden, sie stellt auch sicher, dass die Gehrung jedes Mal genau passt.

Schneiden Sie zuerst aus 5 mm starker Hartfaserplatte oder 10 mm starkem MDF eine Grundplatte mit den Mindestmaßen 500 x 600 mm – falls Sie sehr lange oder breite Rahmenfriese bearbeiten möchten, sollte sie noch größer sein. Schneiden Sie aus Vollholz mit geradem Faserverlauf zwei Anschläge an (25 mm oder 40 mm x mindestens 450 mm). Außerdem benötigen Sie ein Querstück, das ein Drittel bis ein Viertel kürzer ist als die Breite der Grundplatte. Schneiden Sie die beiden Enden des Querstücks in einem Winkel von 45° an, und befestigen Sie es mit Leim und Nägeln an der Grundplatte **(A)**.

> Siehe Führungsschienen anbringen, S. 21

Befestigen Sie die Grundplatte auf zwei Führungsleisten, so dass das Querstück senkrecht zu ihnen steht, und schneiden Sie dann vorsichtig durch das Querstück und die Grundplatte **(B)**. Lassen Sie den Schnitt etwa auf der Hälfte der Grundplatte enden, und stellen Sie die Säge mit angehobenem Sägeblatt aus. Richten Sie mit einem Zimmermannswinkel die beiden Anschläge rechtwinklig zueinander und mit einem 45°-Dreieck und einem Lineal in einem Winkel von 45° zum Sägeblatt aus **(C)**.

Befestigen Sie die Anschläge mit Leim, und spannen Sie sie fest. Schneiden Sie einen dreieckigen Klotz aus 50 mm starkem Holz, und leimen Sie ihn am Zusammentreffen der beiden Anschläge auf die Grundplatte.

Ein Streifen selbstklebendes Schleifpapier, das man an jedem Anschlag befestigt, sichert das Material während des Sägens gegen Verrutschen **(D)**.

## Schiebeschlitten für die Tischkreissäge

Falls Sie nicht über eine große Radialarmsäge oder Formatkreissäge verfügen, benötigen Sie für das Ablängen breiter und langer Werkstücke einen großen Schiebeschlitten. Um rechtwinklige Ablängschnitte an dicken Bohlen oder großen Platten auszuführen, eignet sich der Schlitten mit doppelten Führungsleisten, die in den beiden Tischnuten der Tischkreissäge laufen und sicherstellen, dass das Stück gerade am Sägeblatt vorbeigeführt wird **(A)**.

Stellen Sie die Grundplatte aus MDF in 5, 10 oder gar 20 mm Stärke her. Länge und Breite sollten Ihren Bedürfnissen entsprechen: Die Platte sollte mindestens 50-100 mm breiter als und mindestens halb so lang sein wie das längste Werkstück, das Sie sägen möchten. Befestigen Sie mit Leim und Nägeln an den Oberkanten der Vorder- und Rückseite jeweils ein Querstück in doppelter Materialstärke. Stellen Sie sicher, dass das hintere Querstück, das auch als Anschlag dient, vollkommen gerade ist und genau rechtwinklig auf der Grundplatte steht.

Legen Sie zwei gekaufte oder selbst gefertigte Führungsleisten in die Nuten des Arbeitstisches, richten Sie den Anschlag des Schiebeschlittens senkrecht zu den Führungen aus **(B)**, und befestigen Sie die Grundplatte an den Führungsleisten.

> Siehe „Austrittsschutz", S. 247

Aus Sicherheitsgründen sollten Sie an der Rückseite des Anschlags noch einen Austrittsschutz in Form eines Holzblocks anbringen. Halten Sie das Werkstück beim Sägen fest gegen den Anschlag, und stützen Sie gegebenenfalls das Ende sehr langer Werkstücke ab, damit sie den Schiebeschlitten nicht kippen lassen.

Der Nachteil des vorigen Schiebeschlittens ist die Tatsache, dass die Stärke der Grundplatte die maximale Schnitttiefe reduziert. Zum Ablängen sehr starken Materials können Sie auf zwei unterschiedliche Weisen einen ‚bodenlosen' Schiebeschlitten herstellen: Am einfachsten ist es, zwei käufliche Gehrungsanschläge an einem Anschlag zu befestigen **(C)**. Das Material des Anschlags sollte mindestens 25 mm stark und mindestens 40-50 mm breiter als die größtmögliche

Schnitttiefe Ihrer Tischkreissäge sein. Bringen Sie aus Sicherheitsgründen an der Rückseite des Anschlags noch einen Austrittsschutz in Form eines Holzblocks an. Falls Sie nicht zwei Gehrungsanschläge zur Hand haben, können Sie den Schiebeschlitten auch herstellen **(D)**, indem Sie den Anschlag an zwei Führungsschienen befestigen. Bringen Sie als Verstärkung und Austrittsschutz hinter dem Anschlag einige Lagen übereinander geleimtes Holz an.

Um einen Schiebeschlitten herzustellen, mit dem sich auch Winkelschnitte ausführen lassen **(E)**, stellen Sie zuerst einen verstellbaren Anschlag aus mehreren Lagen 10 mm starkem MDF oder Sperrholz her. Das Ergebnis sollte so aussehen wie in Abbildung **(F)**: Ein breiter Anschlag mit zwei Längsschlitzen, die als Aufnahme für zwei 5-mm-Schlossschrauben dienen. Die eine Schraube dient als Drehachse, die andere zum Arretieren des Anschlags. Zusammen ermöglichen sie das Schwenken und die Längenverstellung des Anschlags, so dass dessen Ende an der Schnittlinie ausgerichtet werden kann.

Stellen Sie die Grundplatte aus 5 mm starker Siebdruckplatte her. Befestigen Sie an der Unterseite eine Führungsleiste so, dass eine Kante der Grundplatte an der Schnittlinie der Säge liegt. Bohren und versenken Sie in der Mitte der Platte ein Loch für die Schraube, die als Drehachse dient, und fräsen Sie einen Schlitz für die Arretierungsschraube **(G)**. Fräsen Sie gegebenenfalls eine breite Stufe in den Schlitz, damit der Kopf der Schlossschraube nicht herausragt. Bringen Sie den Schlitten in die gewünschte Position, und arretieren Sie ihn mit zwei Drehgriffen. Mit einer einzelnen Führungsleiste an der Unterseite der Grundplatte wird der Schiebeschlitten auf der Tischkreissäge geführt **(H)**.

## KAPITEL SECHS: VERSCHIEBBARE UND SCHWENKBARE VORRICHTUNGEN

### Schlitten zum Beschneiden

Ein Schiebeschlitten für die Tischkreissäge kann auch beim Beschneiden von runden, gebogenen und unregelmäßig geformten Teilen nützlich sein, die nicht über eine gerade Kante verfügen, mit der man sie an einen Anschlag anlegen könnte. Die Vorrichtung eignet sich auch hervorragend, um gerade Kanten zu versäubern und an gebogenen Möbelbeinen oder anderen Teilen, die aus großen Platten oder Brettern zugeschnitten worden sind, um möglichst wenig Verschnitt zu erhalten, Zapfenverbindungen und Überblattungen anzuschneiden **(A)**.

Der Schiebeschlitten wird genauso gebaut wie der mit zwei Führungen im vorigen Abschnitt (S. 94). Der Unterschied besteht darin, dass er nur von einer Leiste geführt wird und dass eine Kante der Grundplatte mit der Schnittlinie der Säge abschließt. Stellen Sie die Grundplatte aus 10 mm starkem MDF oder Sperrholz her. Länge und Breite werden von den Maßen der größten Werkstücke bestimmt, die Sie bearbeiten möchten. Befestigen Sie an der Vorder- und Hinterkante der Platte zwei Querstücke aus 25 oder 40 mm starkem Material, damit die Platte eben bleibt. Legen Sie die Platte so auf den Arbeitstisch der Säge, dass eine Kante parallel zur Schnittlinie verläuft, diese jedoch um 3-4 mm überragt. Bringen Sie eine Führungsleiste an der Unterseite der Grundplatte an **(B)**, und schneiden Sie dann den Überstand der Platte ab **(C)**.

> Siehe „Schiebeschlitten für die Tischkreissäge", S. 94

Um das Werkstück genau auf dem Schiebeschlitten auszurichten, benötigen Sie mehrere Halteklötze, die jeweils so geformt sind, dass sie eng an den Kanten des Werkstücks anliegen **(D)**. Falls das Stück nicht groß genug ist, um es sicher mit der Hand zu halten, sollten Sie auf Knebelklemmen oder ähnliche Hilfsmittel zurückgreifen, um es sicher zu fixieren. Das ist besonders am Ende des Schnitts wichtig, wo die Knebelklemme dafür sorgt, dass das Werkstück eben liegt und dass Ihre Hände nicht in die Gefahrenzone gelangen.

## Schiebeschlitten zum Fasenschneiden

Eine Fase kann man zwar an die Kante einer Platte anschneiden, indem man das Sägeblatt der Tischkreissäge neigt, einfacher ist es jedoch, einen Schlitten mit geneigter Fläche zu verwenden, weil so das wiederholte Verstellen des Sägeblatts entfällt.

Eine einfache Vorrichtung zum Anfasen von Platten oder anderen Werkstücken kann man herstellen, indem man eine dreieckige Auflage herstellt **(A)**. Um den Neigungswinkel der Auflage zu ermitteln, zieht man den gewünschten Fasenwinkel von 90° ab. Wenn man zum Beispiel eine Fase von 52° benötigt, zieht man dies von 90° ab und erhält 30°. Richten Sie die Kante des Schlittens parallel und bündig an der Schnittlinie der Säge aus, und befestigen Sie an der Unterseite eine Führungsleiste. Um das Werkstück auszurichten, befestigen Sie an der oberen Vorderkante einen geraden Anschlag. Mit einer Knebelklemme am Anschlag kann man dafür sorgen, dass das Werkstück während des Sägens flach liegen bleibt **(B)**.

Auch für die Gehrungsschnitte im Winkel von 45°, die man für kleine Kästen- oder Schubladenteile benötigt, lässt sich eine eigene Vorrichtung herstellen **(C)**. Sie hat zwei geneigte Ablagen, so dass man mit ihr sowohl rechte als auch linke Gehrungen schneiden kann. Stellen Sie die Grundplatte her, indem Sie ein Querstück an der hinteren Kante einer 10 mm starken Hartfaserplatte befestigen und zwei Führungsleisten unter der Platte anbringen, um die Vorrichtung über das Sägeblatt zu führen. Stellen Sie die beiden geneigten Ablagen aus 10 mm starkem MDF oder Sperrholz her, indem Sie die Ablageflächen (deren untere Kanten jeweils mit 45° zugeschnitten sein müssen) auf zwei dreieckigen Stützen befestigen **(D)**. Befestigen Sie die Ablagen so auf der Grundplatte, dass sich die unteren Kanten an der Schnittlinie knapp berühren.

KAPITEL SECHS: VERSCHIEBBARE UND SCHWENKBARE VORRICHTUNGEN

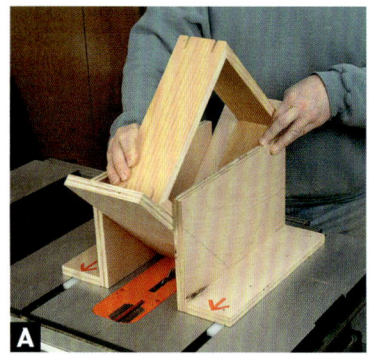

## Schlitzvorrichtung für lose Federn

Mit einer Vorrichtung, die einen Kasten oder Rahmen im Winkel von 45° über das Sägeblatt der Tischkreissäge führt, lassen sich leicht die Schlitze schneiden, in die man die losen Federn einsetzt, um die Eckverbindung zu verstärken **(A)**. Stellen Sie zuerst aus 20 mm starkem Sperrholz zwei L-förmige Seitenstützen her **(B)**. Schneiden Sie dann zwei rechteckige Ablageflächen zu, die mindestens um die Hälfte breiter sein müssen als der breiteste Kasten, den Sie bearbeiten müssen. Fasen Sie die Unterkante jeder Ablage im Winkel von 45° an. Befestigen Sie die Ablagen mit Leim und Nägeln an den Seitenstützen, so dass sie ein V bilden, wobei die angefasten Kanten nach unten weisen und bündig mit der Unterkante der Stützen abschließen.

Richten Sie die Ablagen mit dem Tischlerwinkel genau aneinander aus. Legen Sie in die Nuten des Kreissägetisches zwei Führungsleisten aus Holz oder Kunststoff, und stellen Sie die Vorrichtung darauf. Richten Sie sie so aus, dass die Seitenstützen parallel zur Tischnut verlaufen und das Sägeblatt in der Mitte der Vorrichtung liegt. Treiben Sie durch die Seitenstützen Nägel oder Schrauben bis in die Führungsleisten **(C)**, um die Vorrichtung an diesen zu befestigen. Um jede Ecke eines Kastens mit zwei losen Federn zu sichern, legen Sie den Kasten in die Vorrichtung, so dass eine Kante an einer der Seitenstützen anliegt **(D)**. Stellen Sie die Schnitttiefe nach Bedarf ein, und schneiden Sie alle vier Ecken des Kastens ein. Legen Sie dann die andere Kante des Kastens an die andere Seitenstütze an und wiederholen Sie den Vorgang, um die anderen vier Schlitze zu schneiden. Sie können die Lage der Schlitze in einem Kasten verändern, indem Sie Zulagen in die Vorrichtung legen, so dass der Kasten in ihr seitlich verschoben wird **(E)**. Auf die gleiche Weise lassen sich auch Rahmen schlitzen.

## Anschlag für Schwalbenschwanzzinken

Die handgeschnittene Schwalbenschwanzzinkung mag zwar ein Ausweis meisterlicher Tischlerarbeit sein, das macht sie aber nicht weniger langwierig anzufertigen. Wenn Sie das Aussehen einer handgefertigten Verbindung erreichen möchten, aber weniger Handarbeit investieren wollen, dann versuchen Sie doch einmal diese Vorrichtung, mit deren Hilfe man an der Tischkreissäge 90 Prozent der Verbindung zuschneiden kann. Die Abbildung rechts zeigt die Grundmaße und den Aufbau des Schlittens, den Sie aus 10 mm starkem MDF oder Sperrholz herstellen können.

Schneiden Sie zuerst die beiden Anschläge für die Zinken. Die nach innen weisenden kurzen Kanten werden im Winkel von 92° angeschnitten. Befestigen Sie mit Leim und Nägeln an jedem Anschlag zwei dreieckige Stützen und bringen Sie die Anschläge dann wie in Abbildung **(A)** zu sehen auf der Grundplatte an. Schneiden Sie als Nächstes aus 20 mm starkem Material zwei Paare Keile mit einem Winkel von 8°, die Sie miteinander verleimen, so dass sie eine breite Rampe bilden, auf die das Werkstück für die Zinkenschnitte gelegt wird. Befestigen Sie die beiden Rampen an der Kante der Grundplatte **(B)**. Stellen Sie den Anschlag für die Schwalbenschwänze gegen die Innenseite der Rampen, und befestigen Sie ihn mit drei weiteren dreieckigen Stützen, um ihn zu stabilisieren und im rechten Winkel zur Grundplatte zu halten **(C)**.

*(Fortsetzung auf S. 100)*

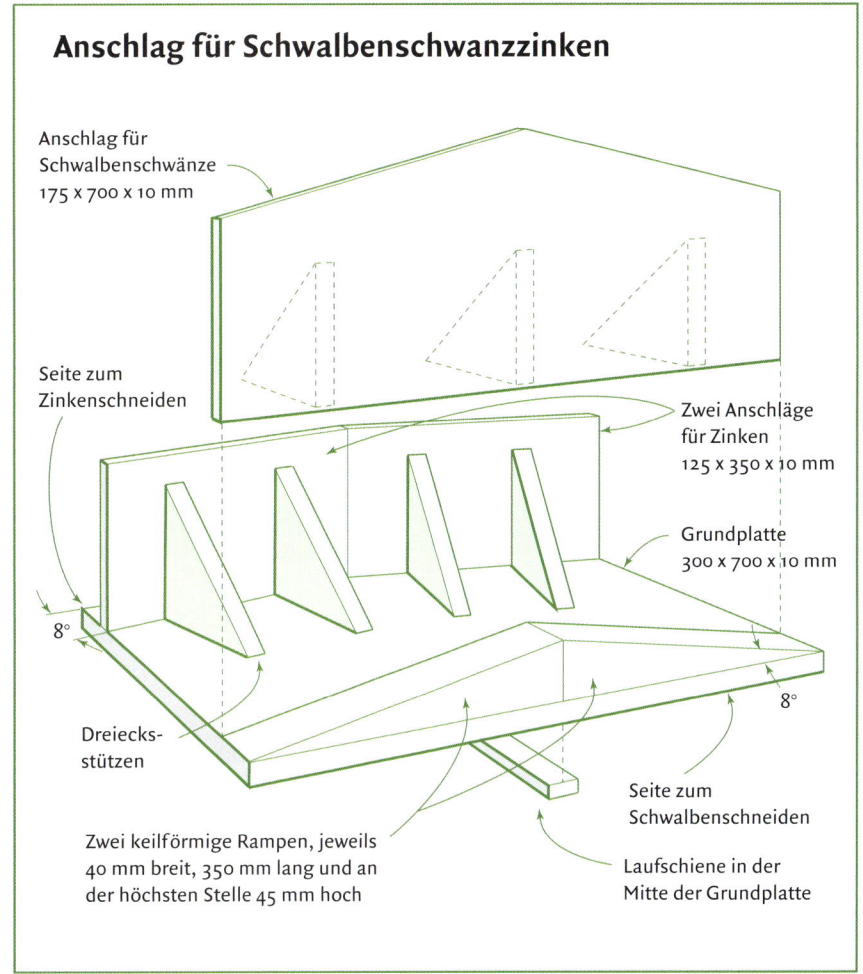

### Anschlag für Schwalbenschwanzzinken

- Anschlag für Schwalbenschwänze 175 x 700 x 10 mm
- Seite zum Zinkenschneiden
- Zwei Anschläge für Zinken 125 x 350 x 10 mm
- Grundplatte 300 x 700 x 10 mm
- Dreiecksstützen
- Zwei keilförmige Rampen, jeweils 40 mm breit, 350 mm lang und an der höchsten Stelle 45 mm hoch
- Seite zum Schwalbenschneiden
- Laufschiene in der Mitte der Grundplatte

Bringen Sie eine einzelne Führungsleiste mittig und genau parallel zu den Längskanten an der Unterseite der Grundplatte an. Legen Sie die Führungsleiste in eine der Tischnuten des Kreissägetisches, und schneiden Sie vorsichtig einen der Zinkenanschläge ein **(D)**. Legen Sie dann die Führungsleiste in die andere Tischnut, und schneiden Sie den gegenüberliegenden Zinkenanschlag ein. Drehen Sie dann die Vorrichtung um, und schneiden Sie auf die gleiche Weise die beiden Schwalbenschwanzanschläge ein. Leimen Sie aus Sicherheitsgründen an die Rückseite jedes Anschlags direkt über den Sägefugen, die Sie geschnitten haben, einen Austrittsklotz (Querschnitt 50 x 100 mm). Verwenden Sie bei allen im Folgenden beschriebenen Schnitten einen Stoppklotz, um zu verhindern, dass das Sägeblatt durch den Austrittsklotz schneidet.

> Siehe „Verschiebbare Endanschläge", S. 198

Reißen Sie zuerst Größe und Abstand der Zinken an, und schneiden Sie sie dann nacheinander: Entfernen Sie zuerst den Verschnitt auf jeweils einer Seite der Zinken. Halten Sie dabei das Werkstück fest gegen den ersten Zinkenanschlag **(E)**, und achten Sie darauf, dass die Schnitte im richtigen Winkel verlaufen. Setzen Sie die Vorrichtung in die andere Tischnut der Tischkreissäge um, und wiederholen Sie den Vorgang am anderen Zinkenanschlag. Den Verschnitt können Sie entweder mit dem Stechbeitel oder mit wiederholten Sägeschnitten entfernen **(F)**.

Übertragen Sie jetzt wie bei der handgeschnittenen Verbindung den Umriss der fertigen Zinken auf das Schwalbenschwanzteil der Verbindung. Drehen Sie dann die Vorrichtung um, und verwenden Sie die Rampen und den Schwalbenschwanzanschlag, um den Verschnitt am Rand jedes Schwalbenschwanzes zu entfernen **(G)**. Um Zeit zu sparen, können Sie den Verschnitt an den beiden außen liegenden Schwalben am Gehrungsanschlag der Tischkreissäge schneiden **(H)**, bei den anderen Schwalbenschwänzen müssen Sie den Verschnitt jedoch auf die altmodische Weise mit Stechbeitel und Klüpfel entfernen.

## AM QUERANSCHLAG BEFESTIGT

### Anschlag für Fingerzinken

Mit dieser verschiebbaren Vorrichtung lassen sich an der Tischkreissäge saubere und passgenaue Fingerzinken schneiden. Voraussetzung ist ein Nutsägeblatt, dessen Verkauf und Verwendung in Deutschland nicht erlaubt ist. Mit einem Registerstift in der Breite des Sägeblattes und wiederholten Schnitten mit einfachem Sägeblatt lässt sich das gleiche Ergebnis erzielen. Besser ist der Einsatz eines Nutfräsers an der Tischfräse oder am Handoberfräsentisch. Die hier verwendete Vorrichtung besteht aus einem senkrechten Anschlag aus Sperrholz (200 x 450 x 20 mm), der an einem Gehrungsanschlag befestigt wird. Ein Stück T-Nutprofilschiene, das man an der Rückseite des Anschlags festschraubt, ermöglicht es, ihn mit zwei 5-mm-Schrauben am Gehrungsanschlag zu befestigen **(A)**. So lässt sich der Zusatzanschlag um die kurze Strecke verschieben, die nötig ist, um die Vorrichtung einzurichten.

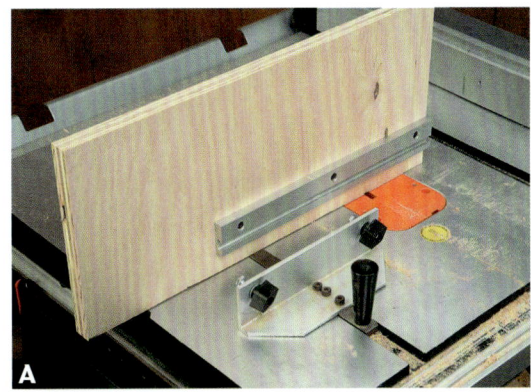

Um die Vorrichtung herzustellen, wird ein Nutsägeblatt (siehe Hinweis oben) in die Tischkreissäge eingesetzt, das auf die gewünschte Breite der Fingerzinken eingestellt ist (hier 10 mm). Heben Sie das Sägeblatt an, so dass es so weit über den Tisch hinausragt, wie es breit ist, und schneiden Sie etwa in der Mitte des Anschlags eine Aussparung. Schneiden Sie aus einem dichten Laubholz einen 40 mm langen Registerstift, der genauso breit ist wie die Aussparung **(B)**. Leimen Sie ihn in die Aussparung, so dass er nach vorne aus dem Anschlag herausragt. Verschieben Sie dann den Anschlag so weit nach rechts, dass der Abstand zwischen Registerstift und der Seite des Nutsägeblattes der Breite der Fingerzinke entspricht.

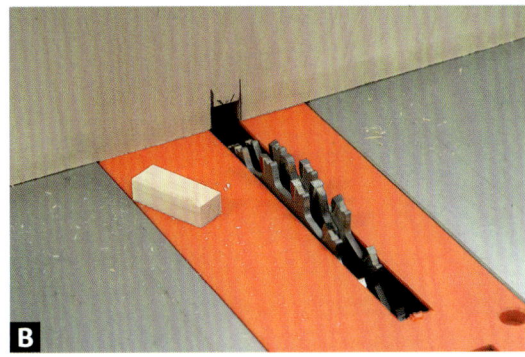

Um den ersten Teil einer Fingerzinkung zu schneiden, wird die Kante des Werkstücks an dem Registerstift angelegt und das Werkstück fest gegen den Anschlag. Dann führt man das Werkstück über das Sägeblatt **(C)**. Die weiteren Schnitte werden ausgeführt, indem man den Registerstift in den jeweils zuvor geschnittenen Schlitz steckt **(D)**, bis man die andere Kante des Werkstücks erreicht hat. Um den anderen Teil der Verbindung zu schneiden, wird das zweite Werkstück für den ersten Schnitt um eine Zinkenbreit vom Sägeblatt entfernt angelegt, die weiteren Schnitte erfolgen dann wie beim ersten Teil. Überprüfen Sie die Pas-

# KAPITEL SECHS: VERSCHIEBBARE UND SCHWENKBARE VORRICHTUNGEN

sung der Verbindung. Wenn sie zu stramm ist, verschieben Sie den Anschlag etwas nach links. Zu locker? Etwas nach rechts verschieben.

## Rundzapfen schneiden

Mit Rundzapfen kann man im Möbelbau stabile Verbindungen herstellen, sie sind eine gute Wahl, wenn man etwa die Beine eines Stuhls oder Barhockers mit einer hölzernen Sitzfläche verbinden will. Dübelstangen, gedrechselte Spindeln und anderes Rundmaterial mit Rundzapfen zu versehen, ist an der Tischkreissäge ein Kinderspiel, wenn man eine verschiebbare Vorrichtung mit V-Kerbe verwendet **(A)**. Schneiden Sie den Block aus einem Kantholz (Querschnitt 100 x 100 mm), und befestigen Sie ihn so auf einer quadratischen Grundplatte aus Sperrholz, dass sein Ende mit dessen Kante bündig abschließt. Bringen Sie an der Grundplatte eine Führungsleiste so an, dass der V-Block senkrecht dazu steht und sein Ende mit der Schnittlinie bündig abschließt. Schieben Sie einen Anschlagklotz auf das Werkstück (siehe Abbildung B auf S. 197), legen Sie das Werkstück in die Kerbe, und schieben Sie die Vorrichtung so weit vor, dass das Werkstück über dem Sägeblatt mittig liegt, dessen Höhe so eingestellt ist, dass der gewünschte Rundzapfendurchmesser erreicht wird. Verwenden Sie statt des abgebildeten Nutsägeblattes aus Sicherheitsgründen ein normales Sägeblatt (siehe Hinweis im vorhergehenden Abschnitt).

Mit der in Abbildung **(B)** gezeigten Vorrichtung lassen sich an Material mit rechteckigem Querschnitt Rundzapfen anschneiden. Messen Sie die Diagonalen des Werkstücks, und bohren Sie an der Ständerbohrmaschine Löcher durch zwei quadratische Stücke Sperrholz mit 20 mm Stärke **(C)**. Bringen Sie die Quadrate an einer Platte an, die 25 bis 50 mm kürzer ist als das Werkstück, und schrauben Sie die Vorrichtung so am Gehrungsanschlag fest, dass ein Ende 5 mm von der Schnittlinie liegt. Spannen Sie eine Stoppleiste am Parallelanschlag der Kreissäge fest **(D)**. Schieben Sie das Werkstück in die Vorrichtung (falls es lose darin liegen sollte, wickeln Sie Klebeband um die Enden), und schieben Sie das

Werkstück mittig über das Sägeblatt. Hindern Sie die Vorrichtung mit einem Stoppklotz in der Tischnut daran, sich vorwärts zu bewegen. Drehen Sie das Werkstück, bis der Rundzapfen fertig geschnitten ist.

Die Lage der Stoppleiste am Parallelanschlag bestimmt die endgültige Länge des Rundzapfens.

## Kleinteile sägen

Beim Ablängen von sehr kleinen und/oder dünnen Werkstücken an der Tischkreissäge gerät man mit den Händen meist viel zu nahe an das Sägeblatt – das Vorspiel für eine potentielle Katastrophe. Diese Vorrichtung zum Halten von Kleinteilen **(A)** wird an einem normalen Gehrungsanschlag befestigt und hält kleine Teile mit ganz normalen Wäscheklammern sicher und fest, während man sie ablängt.

Nehmen Sie zuerst vier Wäscheklammern auseinander, und sägen Sie jeweils von einer Hälfte den Kopf mit einer kleinen Säge ab **(B)**. Der Schnitt sollte knapp jenseits der Kerbe liegen, in der sonst die Wäscheleine liegt. Bauen Sie die Klammern wieder zusammen. Stellen Sie eine verschiebbare Grundplatte mit Anschlag her, indem Sie einen 100 mm langen und 5 mm starken Streifen Siebdruckplatte an der Kante eines Holzstückes mit dem Querschnitt 20 x 50 mm festleimen, das lang genug ist, um die Grundplatte ungefähr über der Schnittlinie der Tischkreissäge zu zentrieren.

Befestigen Sie die Vorrichtung mit zwei Schrauben am Gehrungsanschlag, und schneiden Sie dann mit etwa auf 20 mm **(C)** angehobenem Sägeblatt ein. Legen Sie die abgesägten Wäscheklammern auf die Grundplatte, so dass zwei von ihnen direkt neben der Schnittlinie liegen, und fixieren Sie sie mit Klebeband. Geben Sie an das untere Teil jeder Klammer, wo sie auf der Grundplatte aufliegt, einige Tropfen Cyanacrylatkleber mittlerer oder hoher Viskosität, um sie festzukleben **(D)**. Bringen Sie schließlich an der Grundplatte und am Anschlag einige Streifen selbstklebendes Schleifpapier an, um Kleinteile am Verrutschen zu hindern, wenn man sie mit den Wäscheklammern festhält und dann schneidet.

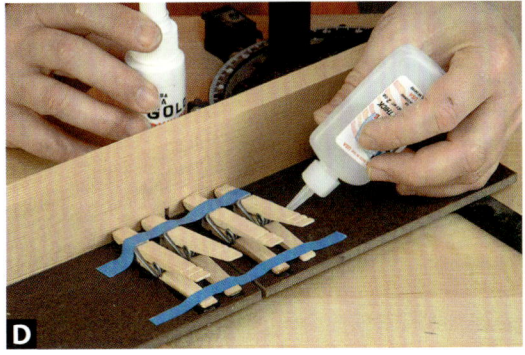

# KAPITEL SECHS: VERSCHIEBBARE UND SCHWENKBARE VORRICHTUNGEN

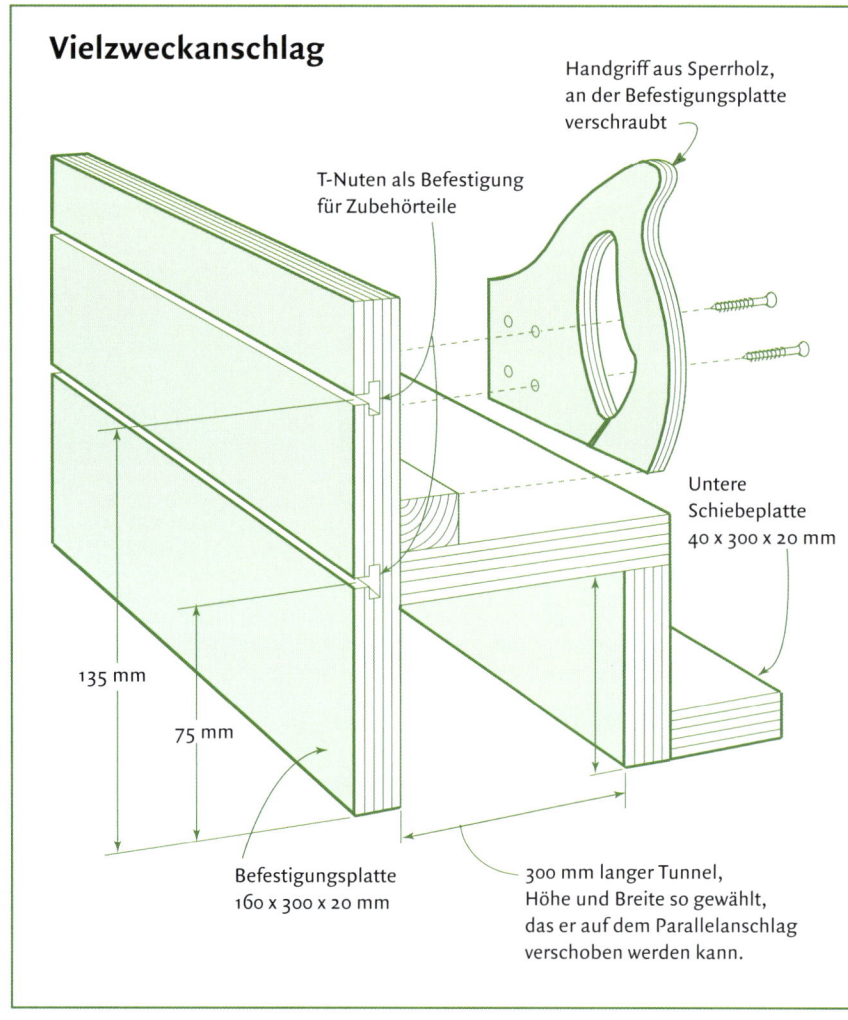

### Vielzweckanschlag

- Handgriff aus Sperrholz, an der Befestigungsplatte verschraubt
- T-Nuten als Befestigung für Zubehörteile
- Untere Schiebeplatte 40 x 300 x 20 mm
- 135 mm
- 75 mm
- Befestigungsplatte 160 x 300 x 20 mm
- 300 mm langer Tunnel, Höhe und Breite so gewählt, das er auf dem Parallelanschlag verschoben werden kann.

## AM ANSCHLAG GEFÜHRT

### Vielzweckanschlag

Vorrichtungen, die in der Tischnut der Tischkreissäge geführt werden, müssen leider mit einem komplizierten Mechanismus versehen werden, um den Abstand zwischen Werkstück und Sägeblatt zu verändern. Der hier vorgestellte Vielzweckanschlag umgeht dieses Problem, indem er am Parallelanschlag montiert und mit diesem zusammen auf die übliche Weise verstellt wird. Die Vorrichtung ist ein ‚Vielzweck'-Anschlag, weil man an ihm unterschiedliche Anschläge, Stoppklötze, Arbeitstische und anderes Zubehör befestigen kann, um so Zapfen zu schneiden, Rahmenfüllungen abzuplatten, Schlitze für lose Federn zu fräsen und Verjüngungen zu sägen (siehe Abbildung unten links auf S. 92).

Die meisten Teile der Vorrichtung werden aus Sperrholz geschnitten. Maße sind der nebenstehenden Abbildung zu entnehmen. Der nach unten geöffnete Bogen ist so bemessen, dass er über den Parallelanschlag der Kreissäge passt. Seitlich sollte er etwa 1 mm Spiel haben, das später durch Zulagen ausgeglichen wird. Schneiden Sie vor dem Zusammenbau zwei T-Nuten in die seitliche Platte der Vorrichtung, indem Sie zuerst normale Nuten schneiden und diese dann mit einem entsprechenden Fräser zum T-Profil erweitern **(A)**.

Wenn der Grundkörper der Vorrichtung mit Leim und Nägeln zusammengebaut ist, schneiden Sie aus 20 mm starkem Sperrholz einen Handgriff, dem Sie die Form Ihres liebsten Sägegriffes geben. Schrauben Sie den Griff an der oberen Ecke der senkrechten Platte fest **(B)**, um die Vorrichtung besser handhaben zu können (falls der Griff bei einer Arbeit stören sollte, kann man ihn abschrauben). Bringen Sie an den Innenseiten des Bogens jetzt einige Lagen hochglattes Kunststoffband (UHMW) an, bis der Bogen genau über den Parallelanschlag passt **(C)**. Versehen Sie auch die unteren Kanten der Vorrichtung mit diesem Klebeband, damit die Vorrichtung leicht auf dem Kreissägetisch gleitet.

Die Vorrichtung ist gut für das Schneiden von Zapfen geeignet. Die senkrechte Platte ermöglicht es, auch hohe Anschläge daran zu befestigen, wie man sie für das Bearbeiten von langen Werkstücken benötigt. Stellen Sie den Anschlag zum Zapfenschneiden aus einem geraden, 250

# AM ANSCHLAG GEFÜHRT

mm langen und 20 mm starken Vollholzstück her, das Sie an einer Grundplatte aus Sperrholz mit den Maßen 30 x 250 mm mit zwei kurzen Hammerschrauben befestigen, die in entsprechend gebohrte Löcher gesteckt werden **(D)**. Bringen Sie unten am Anschlag ein kurzes Querstück an, das als Handstütze und -schutz dient. Richten Sie den Anschlag rechtwinklig am Kreissägetisch aus, und arretieren Sie ihn mit kleinen Drehgriffen. Nach Wunsch können Sie ihn durch eine Exzenterklemme ergänzen, mit der das Werkstück während der Arbeit gehalten wird **(E)**.

> Siehe „Exzenterklemmen", S. 215

Mit einem Fasetisch können Sie Rahmenfüllung einfach abplatten, ohne das Sägeblatt der Tischkreissäge neigen zu müssen. Schneiden Sie den Tisch etwas größer zu als die größte Füllung, die Sie bearbeiten möchten, und bringen Sie Stoppleisten an zwei nebeneinander liegenden Kanten an **(F)**. Schneiden Sie zwei dreieckige Stützen zu, die den Tisch im gewünschten Winkel halten, und befestigen Sie sie an der Rückseite des Tisches. Bohren Sie jeweils zwei Aufnahmelöcher für Hammerschrauben in zwei Sperrholzstreifen, und befestigen Sie sie an den Dreiecksstützen. Mit den Hammerschrauben lässt sich der Tisch jetzt am Vielzweckanschlag befestigen **(G)**.

Wenn Sie einen hölzernen Zusatzanschlag für Ihren Handoberfräsentisch herstellen, der die gleichen Maße wie der Parallelanschlag an der Tischkreissäge hat, können Sie mit dem Vielzweckanschlag die unterschiedlichsten Fräsarbeiten durchführen. So kann man zum Beispiel eine Vorrichtung anbringen, mit der sich an den Ecken eines Kastens schwalbenschwanzförmige lose Federn einschneiden lassen. Die Konstruktion ist ähnlich wie die der Schlitzvorrichtung für normale lose Federn. In diesem Fall werden zwei Tische aus 10 mm starkem Sperrholz als V auf einer Grundplatte aus Hartfaserplatte angeordnet, die an drei Stellen mit Bohrungen versehen ist, um sie am Vielzweckanschlag zu befestigen **(H)**. Die beiden Tische halten das Werkstück in dem V so, dass es am Zinkenfräser vorbeigeführt werden kann **(I)**.

> Siehe „Schlitzvorrichtung für lose Federn", S. 98

**TIPP:** Wenn man die Befestigungslöcher, mit denen der Anschlag zum Zapfenschneiden am Vielzweckanschlag befestigt wird, zu Langlöchern verlängert, kann man ihn neigen und abgewinkelte Zapfen schneiden.

## KAPITEL SECHS: VERSCHIEBBARE UND SCHWENKBARE VORRICHTUNGEN

### Besäumen

Die unregelmäßigen Kanten von rohen Brettern und Bohlen zu besäumen, kann etwas schwierig sein. Ohne eine gerade Kante lässt sich das Brett nicht an der Tischkreissäge auf Breite sägen, aber in voller Breite ist es vielleicht zu schwer für den Abrichthobel. Es gibt glücklicherweise eine sehr einfache Lösung: Heften Sie provisorisch eine Führungsleiste an eine der Kanten, um die Bohle daran am Parallelanschlag entlang zu führen und die andere Kante zu besäumen **(A)**. Befestigen Sie die Leiste mit Messingschrauben an der Bohle, indem Sie mehrere auf der Länge der Bohle verteilen **(B)**. Je nachdem, wie rau und wellig die Oberfläche der Bohle ist, müssen Sie vielleicht Zulagen oder Keile verwenden, um sicherzustellen, dass die Leiste sicher an der Bohle anliegt.

Ebenso schwierig kann es sein, an der Tischkreissäge einen sehr dünnen Streifen von einem schmalen Brett abzuschneiden, da der Streifen zwischen Sägeblatt und Anschlag klemmen kann, was zu Brandspuren am Holz oder sogar zum Zurückschlagen des Materials führen kann. Eine Vorrichtung zum Beschneiden von schmalen Teilen hält das Werkstück sicher und lässt die Kante sauber besäumen, indem es das Werkstück an dem Sägeblatt vorbeiführt, das zum Teil von einem Zusatzanschlag verdeckt ist.

Schneiden Sie aus MDF oder Sperrholz eine Grundplatte, die mindestens so stark und lang wie das Werkstück ist. Nageln Sie an der hinteren Kante der Grundplatte eine Stoppleiste fest **(C)** und einen Deckel aus 5 mm starker Hartfaserplatte, um das Werkstück ‚einzufangen'. Der Deckel sollte so breit sein, dass er das Werkstück etwas überragt und an dem Parallelanschlag anliegt, um das Werkstück am teilweise im Anschlag versenkten Sägeblatt vorbeizuführen **(D)**. Das Sägeblatt wird so hoch eingestellt, dass es den Streifen abschneidet, aber nicht den Deckel berührt. Wenn man die Vorrichtung mit einem Handgriff ausstattet, ist sie leichter und sicherer zu führen.

## Vorrichtungen zum Verjüngen

Verjüngungsschnitte sind bei verschiedenen Arbeiten notwendig, von der Herstellung einfacher Keile bis hin zum Anfertigen der eleganten Beine für einen Konsolentisch. Tischkreissäge und Vorrichtung zum Verjüngen sind eine ideale Kombination, um solche Teile sicher und genau anzufertigen. Die einfachste Form der Vorrichtung besteht lediglich aus einer Schiebeplatte mit einer Winkelaussparung. Wie wir noch sehen werden, wird das Werkstück in einem Winkel in der Aussparung gehalten, während die gerade Kante der Platte am Parallelanschlag entlang geführt wird, um den Verjüngungsschnitt an der anderen Kante auszuführen. Auf diese Weise lassen sich Keile gut schneiden, man kann auch rechtwinklige Dreiecke damit zuschneiden, schwirig wird es jedoch bei Tisch- oder Stuhlbeinen, die sich oft auf allen vier Seiten verjüngen. Wenn man das Werkstück in der Schiebeplatte umdreht, um die anderen Seiten zu verjüngen, ergibt das nicht den gleichen Verjüngungswinkel.

Für vierseitig (oder zweiseitig wie beim Griffbrett einer Gitarre) verjüngte Werkstücke benötigt man eine Schiebeplatte mit zwei Aussparungen **(A)**: Die eine wird für die unbeschnittene Kante verwendet, die andere für die mit dem ersten Schnitt erzeugte Verjüngung. Wenn man ein Möbelbein mit quadratischem Querschnitt verjüngen will, werden zuerst zwei benachbarte Seiten mit der ersten Aussparung beschnitten **(B)**. Damit die Schnitte im rechten Winkel zueinander stehen, muss eine nicht beschnittene Seite des Beines beim zweiten Schnitt unten liegen. Drehen Sie dann die Schiebeplatte um, und führen Sie die letzten beiden Schnitte mit der zweiten Aussparung aus **(C)**. Um auch hier die Rechtwinkligkeit beizubehalten, muss der Verschnitt von den ersten beiden Schnitten mit Klebeband wieder am Werkstück befestigt werden, bevor man die letzten Schnitte ausführt.

## KAPITEL SECHS: VERSCHIEBBARE UND SCHWENKBARE VORRICHTUNGEN

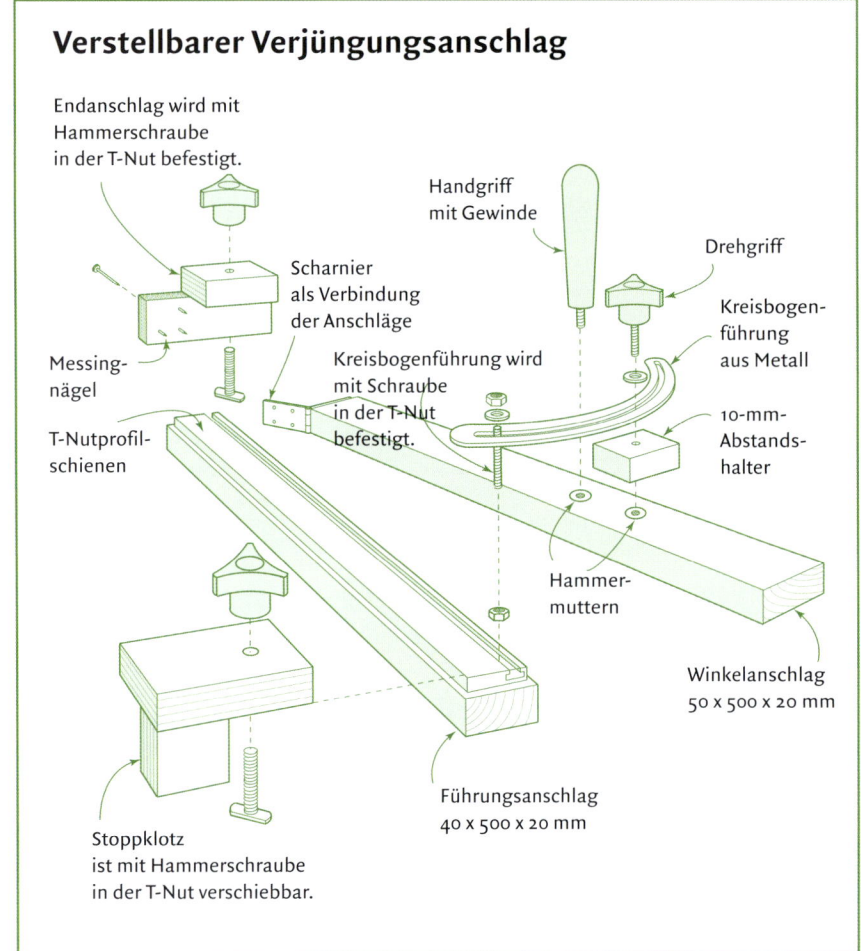

### Verstellbarer Verjüngungsanschlag

- Endanschlag wird mit Hammerschraube in der T-Nut befestigt.
- Handgriff mit Gewinde
- Scharnier als Verbindung der Anschläge
- Drehgriff
- Messingnägel
- Kreisbogenführung wird mit Schraube in der T-Nut befestigt.
- Kreisbogenführung aus Metall
- T-Nutprofilschienen
- 10-mm-Abstandshalter
- Hammermuttern
- Winkelanschlag 50 x 500 x 20 mm
- Führungsanschlag 40 x 500 x 20 mm
- Stoppklotz ist mit Hammerschraube in der T-Nut verschiebbar.

Die Herstellung ist zwar etwas komplizierter, aber eine verstellbare Verjüngungsvorrichtung ist deutlich vielseitiger. Man stellt die Vorrichtung einfach auf den gewünschten Verjüngungswinkel ein, anstatt für jedes neue Werkstück eine neue Schiebeplatte anzufertigen. Schneiden Sie die beiden Anschläge für die Vorrichtung nach Maßgabe der nebenstehenden Zeichnung aus Vollholz mit geradem Faserverlauf. Der Führungsanschlag wird am Parallelanschlag der Tischkreissäge angelegt, und der Winkelanschlag wird dem gewünschten Verjüngungswinkel entsprechend eingestellt. Spannen Sie die beiden Anschläge zusammen, und bringen Sie an einem Ende ein Scharnier an **(D)**. Bohren Sie die Löcher für die Scharnierschrauben vor, damit das Holz beim Eindrehen der Schrauben nicht reißt.

Der Winkel zwischen den beiden Anschlägen wird mit einem Deckelhalter eingestellt und fixiert, wie man ihn als Beschlag für eine Truhe bekommt **(E)**. Das eine Ende des Halters dreht sich um eine 5-mm-Schraube, die an einer T-Nutprofilschiene aus Aluminium auf dem Winkelanschlag befestigt ist **(F)**. Der Schlitz im Deckelhalter nimmt eine Hammerschraube mit Drehgriff auf, die in ein Loch im Führungsanschlag gedreht wird.

Die Vorrichtung lässt sich über einen großen Zwischenraum verstellen, indem man die Dreh-

**D**

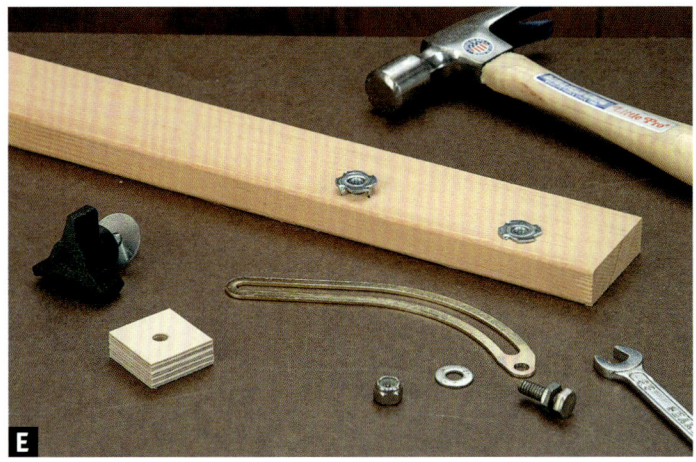

**E**

# AM ANSCHLAG GEFÜHRT

achsenschraube in der Profilschiene verschiebt und die Feststellschraube in die zweite Bohrung im Führungsanschlag versetzt. In die nicht genutzte Bohrung wird ein Drehgriff geschraubt, um die Vorrichtung leichter handhaben zu können.

Die Profilschiene auf dem Führungsanschlag dient auch als Halterung für zwei Klemmklötze, die das Werkstück halten, während es verjüngt wird. Der Endklotz wird am Scharnierende der Vorrichtung angebracht, der Stoppklotz lässt sich entlang der Profilschiene verschieben und wird je nach Länge des Werkstücks verschoben. Durch den Endklotz werden kleine Messingnägel getrieben **(G)**, mit denen ein Ende des Werkstücks gehalten wird. Am Stoppklotz wird eine Lage selbstklebendes Schleifpapier angebracht, um das andere Ende des Werkstücks zu halten.

Stellen Sie die Vorrichtung auf den richtigen Winkel ein, bevor Sie mit dem Verjüngen beginnen. Verwenden Sie dazu entweder einen Winkelmesser, oder messen Sie an beiden Enden den Abstand zwischen Sägeblatt und Anschlag. Legen Sie den Endklotz der Vorrichtung an ein Stück Restholz, das Sie an der Werkbank oder am Kreissägentisch festgespannt haben, und treiben Sie das Werkstück mit dem Hammer gegen die Messingnägel im Endklotz **(H)**. Schieben Sie dann den Stoppklotz fest an das andere Ende des Werkstücks heran, und arretieren Sie ihn.

Jetzt können Sie die Verjüngung schneiden, indem Sie den Führungsanschlag der Vorrichtung am Parallelanschlag der Tischkreissäge entlang führen **(I)**. Drücken Sie mit dem Griff und gegebenenfalls mit einem Schiebestock die Vorrichtung während des Sägens fest an den Parallelanschlag. Alternativ können Sie die Vorrichtung auch am Vielzweckanschlag befestigen, wie es auf der Abbildung unten links auf S. 92 zu sehen ist, um zu verhindern, dass die Vorrichtung während des Sägens vom Parallelanschlag wegzieht.

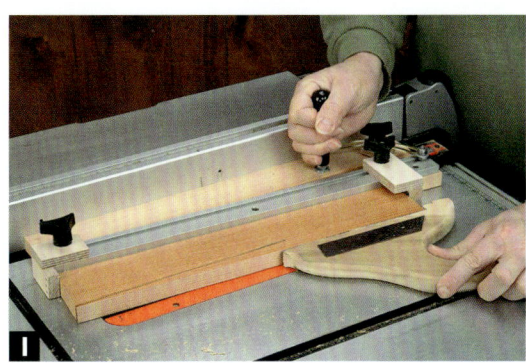

## Vorrichtungen für den Handoberfräsentisch

In diesem Abschnitt stellen wir einige verschiebbare Vorrichtungen vor, mit denen Sie unterschiedliche Fräsarbeiten sicherer und erfolgreicher ausführen können. Die erste Vorrichtung ermöglicht es auf einfache Weise, auch Teile zu handhaben, die normalerweise zu klein wären, um sie sicher fräsen zu können. Stellen Sie zuerst aus Sperrholz einen Träger her, der mindestens 300 mm lang, 100-130 mm breit und so stark ist, wie das zu bearbeitende Teil. Übertragen Sie den Umriss des Teils auf eine Längskante des Trägers, und sägen Sie den Umriss aus **(A)**. Befestigen Sie mit Schrauben einen Holzstreifen über der Aussparung, und bringen Sie einen weiteren Holzstreifen als Griff am Träger an **(B)**. Legen Sie das Teil in die Aussparung, und schieben Sie die Vorrichtung am Anschlag Ihres Handoberfräsentisches entlang, um den Schnitt auszuführen. Falls das Teil etwas lose in der Aussparung sitzt, können Sie die Passung verbessern, indem Sie Klebestreifen oder eine Zulage daran anbringen.

Manchmal besteht das Problem nicht darin, dass das Werkstück zu klein zum Fräsen ist, sondern darin, dass die Kante zu kurz ist, um sie zu bearbeiten. Ein Schlitten für Kleinteile hält Werkstücke fast jeder Form sicher **(C)** und dient als Führung, mit der man das Werkstück sicher und leicht am Anschlag der Tischfräse oder des Handoberfräsentisches entlang führen kann. Schneiden Sie zuerst aus Hartfaserplatte oder Sperrholz eine Grundplatte zu, die einige Zentimeter länger und breiter ist als das Werkstück. Bringen Sie je nach Form des Werkstücks Halteklötze und -leisten so an, dass Sie es an einer langen Kante der Grundplatte ausrichten können. Falls Sie mehrere gleiche Teile fräsen müssen, können Sie Zeit und Aufwand sparen, indem Sie das Werkstück mit einer Knebelklemme, die Sie auf einem der Stoppklötze befestigen, auf der Grundplatte fixieren. Bringen Sie an der anderen Kante der Grundplatte zwei Handgriffe an **(D)**, und Sie können mit der Arbeit beginnen.

Ein Werkstück kann aber auch lang genug sein, um es sicher fräsen zu können, und wegen seiner geringen Stärke dennoch nicht leicht zu handhaben sein. Normalerweise bearbeitet man solche schmalen Leisten, indem man eine Kante eines breiteren Brettes fräst, dann die Leiste vom Brett absägt und die zweite Kante bearbeitet. Ein Schlitten für dünne Werkstücke **(E)** hält das Material während des zweiten Arbeitsganges sicher eingespannt. Der Schlitten besteht aus einer Grundplatte, einem Anschlag, der die zuerst gefräste Kante aufnimmt, Stoppklötzen für die beiden Enden des Werkstücks und zwei Handgriffen **(F)**. Ein Arretierungsstreifen wird über den Schlitten geschraubt, um das Werkstück während des Fräsens sicher zu halten.

Die letzte Vorrichtung in diesem Abschnitt hilft dabei, ein rundes Werkstück an der Tischfräse oder am Handoberfräsentisch zu fräsen. Der Schlüssel zu diesem Verfahren sind zwei Scheiben, die man an die Enden des Werkstücks schraubt **(G)**. Dann wird das Ganze gegen den Anschlag des Handoberfräsentischs gehalten und langsam drehend an diesem entlang geführt. Der Schnitt wird mit einem langen Spiralnutfräser ausgeführt **(H)**. Zwei Stoppklötze beschränken die Bewegung von Seite zu Seite auf die gewünschte Länge. Nach jedem Durchgang wird die Schnitttiefe etwas erhöht, indem man den Anschlag um nicht mehr als 2 mm verstellt, bis man das gewünschte Profil erreicht hat. Für zylindrische Formen verwendet man zwei Scheiben mit gleichem Durchmesser, für ein Werkstück, das sich verjüngt, sollten es unterschiedlich große Scheiben sein. Wenn man elliptische Scheiben verwendet, erhält man Werkstücke mit ovalem Querschnitt.

⚠ Normale Fräser schneiden für diese Abrundarbeit zu aggressiv. Verwenden Sie dazu immer einen Spiralnutfräser und einen durchsichtigen Kunststoffschild am Anschlag.

KAPITEL SECHS: VERSCHIEBBARE UND SCHWENKBARE VORRICHTUNGEN

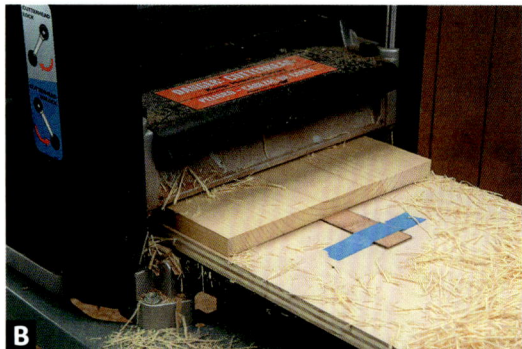

## AM ARBEITSTISCH GEFÜHRT

### Träger für den Dickenhobel

Vorrichtungen für den Dicktenhobel können Lebensretter sein, besonders wenn es darum geht, verzogenes Rohholz abzurichten und man nicht über einen Abrichthobel verfügt. Die im Folgenden beschriebenen Methoden sind dennoch nur bedingt sicher und zu empfehlen. Die Arbeit mit dem Abrichthobel ist auf jeden Fall besser. Ein Träger für das Material lässt sich in wenigen Minuten herstellen, ermöglicht es einem jedoch, eine Seite eines verzogenen Brettes abzurichten, damit es dann beidseitig eben und auf Endstärke gehobelt werden kann.

Der Träger kann aus 20 mm starkem MDF oder hochwertigem Sperrholz hergestellt werden (Bausperrholz ist nicht geeignet, da es oft nicht vollkommen eben und gleichmäßig stark ist). Der Träger sollte etwas länger sein als das Werkstück und fast so breit wie der Durchlass des Dickenhobels. Befestigen Sie mit Nägeln oder Schrauben an der hinteren Kante des Trägers eine Leiste als Anschlag **(A)**. Verwenden Sie bei Vorrichtungen für die Dickenhobelmaschine immer nur Messingschrauben, für den Fall, dass die Hobelmesser versehentlich mit ihnen in Berührung kommen.

Legen Sie das Werkstück mit der konkaven Seite nach unten auf den Träger, so dass es mit dem Ende am Anschlag anliegt. Unterfüttern Sie es mit Zulagen und/oder Keilen, bis es nicht mehr kippen kann und der Druck durch die Rollen des Hobels es nicht verbiegen kann. Streifen, die das Brett auf ganzer Länge abstützen, können einfach mit Klebestreifen befestigt werden **(B)**. Keile und Zulagen in der Nähe der Kanten sollte man mit Schrauben befestigen. Um das Brett während des Hobelns zu sichern, kann man versenkte Messingschrauben an den Ecken bis in den Träger drehen, oder an den Seiten Stoppklötze anbringen, durch die Nägel bis in das Brett getrieben werden, um es zu halten **(C)**. Schieben Sie den Träger mit dem Brett durch den Hobel **(D)**, und nehmen Sie in wiederholten Durchgängen so viel Material ab, bis das Brett abgerichtet ist. Nehmen Sie es dann vom Träger, und hobeln Sie es auf die gewohnte Weise auf Stärke.

Mit einem ähnlichen Träger kann man auch ein Brett auf seiner ganzen Länge abschrägen. Leimen Sie dazu an der Unterseite des Trägers einige lange Keile mit dem gewünschten Winkel an **(E)**. Legen Sie das Werkstück auf den Träger, so dass es mit dem oberen Ende fast bündig abschließt, und sichern Sie es mit Stoppklötzen an den Seiten und beiden Enden ab **(F)**. Stellen Sie den Dickenhobel auf sehr geringe Materialabnahme ein, und machen Sie so viele Durchgänge, bis die gesamte Oberfläche bearbeitet ist, um ein vollkommen gleichmäßig abgeschrägtes Brett zu erhalten **(G)**.

Mit einem anderen Träger kann man am Dickenhobel Flächen und Kanten hobeln, die zu kurz oder zu unregelmäßig geformt sind, um sie am Abrichthobel zu bearbeiten. Schneiden Sie als Grundplatte ein Stück MDF oder Sperrholz mit 20 mm Stärke auf 200 bis 250 mm Breite und Länge nach Wunsch zu. Schneiden Sie zwei weitere Streifen mit einer Breite von 100 bis 125 mm zu, je nach der maximalen Durchlasshöhe Ihres Dickenhobels. Spannen Sie die Streifen zusammen, und bohren Sie entlang der Mittellinie mehrere 5-mm-Löcher als Aufnahme für Schlossschrauben. Befestigen Sie die Längskante eines Streifens in etwa 25 mm Entfernung von der Außenkante der Grundplatte. Unterfüttern Sie das Werkstück mit entsprechenden Zulagen, und legen Sie es an dem Streifen an, so dass die Kante, die gehobelt werden soll, parallel zur oberen Kante verläuft und diese geringfügig überragt **(H)**. Bringen Sie zwei Schlossschrauben an, um den zweiten Streifen fest gegen das Werkstück zu pressen und es so zu fixieren. Führen Sie die Vorrichtung durch den Hobel, um den Schnitt auszuführen **(I)**.

---

**TIPP:** Um ein Brett über die gesamte Breite abzuschrägen, kann man es auf einer Unterlage befestigen, die sich seitlich neigen lässt.

---

# KAPITEL SECHS: VERSCHIEBBARE UND SCHWENKBARE VORRICHTUNGEN

## Fräsen von kleinen Werkstücken

Kleine Werkstücke lassen sich meist nicht so gut mit elektrischen Maschinen bearbeitet – vor allem das Fräsen ist dann eine Sache für sich. Für Fräsarbeiten am Handoberfräsentisch, bei denen nur wenig Material entfernt wird, kann man die meisten Kleinteile jedoch mit dieser Vorrichtung und ihren zwei Handgriffen sicher führen. Sägen Sie die Handgriffe aus 20 mm starkem Sperrholzquadraten mit einer Kantenlänge von 175 mm zu handfreundlich runden Formen zu **(A)**. Die Griffe werden durch zwei Leisten aus Vollholz (300 x 20 x 25 mm) verbunden. Befestigen Sie die Enden der Leisten mit Nägeln und Leim auf zwei Abstandshaltern mit den Maßen 40 x 90 mm und der Stärke des größten zu bearbeitenden Werkstücks **(B)**.

Fügen Sie einen 50 mm breiten Klotz bündig an die Außenkanten der Abstandshalter an, um den Raum zwischen den Leisten auszufüllen. Treiben Sie einige Messingstifte durch die Mitte jeder Leiste, so dass ihre Spitzen etwa 1 mm auf der anderen Seite herausragen und das Werkstück während des Hobelns fixieren. Befestigen Sie die Sperrholzgriffe mit jeweils drei Schrauben an den Enden der Vorrichtung **(C)**.

Legen Sie das Werkstück unter die Leisten, und treiben Sie die Nagelspitzen mit dem Klüpfel hinein. Falls das Material dünner ist als die Abstandshalter oder Sie keine Nagelspuren im Holz wünschen, können Sie das Werkstück auch mit doppelseitigem Klebeband an den Leisten befestigen. Die Kanten des Stücks können dann mit fast jedem kleinen Fräser mit Anlaufring bearbeitet werden **(D)**. Um Nuten mit einem Fräser ohne Anlaufring zu schneiden, werden die Kanten der beiden Griffe am Anschlag des Handoberfräsentisches entlang geführt.

## Komplexe Formen sägen

Mit der Bandsäge lassen sich hervorragend alle möglichen Formen aussägen – solange die Unterseite des Werkstücks flach auf dem Arbeitstisch aufliegt. Wenn man jedoch Stücke mit gekrümmter oder unregelmäßiger Unterseite bearbeiten will, benötigt man eine Hilfsvorrichtung.

Das Werkstück wird nach Wunsch ausgerichtet und an der kastenähnlichen Vorrichtung festgespannt, um es während des Schnitts sicher zu halten. Stellen Sie die Vorrichtung her, indem Sie mehrere 20 mm starke Sperrholzstücke mit Leim und Nägeln zu einem fünfseitigen Kasten zusammenfügen (A). Der Kasten kann so groß sein, wie Sie möchten, seine Länge wird jedoch durch die maximale Durchlasshöhe der Bandsäge bestimmt. Bedenken Sie, dass auch für das Werkstück genügend Raum verbleiben muss. Setzen Sie zwei der Seitenteile etwas von der Kante des Deckels zurück, um Platz für die kleinen Zwingen zu haben, mit denen das Werkstück oder Muster an der Vorrichtung befestigt wird. Die sechste Seite des Kastens wird offen gelassen, um von der anderen Seite eine oder mehrere Schrauben eindrehen zu können, mit denen Werkstücke senkrecht gehalten werden.

Die Vorrichtung kann auf zwei unterschiedliche Weisen verwendet werden. Um ein Profil direkt zu sägen, wird das Werkstück (zum Beispiel ein profilierter Möbelfuß für eine Truhe, einen Schrank oder ein Sofa) mit Zwingen an der Vorrichtung befestigt (B). Dann wird an dem Profil entlang gesägt, das man direkt auf dem Werkstück angerissen hat. Wenn es schwierig oder unmöglich ist, das Profil auf dem Werkstück anzureißen (bei einer Scheibe etwa), wird das Werkstück mit Zwingen oder Schrauben am Vorderteil der Vorrichtung befestigt. Stellen Sie aus 5 mm starkem Sperrholz oder MDF eine Schablone für das gewünschte Profil her, und spannen Sie es in der richtigen Lage oben auf der Vorrichtung fest (C). Folgen Sie dann dem Umriss der Schablone mit dem Sägeblatt, um das gewünschte Profil zu schneiden (D).

## SCHWENKBARE VORRICHTUNGEN

### Vorrichtungen für Kreise und Scheiben

Vollkommen kreisrunde Scheiben aus Holz zu schneiden, ist ein Kinderspiel, wenn man es mit der entsprechenden Vorrichtung an der Bandsäge tut. Man muss weder mit dem Zirkel anreißen, noch versuchen, einer Bogenlinie mit dem Sägeblatt zu folgen. Die Vorrichtung besteht aus einem hölzernen Quadrat, das auf einem Drehpunkt gelagert wird, so dass man es am Sägeblatt vorbeidrehen kann, um ein perfektes Rad, eine Scheibe oder kreisrunde Tischplatte zu schneiden.

Verleimen Sie die Grundplatte der Vorrichtung aus drei Stücken 20 mm starkem Sperrholz. Die Größe des Unterteils kann Ihren Wünschen entsprechen: Je größer es ist, desto größere Kreise kann man schneiden. Die beiden seitlichen Streifen sind so breit, dass zwischen ihnen eine Lücke bleibt **(A)**, in der man mit kurzen Holzschrauben eine T-Nutprofilschiene anbringt **(B)**. Stellen Sie aus einem 50 mm langen Abschnitt Ahorn oder Eiche einen Drehklotz her. Er sollte genau in die Lücke passen, ohne in ihr stecken zu bleiben, und seine Oberfläche sollte bündig mit der Oberfläche der Grundplatte abschließen **(C)**. Treiben Sie einen kleinen Nagel so durch den Klotz, dass seine Spitze oben etwa 0,5 mm herausragt - dies ist das Drehlager. Bohren Sie ein versenktes Loch für eine 5-mm-Flachkopfgewindeschraube, und befestigen Sie den Drehklotz mit einer Rechteckmutter in der T-Nut.

Legen Sie die Vorrichtung auf den Bandsägentisch, so dass die Grundplatte knapp die Seite des Sägeblatts berührt. Markieren Sie die Lage der Tischnut auf beiden Seiten der Grundplatte **(D)**, und bringen Sie an dieser Stelle mit Schrauben eine Führungsleiste an. Legen Sie die Vorrichtung mit der Führungsleiste in die Tischnut, und richten Sie die Mittellinie der T-Profilschiene an den Sägezähnen aus. Bringen Sie eine Stoppleiste an **(E)**, um die Vorwärtsbewegung der Vorrichtung über diesen Punkt hinaus zu verhindern.

## SCHWENKBARE VORRICHTUNGEN

Stellen Sie den gewünschten Radius des Kreises durch Verschieben des Drehklotzes ein – der Radius entspricht dem Abstand zwischen Nagelspitze und Sägeblatt **(F)**. Stechen Sie mit einer Ahle ein kleines Loch in die Mitte eines quadratischen Rohlings, legen Sie ihn mit dem Loch auf die Nagelspitze, und hämmern Sie ihn mit dem Klüpfel fest. Stellen Sie die Säge ein, und schieben Sie die Vorrichtung bis an die Stoppleiste vor. In dieser Stellung sollte das Sägeblatt in das Holz greifen. Drehen Sie den Rohling langsam im Uhrzeigersinn, bis der Schnitt zu Ende ausgeführt ist **(G)**. Man kann aus einer Scheibe auch einen Ring schneiden, indem man den Drehklotz auf einen kleineren Radius einstellt und die Scheibe ein zweites Mal sägt, wie auf der Abbildung unten rechts auf S. 92 zu sehen. Die dabei entstehende Sägefuge ist so schmal, dass sie nach dem Verleimen meist nicht mehr zu sehen ist.

Die Vorrichtung macht sich aber auch beim Schleifen der Kante an einer Scheibe nützlich. Schrauben Sie dazu die Führungsleiste ab, und legen Sie sie in die Tischnut einer Scheibenschleifmachine. Befestigen Sie sie wieder an der Grundplatte, so dass die Kante der Grundplatte fast an die Schleifscheibe stößt. Stellen Sie einen neuen Drehklotz her, jedoch ohne Schraubenloch, und einen extra Stoppklotz, der in der T-Nutschiene mit einer Schraube oder Hammerschraube arretiert wird **(H)**. Legen Sie die Kreisgröße fest, indem Sie den Stoppklotz dort arretieren, wo er die Vorwärtsbewegung des Drehklotzes in der gewünschten Entfernung stoppt. Spannen Sie die Vorrichtung am Arbeitstisch der Schleifmaschine fest, schieben Sie den Klotz in der T-Nut vorwärts, und drehen Sie die Scheibe, wenn sie mit der Schleifscheibe in Berührung kommt **(I)**. Wenn der Drehklotz an den Stoppklotz stößt, hat die Scheibe die gewünschte Größe erreicht. Nutzen Sie die Schleifscheibe gut aus, indem Sie die Vorrichtung an verschiedenen Stellen der Tischnut festspannen und so an verschiedenen Stellen der Scheibe schleifen.

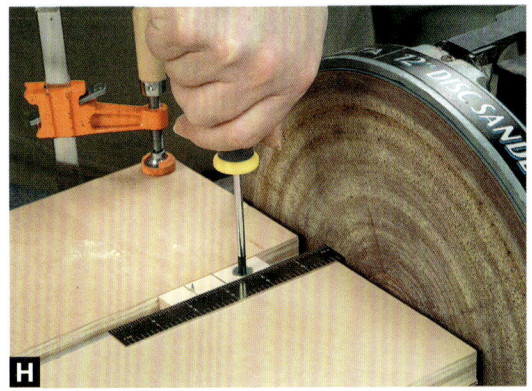

## Kreisbögen sägen

Mit dieser Vorrichtung lassen sich an der Bandsäge schnell gebogene Teile aussägen, etwa obere Rahmenfriese mit Rundbogen oder konkave daubenähnliche Platten. Schneiden Sie den Dreharm aus 10 mm starkem MDF oder Sperrholz. Er sollte 25 mm breiter als das Werkstück und 25-50 mm länger als der zu schneidende Radius sein. Schneiden Sie an der Bandsäge die Seiten des Arms schräg auf ein mittig in etwa 25 mm Entfernung von der Kante angeordnetes Drehloch zu **(A)**. Das Werkstück wird am breiten Ende des Dreharms mit einer Stoppleiste und Klemmvorrichtung befestigt **(B)**.

Schneiden Sie aus Material, das etwa so stark ist wie das Werkstück, die 75 bis 125 mm breite Stoppleiste zu. Sie sollte so lang sein wie der Dreharm breit ist. Befestigen Sie die Leiste mit Schrauben, so dass das Werkstück bündig mit dem Ende des Arms abschließt. Drehen Sie zwei Schrauben teilweise in die Grundplatte, um zu verhindern, dass sich das Werkstück beim Sägen verschiebt. Zwei Hebelklemmen, die mit Schlossschrauben in versenkten Bohrlöchern in der Grundplatte befestigt werden, halten das Werkstück bei der Bearbeitung. Falls die Führungen des Sägeblatts hinderlich sind, kann man die Hebelklemmen auch durch Knebelklemmen ersetzen, die nicht so ausladend sind.

> Siehe „Exzenterklemmen", S. 215

Die Grundplatte aus MDF sollte lang genug für den Dreharm und so breit sein, dass seine gesamte Drehbewegung gestützt wird. Reißen Sie in Längsrichtung die Mittellinie auf der Platte an, und bohren Sie dort Löcher für das Sägeblatt und die Drehpunktschraube des Dreharms. Schneiden Sie auch eine Zugangsfuge für das Sägeblatt bis zu der entsprechenden Bohrung. Legen Sie die Grundplatte so auf den Arbeitstisch, dass die Zähne des Sägeblatts bündig mit der Mittellinie liegen (C), und spannen Sie sie fest. Bringen Sie an den Kanten zwei Stoppleisten an, damit Sie diese Stellung später leicht wiederfinden. Spannen Sie das Werkstück am Dreharm fest, und führen Sie es gleichmäßig am Sägeblatt entlang, um einen sauberen Schnitt zu erhalten **(D)**.

## Ecken abrunden

Um vollkommen gleichmäßig runde Ecken an Tischplatten oder Stuhlsitzflächen anzuschneiden, ohne sie umständlich anreißen und dann freihändig ausschneiden zu müssen, können Sie zu dieser Vorrichtung greifen. Sie wird aus 10 oder 20 mm starkem MDF oder Sperrholz hergestellt und besteht aus einer Grundplatte (300 x 400 mm) und einer Drehplatte (275 x 275 mm) **(A)**. Reißen Sie mit dem Zirkel an einer Ecke der Drehplatte einen Kreisbogen mit dem gewünschten Radius an, und bohren Sie am Drehpunkt des Zirkels ein versenktes Loch für eine Schraubniete.

Leimen Sie neben der runden Ecke zwei Stoppleisten an die Kanten der Drehplatte.

Bohren Sie etwa in der Mitte der Grundplatte ein Loch für das Bandsägeblatt, und schneiden Sie dann als Zugang eine Sägefuge bis zu der Bohrung. Markieren Sie mit Strichen, wo die Zähne des Sägeblatts in der Bohrung liegen werden, und bohren Sie dann ein Loch für die Schraubniete, das mit diesen Markierungen fluchtet. Die Entfernung vom Loch bis zu den Sägezähnen entspricht dem Radius der Rundecke. Nachdem Sie die Drehplatte mit der Schraubniete an der Grundplatte befestigt haben, schrauben Sie an der Grundplatte zwei Stoppklötze an **(B)**, um das Schwenken des Dreharms auf 90° zu begrenzen.

Spannen Sie die Vorrichtung an der Bandsäge fest, wobei die Sägeblattzähne an den zuvor gemachten Markierungen ausgerichtet werden, und schneiden Sie dann in die Ecke der Drehplatte ein **(C)**. Falls das Sägeblatt mehr als eine Rundecke von der Platte abschneidet, verändern Sie die Position der Stoppklötze an der Grundplatte. Um die Vorrichtung zu verwenden, wird die Drehplatte gegen den Uhrzeigersinn gedreht, bis sie an den Stoppklotz stößt. Dann legt man eine Ecke des Werkstücks gegen die Stoppleisten an der Platte und dreht die Platte mit dem Werkstück durch den Schnitt **(D)**. Wiederholen Sie den Vorgang für die anderen Ecken.

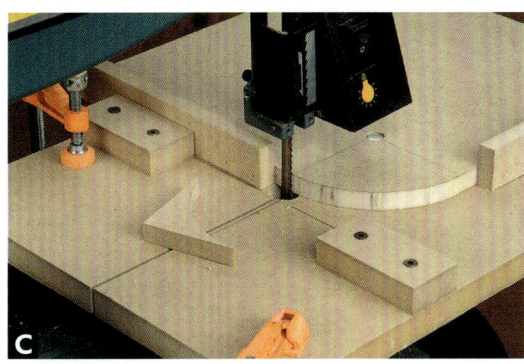

## Dreidimensionale Krümmungen sägen

Es mag kaum zu glauben sein, aber man kann mit zwei einfachen Schnitten an der Bandsäge auch komplizierte dreidimensionale Formen wie den Handlauf am Geländer einer Wendeltreppe sägen **(A)**. Stellen Sie zuerst die Drehplatte der Vorrichtung aus 10 oder 20 mm starkem Material her. Die Platte sollte etwas länger und breiter sein als das Werkstück. Schneiden Sie einen schrägen Halteklotz zu, der das Werkstück im gewünschten Winkel hält. Der Block sollte mindestens 25-50 mm stark sein, und die Oberkante sollte dem gewünschten Winkel entsprechen. Reißen Sie die Lage des Halteklotzes und die Stelle an, wo die Unterkante des Werkstücks aufliegt **(B)**. Reißen Sie dann mit dem Zirkel die beiden Radien an, mit denen die innere und äußere Schnittlinie festgelegt wird, wobei die Spitze des Zirkels etwas links vom Halteklotz eingestochen wird. Befestigen Sie den Halteklotz an der Grundplatte, und sägen Sie am Ansatzpunkt des Zirkels ein 5-mm-Loch.

Stellen Sie eine Grundplatte **(C)** für die Vorrichtung her, die jener für die Vorrichtung zum Abrunden von Ecken gleicht, die im vorherigen Abschnitt beschrieben wurde. Markieren Sie die Stelle, wo die Sägezähne durch die Grundplatte passieren. Bohren Sie zwei versenkte 5-mm-Löcher für Schlossschrauben, so dass die Entfernung von den Markierungen den beiden gewünschten Radien entspricht. Befestigen Sie das Werkstück mit einigen Messingschrauben sowohl an der Grundplatte als auch am Halteklotz. Stecken Sie die Schlossschraube, die als Drehachse dient, in das Loch für den größeren Radius, und spannen Sie die Grundplatte am Arbeitstisch der Bandsäge so fest, dass die Sägezähne genau an Ihren Markierungen ausgerichtet sind. Drehen Sie das Werkstück gleichmäßig am Sägeblatt vorbei, um die Außenkante zu sägen **(D)**. Stecken Sie die Schlossschraube in das Loch für den Innenradius um, und sägen Sie den inneren Schnitt, um die Arbeit zu vollenden.

KAPITEL SIEBEN: ÜBERBLICK

# Arbeitstische

Ohne Arbeitstisch wären die Kapp- und Gehrungssäge oder der Dickenhobel nicht sehr effektiv oder leistungsfähig. Ohne Tisch wäre die Tischkreissäge nur eine Kreissäge. Das heißt jedoch nicht, dass man die Arbeitsfläche einer Maschine nicht ändern, den Tisch nicht vergrößern oder ändern kann, um die Maschine noch nützlicher zu machen.

So kann man zum Beispiel angefaste Kanten an einer Spindelschleifmaschine schleifen, die keinen neigbaren Tisch besitzt, wenn man einen selbstgefertigten Zusatztisch auf dem werksseitigen Tisch anbringt. Man kann entweder einen aufwändigen Tisch bauen, der sich auf verschiedene Winkel einstellen lässt, oder eine einfache Ausführung mit feststehendem Winkel (siehe Abbildung rechts). Oft ist es sogar einfacher, Arbeiten, die in einem Winkel ausgeführt werden müssen, an einem neigbaren Spezialtisch zu erledigen, als den serienmäßigen Arbeitstisch an einer Maschine wie der Ständerbohrmaschine zu verstellen. Mit neigbaren Tischen lässt sich häufig auch die Reihe der Arbeiten erweitern, die man mit einer Maschine ausführen kann. So kann man mit einem neigbaren Tisch an der Abrichthobelmaschine Rahmenfüllungen sauber abplatten, ohne auf die Fräsmaschine zurückgreifen zu müssen.

Eine andere Art selbstgefertigter Tisch, die sich als sehr nützlich erweisen kann, ist die Tischvergrößerung. Durch die Vergrößerung der effektiven Arbeitsfläche an einer Maschine lassen sich auch größere Werkstücke auflegen. Wenn man zum Beispiel einen Verlängerungstisch an der Kapp- und Gehrungssäge anbringt, ist das Sägen vor allem von langem Material leichter und sicherer. Und indem man ein System von T-Nutprofilen mit verstellbaren Anschlägen in den Tischen anbringt, kann man auch wiederholte Schnitte sehr präzise ausführen.

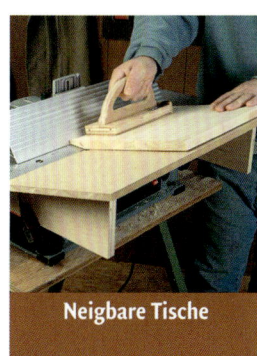

**Neigbare Tische**

> Tisch mit permanent geneigter Arbeitsfläche (S. 122)
> Tisch mit neigbarer Arbeitsfläche (S. 123)
> Schräger Handoberfräsentisch (S. 125)
> Geneigter Tisch für den Abrichthobel (S. 126)

**Tischverlängerungen**

> Tischverlängerungen für die Kapp- und Gehrungssäge (S. 127)
> Tischverlängerung für die Bandsäge (S. 128)
> Tischverlängerung für den Dickenhobel (S. 129)
> Lufttisch (S. 130)

**Arbeitstische für Elektrowerkzeuge**

> Handoberfräsentisch (S. 131)
> Hilfstisch für das Schneiden von Formfederverbindungen (S. 133)
> Handoberfräsentisch mit Schnellverschluss (S. 135)
> Waagerechter Handoberfräsentisch (S. 136)
> Tisch für die Bandschleifmaschine (S. 138)

Auch die Vielseitigkeit von elektrischen Handmaschinen lässt sich durch selbstgefertigte Tische und Vorrichtungen erhöhen. Während Stichsägen, Bandschleifmaschinen und andere Elektrowerkzeuge sich gut auf einen Arbeitstisch montieren lassen, sind Handoberfräsentische wohl die beliebteste Anwendung – Sie finden dafür mehrere Entwürfe in diesem Kapitel.

Falls ein Arbeitstisch sich nicht neigen lässt, kann stattdessen das Werkstück mit einem selbstgefertigten Tisch geneigt werden.

121

# KAPITEL SIEBEN: ARBEITSTISCHE

## NEIGBARE TISCHE

### Tisch mit permanent geneigter Arbeitsfläche

Dieser Arbeitstisch mit geneigter Arbeitsfläche lässt sich an fast jeder Ständerbohrmaschine festspannen, um Bohrungen in einem Winkel von genau 45° auszuführen – nach 90° der häufigste Winkel für Bohrungen. Darüber hinaus kann man Werkstücke für Endbohrungen senkrecht daran befestigen.

Der Querschnitt des Tisches ist ein Dreieck mit Winkeln von 45°, 45° und 90°. Es lässt sich leicht aus 20 mm starkem Sperrholz oder MDF in jeder gewünschten Größe herstellen (der hier gezeigte Tisch in 225 mm breit und 225 mm hoch). Verleimen Sie die Teile wie gezeigt miteinander **(A)**, und achten Sie darauf, dass sie genau aneinander ausgerichtet bleiben, während Sie die Verbindungen mit Nägeln oder Schrauben verstärken.

Bringen Sie zwei T-Nutprofilschienen im Tisch an, um verstellbare Zwingen zum Festhalten des Werkstücks verwenden zu können.

> Siehe „Profilschienen", S. 29

Schneiden Sie mit der Tischkreissäge oder der Handoberfräse zwei Nuten in die geneigte Fläche, deren Breite und Tiefe der gewählten Profilschiene entsprechen **(B)**. Um möglichst viele verschiedene Werkstücke bearbeiten zu können, sollten die Profilschienen über die gesamte Breite des Tischs laufen. Falls die Profilschiene Schraubenlöcher aufweist, können Sie sie in der Nut festschrauben, falls nicht, befestigen Sie sie mit Epoxidkleber. Spannen Sie sie dabei an beiden Enden fest ein, und verwenden Sie eine Verleimzulage – ein mit Klebeband gegen Verschmutzungen durch Kleber geschütztes Kantholz – um den Anpressdruck gleichmäßig zu verteilen **(C)**.

Der fertige Tisch wird mit Zwingen oder Schrauben, die man durch in die Grundplatte gebohrte Löcher führt, am Tisch der Ständerbohrmaschine befestigt. Fixieren Sie mit jeweils einer Zwinge in den beiden Profilschienen das Werkstück auf dem geneigten Tisch **(D)**.

**TIPP:** Wenn man die unregelmäßigen Vertiefungen an der Unterseite eines gegossenen Arbeitstisches für die Ständerbohrmaschine mit Sperrholz ausfüllt, ist es leichter, Vorrichtungen und Halterungen am Tisch festzuspannen.

## Tisch mit neigbarer Arbeitsfläche

Falls Sie Löcher in ungewöhnlichen Winkeln bohren müssen, die vielleicht sogar in zwei Richtungen von der Senkrechten abweichen, dann lohnt es sich, einen neigbaren Tisch herzustellen, dessen Neigungswinkel sich verstellen lässt. Das hier vorgestellte Exemplar passt auf den Arbeitstisch einer Ständerbohrmaschine und lässt sich von waagerecht bis 45° verstellen. Wie man in der Abbildung rechts erkennen kann, besteht die Vorrichtung aus einer Grundplatte, die mit Schrauben oder Zwingen am Arbeitstisch der Ständerbohrmaschine befestigt wird, und einem neigbaren Tisch, der mit Scharnieren an der Grundplatte befestigt wird. Zwei stabile Seitenteile halten den Tisch im gewünschten Winkel fest. Der Tisch und die Grundplatte aus 20 mm starkem MDF oder Sperrholz sind so bemessen, dass die Seitenteile an den Kanten des Arbeitstisches an der Ständerbohrmaschine vorbeiführen (**A**).

In der Arbeitsfläche ist eine Aussparung, in die man auswechselbare Einsätze einlegen kann, um Faserausrisse an der Unterseite der Werkstücke zu reduzieren. Schneiden Sie mit der Stichsäge ein 60 x 60 mm großes Loch in die Mitte der neigbaren Fläche, und fräsen Sie dann einen 5 x 10 mm großen Falz um die Kante, der als Auflage für die Einsätze aus Hartfaserplatte dient (**B**).

Schneiden Sie die beiden Seitenteile mit der Band- oder Stichsäge aus 10 mm starkem Sperrholz aus. Sie haben die Form von Tortenstücken mit einem Winkel von 50° an der Spitze. Fräsen Sie in jedes Seitenteil einen gebogenen Schlitz, um den Tisch neigen zu können. Die Schlitze werden mit einem Fräszirkel und der Handoberfräse oder Kantenfräse geschnitten, die Seitenteile werden dabei mit Klötzen auf einem Reststück Sperrholz fixiert (**C**).

(Fortsetzung auf S. 124)

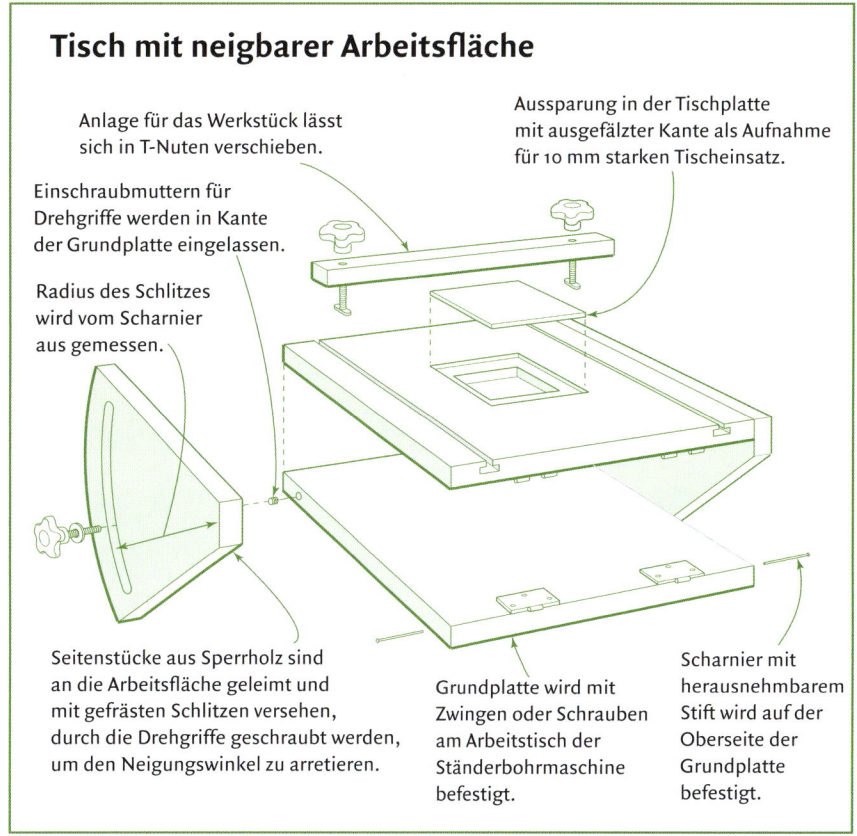

### Tisch mit neigbarer Arbeitsfläche

- Anlage für das Werkstück lässt sich in T-Nuten verschieben.
- Aussparung in der Tischplatte mit ausgefälzter Kante als Aufnahme für 10 mm starken Tischeinsatz.
- Einschraubmuttern für Drehgriffe werden in Kante der Grundplatte eingelassen.
- Radius des Schlitzes wird vom Scharnier aus gemessen.
- Seitenstücke aus Sperrholz sind an die Arbeitsfläche geleimt und mit gefrästen Schlitzen versehen, durch die Drehgriffe geschraubt werden, um den Neigungswinkel zu arretieren.
- Grundplatte wird mit Zwingen oder Schrauben am Arbeitstisch der Ständerbohrmaschine befestigt.
- Scharnier mit herausnehmbarem Stift wird auf der Oberseite der Grundplatte befestigt.

## KAPITEL SIEBEN: ARBEITSTISCHE

Der Mittelpunktzapfen des Fräszirkels wird in ein Loch in einer Zulage gesteckt, die über das schmale Ende des Seitenteils gespannt worden ist. Bevor man die Seitenteile mit Leim und Schrauben an den Kanten des neigbaren Tisches befestigt, fräst man noch zwei T-Nuten nahe der Oberkante, die als Aufnahme für einen verstellbaren Anschlag dienen. Dann wird der neigbare Tisch mit zwei kleinen Scharnieren an der Vorderkante der Grundplatte befestigt **(D)**.

> **Siehe „Profilschienen", S. 29**

Nachdem man die Lage der Schlitze in den Seitenteilen an der Kante der Grundplatte markiert hat, bohrt man in jede Kante ein Loch und versieht es mit einer Einschraubmutter, die dann einen Griff aufnimmt **(E)**. Stellen Sie dann aus 20 mm starkem Material einen schmalen Anschlag her, und bohren Sie im Abstand der beiden Nuten im Tisch zwei Löcher hinein. Befestigen Sie den Anschlag mit Hammerschrauben und Griffen an dem Anschlag.

Befestigen Sie den Tisch am Arbeitstisch der Ständerbohrmaschine, und stellen Sie den Anschlag so ein, dass er das Werkstück daran hindert, beim Bohren nach unten zu gleiten. Wenn Sie den Arbeitstisch der Ständerbohrmaschine und Ihren selbstgefertigten Tisch neigen, dann können Sie problemlos Löcher bohren, die in zwei Richtungen von der Senkrechten abweichen.

**TIPP:** Stellen Sie sich einen Vorrat an Tischeinsätzen her, um sie bei Bedarf schnell und leicht auswechseln zu können.

## Schräger Handoberfräsentisch

Dies ist ein einfacher Hilfstisch, mit dem das Werkstück im Winkel von 45° gegenüber dem Handoberfräsentisch geneigt werden kann. Er ist hilfreich, wenn man in einem Winkel fräsen muss, etwa beim Schneiden eines gewinkelten Schlitzes, beim Abplatten einer Rahmenfüllung oder wenn man einen Griffschlitz in das Vorderstück fräsen möchte **(A)**.

Schneiden Sie zuerst ein Stück 10 mm starkes MDF oder Sperrholz auf die Länge Ihres Handoberfräsentischs und 300 mm Breite zu. Reißen Sie dann in 25 mm Entfernung von einer Längskante eine Linie an, und bohren Sie in der Nähe des Mittelpunktes dieser Linie zwei überlappende Löcher mit einem Durchmesser von 25 oder 35 mm, wie in der Abbildung **(B)** zu sehen. Trennen Sie das Stück dann entlang der Linie auf, so dass Sie einen 25 mm breiten Streifen erhalten, der als Leiste dienen wird, um das Werkstück zu halten. Schneiden Sie eine flache Nut zur Frässtaubabführung in den Tisch, und leimen Sie die Leiste direkt an der Nut senkrecht so auf den Tisch, dass die beiden Löcher aneinander ausgerichtet sind **(C)**.

Schneiden Sie aus 10 mm starkem Material zwei dreieckige Stützen zu, deren lange Seiten dem gewünschten Winkel entsprechen. Fertigen Sie auch eine Einspannleiste mit 60 mm Breite an, die etwas kürzer ist als der geneigte Tisch. Befestigen Sie die Dreiecke sorgfältig mit Leim und Nägeln an der Einspannleiste, und bringen Sie dann den geneigten Tisch an **(D)**. Diese Arbeit sollte auf einer ebenen Werkbank oder einem Maschinentisch ausgeführt werden.

Befestigen Sie den schrägen Tisch mit Zwingen an Ihrem Handoberfräsentisch, so dass der Fräser in dem Loch des Tisches liegt. So können Sie dann den schrägen Tisch mit dem normalen Anschlagzubehör des Handoberfräsentischs verstellen und arretieren.

**TIPP:** Beim Bohren mit einem großen Forstnerbohrer sollte man die Geschwindigkeit der Bohrmaschine reduzieren, um sauberere Schnitte zu erreichen und ein Überhitzen des Bohrers zu vermeiden.

## Geneigter Tisch für den Abrichthobel

Mit diesem geneigten Tisch können Sie an der Abrichthobelmaschine die Kanten von Füllungen abplatten, indem Sie diese geneigt halten, während Sie sie an der Hobelwelle vorbeiführen. Der Tisch wird aus 10 oder 20 mm starkem MDF oder Sperrholz hergestellt und wird am Abrichthobel in einem Winkel von 15° durch zwei Stützen gehalten, die an der Maschine befestigt werden.

Der Tisch muss zwar passend für Ihren Abrichthobel gebaut werden, aber das ist nicht sonderlich schwierig. Schneiden Sie zuerst die Platte in einer Größe zu, die der größten Füllung entspricht, die sie abplatten wollen. Damit der Tisch dicht an die beiden Arbeitstische der Abrichte passt, müssen Sie die vordere Kante ausklinken, so dass sie über die Fälzkante am Hobel passt. Reißen Sie die Ausklinkung an, während Sie die Platte gegen die Fälzkante halten **(A)**, und schneiden Sie dann die Ausklinkung aus. Als Nächstes werden die beiden Stützen entworfen und zugeschnitten **(B)**. Das zum Abrichthobel gerichtete Ende der Stütze sollte so lang sein, dass es sich am Maschinengehäuse, am Tisch unter der Hobelmaschine oder an dieser selbst mit Schrauben oder Zwingen befestigen lässt.

Wenn die Stützen zugeschnitten sind, befestigen Sie sie an der Abrichthobelmaschine und bringen den geneigten Tisch an **(C)**. Stellen Sie die Schnitttiefe des Hobels auf die gewünschte Höhe des Mittelfeldes der Füllung ein (meist sind dies 3 mm), und justieren Sie den geneigten Tisch so lange, bis seine Kante genau mit dem Aufnahmetisch des Abrichthobels fluchtet. Ziehen Sie dann die Zwingen oder Schrauben an, und befestigen Sie mit Leim und Schrauben die Stützen am Tisch. Verstärken Sie die Verbindungen mit Leimklötzen. Stellen Sie den Anschlag des Abrichthobels auf die gewünschte Breite für die Abplattung ein, und machen Sie einige Probeschnitte, bevor Sie das Werkstück hobeln **(D)**.

⚠ Verwenden Sie immer Schiebeklötze – niemals Ihre Hand – um Material niederzuhalten, wenn es über den Abrichthobel geführt wird.

# TISCHVERLÄNGERUNGEN

## Tischverlängerungen für die Kapp- und Gehrungssäge

Mit Tischverlängerungen kann man an der Kapp- und Gehrungssäge lange Werkstücke sicher auflegen. Wenn sie zudem mit Anlagen versehen sind, die verstell- und umlegbare Anschläge aufnehmen können, kann man auch genaue und wiederholbare Schnitte ausführen. Schneiden Sie zuerst die Grundplatte aus 20 mm starkem Sperrholz. Sie sollte groß genug sein, um den Korpus der Säge, und lang genug, um an jeder Seite eine 450-600 mm lange Tischverlängerung aufzunehmen. Befestigen Sie die Grundplatte mit Schrauben auf zwei Kanthölzern (50 x 100 mm) **(A)**, und bringen Sie gegebenenfalls Querstücke mit den gleichen Maßen an, um Platz für die Säge zu schaffen.

Die Tischverlängerungen bestehen aus 20 mm starkem Sperrholz und sind jeweils so breit wie der Sägetisch und hoch genug, dass sie mit dem Sägetisch fluchten, wenn sie auf der Grundplatte angebracht sind. Jede Verlängerung ist als Tunnel konstruiert, bei dem der Deckel durch schmalere Streifen gehalten wird **(B)**. Die beiden hinteren Streifen fungieren auch als Anlagen der Verlängerung, ihre Höhe entspricht entweder der Anlage am Tisch der Kapp- und Gehrungssäge, oder sie ist an den umlegbaren Anschlägen ausgerichtet, die Sie mit den Verlängerungen verwenden möchten. Doppeln Sie diese Anlagen auf, damit die Oberkante breit genug für T-Nutprofilschienen ist.

Befestigen Sie die Verlängerungstische mit Schrauben an der Grundplatte. Bohren Sie schräge Löcher in die vorderen und hinteren Streifen, aber überprüfen Sie, ob die Tische mit dem Arbeitstisch der Säge fluchten, bevor Sie die Verlängerungstische mit der Grundplatte verschrauben **(C)**. Heben Sie gegebenenfalls die Tische oder die Säge mit Zulagen an.

Bringen Sie an den Anlagen der Tischverlängerungen T-Nutprofile und eine selbstklebende Zentimeterskala an, deren Nullpunkt in der Schnittlinie der Säge liegt. Auch eine nur 450 mm lange Verlängerung sollte ausreichen, um mit einem umlegbaren Anschlag Werkstücke bis zu einer Länge von etwa 750 mm zu bearbeiten **(D)**. Kürzere Werkstücke werden mit der Stoppleiste und einem versetzten Anschlag geschnitten.

> Siehe „Variante", S. 193

## Tischverlängerung für die Bandsäge

Die Tischverlängerung für die Bandsäge besteht im Wesentlichen aus einer MDF-Platte mit einer Aussparung in der Mitte für den Arbeitstisch der Säge. Die Platte wird an der Unterseite von massiven Holzträgern abgestützt, die über den Maschinentisch der Säge hinausragen. Die Größe kann von Ihnen festgelegt werden.

Schneiden Sie zuerst die Träger zu, und bringen Sie sie an. Falls der Maschinentisch Gewindebohrungen hat, können Sie diese verwenden, um die Träger zu befestigen **(A)**. Falls nicht, können Sie für jeden Träger zwei Löcher bohren und Gewinde hineinschneiden, oder Sie können die Träger mit Zwingen befestigen. Schneiden Sie dann die Platte aus 20 mm starkem MDF, Sperrholz oder melaminbeschichteter Spanplatte zu. Messen Sie sorgfältig die Abmessungen des Maschinentisches, und übertragen Sie sie auf die Platte. Schneiden Sie dann die Aussparung aus, und berücksichtigen Sie dabei eventuell störende Bauteile (Gehäuse der Säge, Standarm usw.).

Rechteckige oder quadratische Aussparungen können Sie schneiden, indem Sie an jeder Ecke ein Loch mit dem Durchmesser der Eckabrundung am Maschinentisch sägen **(B)**. Von diesen vier Löchern aus können Sie dann mit der Tisch- oder Handkreissäge durch Tauchschnitte die Aussparung ausschneiden **(C)**. An der Tischkreissäge müssen Sie das Material mit einem Schiebestock fest von oben andrücken, wenn Sie das Kreissägeblatt in das Material anheben. Um Verklemmen und Rückschlagen zu vermeiden, sollten Sie die Aussparung nicht vollkommen freischneiden. Lassen Sie die Schnitte nur bis kurz vor die Bohrlöcher gehen, und führen Sie sie mit der Handsäge oder elektrischen Stichsäge zu Ende.

Säubern Sie die Ecken mit einer Raspel oder einem Schleifklotz. Falls der Tisch Ihrer Bandsäge über eine Tischnut verfügt, schneiden Sie auch in die Platte eine Nut, die mit der im Arbeitstisch in einer Linie verläuft, aber größer dimensioniert ist, um den Anschlag nicht in der Bewegung zu hindern. Schneiden Sie mit der Bandsäge bis in die Aussparung, und legen Sie den neuen, größeren Tisch auf den Maschinentisch, gegebenenfalls für eine gute Passung noch nachschneiden. Die Oberflächen der beiden Tische müssen fluchten, legen Sie notfalls Zulagen zwischen die Träger und die Platte. Verschrauben Sie dann als Letztes die Platte mit den Trägern **(D)**.

# TISCHVERLÄNGERUNGEN

## Tischverlängerung für den Dickenhobel

Diese Tischverlängerung wird einfach auf den vorhandenen Tisch des Dickenhobels gelegt, um auch für längere Werkstücke eine Auflage zu schaffen und so das Hobeln einfacher zu machen und die Gefahr des ‚Ratterns' zu verringern. Messen Sie zuerst den serienmäßigen Tisch genau aus, einschließlich eventuell vorhandener ausklappbarer Verlängerungen **(A)**. Schneiden Sie dann die Tischplatte aus 20 mm starkem MDF oder melaminbeschichteter Spanplatte so zu, dass sie sich durch den Hobel schieben lässt, ohne hängen zu bleiben. Die Gesamtlänge ist nicht so wichtig, sie sollte allerdings deutlich länger sein als der vorhandene Tisch mit seinen Verlängerungen.

Stellen Sie dann die Schürzen her, mit denen die überhängenden Teile abgestützt werden. Um die Länge der vier seitlichen Schürzen zu berechnen, ziehen Sie die Gesamtlänge des Hobeltisches mit Verlängerungen von der Länge Ihrer Platte ab, und halbieren das Ergebnis. Schneiden Sie vier 50 mm breite Stücken Vollholz auf diese Länge zu, und befestigen Sie sie mit Leim und Nägeln seitlich unter den beiden Enden der neuen Tischplatte **(B)**. Schneiden Sie dann zwei weitere Schürzen zu, die quer zwischen die Seitenschürzen passen, und bringen Sie sie dort an. Die Schürzen versteifen nicht nur die Tischverlängerung, sie umschließen auch den vorhandenen Tisch und halten die Verlängerung dadurch an Ort und Stelle **(C)**.

Eine gute Ergänzung dieser Tischverlängerung ist eine diagonale Anlage. Das ist eine einfache Leiste aus Vollholz mit geradem Faserverlauf mit drei Dübeln (einer an jedem Ende und einer in der Mitte). Die Dübel werden in entsprechende Bohrungen in der Tischverlängerung gesteckt, die so angebracht sind, dass die Leiste schräg über den Tisch verläuft, wie in Abbildung **(D)** zu sehen. Die Anlage ist praktisch beim Hobeln von schmalen Werkstücken, da so das Hobelmesser über etwas größere Breite ausgenutzt wird. Zudem wird durch den ziehenden Schnitt die Gefahr von Faserausrissen verringert.

## Lufttisch

Ein Lufttisch ist ein großer, flacher Tischkasten, dessen Oberfläche durchlöchert ist, so dass große Platten auf einem Luftpolster leichter bewegt werden können. Er macht sich vor allem als Abnahmetisch an der Tischkreissäge und anderen Maschinen nützlich. Das hier gezeigte Beispiel ist 85 x 600 x 1900 mm groß, aber die Wahl der Maße ist vollkommen Ihnen überlassen. Schneiden Sie zuerst die Längsseiten, die langen und kurzen Innenrippen zu, und bohren Sie Löcher durch alle Innenrippen **(A)**, damit die Luft im Inneren des Kastens frei zirkulieren kann. Der Boden und der Deckel werden aus 5 mm starker, einseitig melaminbeschichteter Spanplatte zugeschnitten, die Beschichtung weist zur Außenseite. Die Löcher im Deckel werden im Rastermaß von 60 x 60 mm angeordnet und mit einem 3-mm-Bohrer gebohrt **(B)**. Die Abstände sind nicht so wichtig, planen Sie das Raster jedoch so, dass die Löcher nicht von der Innenkonstruktion verdeckt werden.

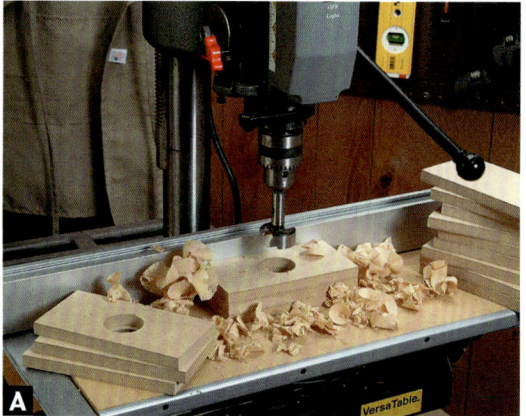

Wie jeder selbsttragende Kasten sollte auch dieser am besten auf einer großen, ebenen Arbeitsfläche zusammenmontiert werden. Bei langen Tischen wie diesen ist es am besten, Teilmontagen herzustellen **(C)** und diese dann zusammenzufügen, um zuletzt den Boden und Deckel anzubringen.

Die Luft für den Tisch liefert die Austrittsöffnung eines Werkstattstaubsaugers, die man mit einem Kunststoffschlauch verbindet, der in die Mitte des Kastenbodens mündet. Legen Sie den Tischkasten auf zwei Sägeböcke oder verstellbare Ständer neben Ihre Kreissäge, so dass er bündig mit dem Sägetisch abschließt **(D)**.

**TIPP:** Ihr Werkstattstaubsauger kann zwei Aufgaben gleichzeitig erfüllen, wenn Sie den Lufttisch mit einer Montagekreissäge verwenden: Schließen Sie den Ansaugschlauch an die Säge und den Austrittschlauch an den Lufttisch an.

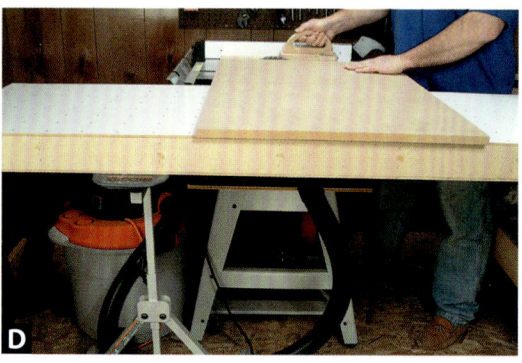

# ARBEITSTISCHE FÜR ELEKTROWERKZEUGE

## Handoberfräsentisch

Es gibt kaum ein anderes Elektrowerkzeug, das sich in der modernen Holzwerkstatt als so nützlich erweist wie eine Handoberfräse in Verbindung mit einem entsprechenden Tisch. Ein einfacher Handoberfräsentisch besteht nur aus wenigen Teilen: Einer Tischplatte, einem Anschlag, dem Unterbau und einer Einsatzplatte, die an der Handoberfräse befestigt wird und dann in die Tischplatte eingelassen wird. Diese Teile kann man selbst herstellen oder kaufen. Eine Möglichkeit ist es, nur den Unterbau selbst anzufertigen und die Tischplatte oder Einsatzplatte mit Ausstattungsmerkmalen zu kaufen, die man nur schwer selbst anfertigen könnte, wie zum Beispiel eine Höhenverstellung **(A)**.

Viele Handwerker ziehen Handoberfräsentische vor, die etwa so hoch sind wie ihre Hobelbank, man kann jedoch auch eine Höhe wählen, die um ein Geringes niedriger ist als der Arbeitstisch der Tischkreissäge. Dann kann man den Handoberfräsentisch bei Nichtgebrauch hinter die Tischkreissäge stellen, wo er als Abnahmetisch dient, wenn man große Werkstücke sägt.

Fertigen Sie zuerst eine bemaßte Arbeitszeichnung Ihres Wunschtisches an. Schneiden Sie dann die vier Seitenteile aus 20 mm starkem Material zu. Ich bevorzuge hierfür MDF, dessen Gewicht und Dichte die Vibrationen und Geräusche der Handoberfräse in Grenzen halten. Die Seiten können jeweils aus einem Teil hergestellt werden, man spart jedoch Material, wenn man sie jeweils aus drei Teilen zusammenleimt: einer Zarge und zwei darunter liegenden ‚Beine' **(B)**.

Die Verbindungen zwischen der Zarge und den Beinen können mit losen Federn oder mit Formfedern verstärkt werden. Wenn alle vier Seiten fertig sind, werden sie mit Leim und Schrauben oder Nägeln zum Unterbau zusammengebaut. Bringen Sie im Winkel der Beine jeweils ein dreieckiges Eckstück als Verstärkung an. Bohren Sie durch die so entstandenen Füße jeweils ein Loch, in das Sie eine Einschraubmutter einsetzen, und versehen Sie diese mit einem verstellbaren Fuß oder einer Gewindeschraube mit großem Kopf **(C)**. So können Sie den Tisch waagerecht ausrichten, damit er auf unebenen Fußböden nicht wackelt.

*(Fortsetzung auf S. 132)*

## KAPITEL SIEBEN: ARBEITSTISCHE

Wenn man die Tischplatte mit Scharnieren am Unterbau befestigt, ist es sehr viel einfacher, Fräser zu wechseln oder sie zu verstellen. Stellen Sie zuerst aus starker Dübelstange eine Stütze für die Tischplatte her, und schrauben Sie sie an einem Holzklotz fest, der innen an der Vorderwand des Unterbaus befestigt ist **(D)**. Verwenden Sie Scharniere mit herausnehmbaren Stiften („Möbelbänder'). Legen Sie die Tischplatte auf den Unterbau, und reißen Sie die Lage der Scharniere sorgfältig an. Verwenden Sie die Löcher in den Scharnieren als Lehre, um Löcher für die Scharnierschrauben vorzubohren. Entfernen Sie die Stifte aus den Scharnieren, befestigen Sie jeweils ein Teil des Scharniers am Unterbau und eines an der Tischplatte **(E)**, legen Sie die Tischplatte wieder auf, und drücken Sie die Stifte wieder in die Scharniere. Bohren Sie dann noch ein flaches Sackloch in die Unterseite der Tischplatte, das als Aufnahme für die Stütze dient.

Um den Tisch einfacher und sicherer nutzen zu können, kaufen Sie einen Ein/Aus-Schalter und eine Steckdose, die Sie außen bzw. innen an der Vorderwand des Unterbaus befestigen **(F)**. Schließen Sie die Handoberfräse über die Steckdose an, befestigen Sie sie in der Aussparung in der Tischplatte **(G)**, stellen Sie sie über den Schalter an, und es kann losgehen.

**TIPP:** Der Handoberfräsentisch kann mit der Stichsäge oder anderen Elektrowerkzeugen verwendet werden, wenn man passende Einsätze herstellt, mit denen die Maschine an der Unterseite befestigt werden kann.

# ARBEITSTISCHE FÜR ELEKTROWERKZEUGE

## Hilfstisch für das Schneiden von Formfederverbindungen

Mit Formfedern, wie sie vor allem unter dem Markennamen Lamello gehandelt werden, lassen sich gut Teile ab einer gewissen Breite verbinden. Inzwischen gibt es jedoch auch kleine Federn (Typ H9), mit denen sich Teile bis hinab zu einer Breite von 50 mm verbinden lassen. Die Schlitze dafür werden mit einem kleinen Schlitzfräser am Handoberfräsentisch geschnitten. Die hier vorgestellte Vorrichtung lässt sich auf jedem Handoberfräsentisch anbringen. Sie verfügt über zwei schwenkbare Arme, mit denen das Werkstück zum Schlitzen an den Fräser herangeführt wird. Die Vorrichtungen funktioniert mit Werkstücken von 30 bis 70 mm Breite, der exzentrische Stoppklotz an den Armen lässt sich verstellen, um Leisten unterschiedlicher Breite aufzunehmen. Der eine Arm wird für rechte Rahmenfriese verwendet, der andere für linke **(A)**. Mit einem weiteren Anschlag an der vorderen Kante der Vorrichtung lassen sich die Schmalkanten von Friesen schlitzen.

Schneiden Sie die Platte der Vorrichtung aus einem Stück 10 mm starkem Sperrholz zu, und bohren Sie ein Loch für den Fräser und mehrere andere, um die Arme, den Anschlag und die Haube mit der Schutzscheibe anzubringen. Die Details sind der Abbildung rechts zu entnehmen. Stellen Sie die beiden Arme aus Vollholz mit gerade verlaufender Faser her. Damit die Arme sich glatt und genau schwenken lassen, sollten die

*(Fortsetzung auf S. 134)*

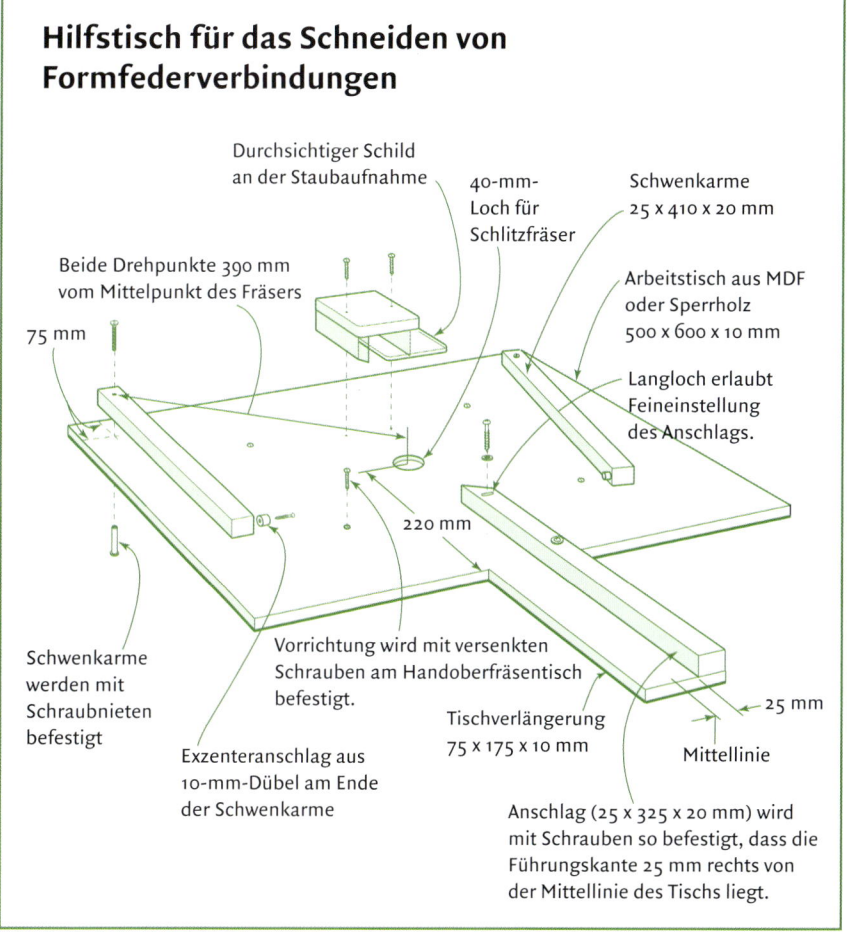

### Hilfstisch für das Schneiden von Formfederverbindungen

# KAPITEL SIEBEN: ARBEITSTISCHE

Arme mit Schraubnieten an der Platte befestigt werden (**B**). Die verstellbaren exzentrischen Stoppklötze werden aus kurzen Stücken Dübelstange hergestellt und mit einer Holzschraube am Ende der Arme befestigt. Die Schraubenlöcher in den Klötzen sitzen nicht mittig, so dass man die Lage der Schlitze an den Enden von Rahmenfriesen durch drehen noch fein justieren kann.

> **Siehe „Exzenteranschläge", S. 195**

Leimen Sie eine schmale Verlängerung aus 10 mm starkem Sperrholz als Träger für den Fries unter den mittleren Anschlag. Der Anschlag wird mit Schrauben an der Unterseite der Vorrichtungsplatte befestigt (**C**), wenn man das innere Schraubenloch als Langloch ausführt, kann auch dieser Anschlag fein justiert werden.

Eine Schutzscheibe aus einem 75 x 75 mm großen Stück Acrylglas schützt die Hände vor den Schneiden des Fräsers. Sie wird an den überhängenden Deckel eines dreiseitigen Sperrholzkastens geschraubt, so dass sie etwa 25 über der Tischoberfläche liegt. Der Kasten dient gleichzeitig als Staubabsaugung.

Die Vorrichtung lässt sich schnell und präzise mit Schrauben an der Platte Ihres Handoberfräsentischs befestigen, die an ihren Ecken eingedreht werden (**D**). Stellen Sie die Höhe des Fräsers so ein, dass der Schlitz etwa in halber Stärke des Materials geschnitten wird. Um sicherzustellen, dass die Lage der Schlitze übereinstimmt, müssen alle Werkstücke mit der Sichtseite nach oben bearbeitet werden.

## ARBEITSTISCHE FÜR ELEKTROWERKZEUGE

## Handoberfräsentisch mit Schnellverschluss

Dieser Handoberfräsentisch nutzt zwei schnell zu betätigende Drehhebel, um die Handoberfräse schnell anbringen und wieder abnehmen zu können. Er lässt sich in der Vorderzange der Hobelbank einspannen und bei Nichtgebrauch forträumen **(A)**.

Die Tischplatte besteht aus einem Stück Hartfaser- oder Siebdruckplatte (300 x 300 x 5 mm). Um diese dünne Platte zu versteifen und die Handoberfräse unter ihr auszurichten, werden an der Unterseite Streifen von 10 mm starkem Sperrholz angeleimt. Die Streifen sollten so dimensioniert werden, dass sie einen Rahmen um die Grundplatte der Handoberfräse bilden und diese so arretiert wird **(B)**. Bohren Sie in der Mitte der Platte eine 25-mm-Öffnung für den Fräser, und sägen Sie an einer Kante der Platte mit der Bandsäge einen Kreisbogen mit einem Radius von 290 mm an **(C)**.

Bringen Sie zwei Einschraubmuttern in zwei der Streifen an, um die Drehhebel zu halten. Die Muttern sollten auf halber Länge der Streifen und etwa 10 mm von deren Innenkante liegen. Schneiden Sie die beiden Hebel aus Sperrholz zu (40 x 75 x 10 mm), und bohren Sie Löcher für die Drehgriffe. Schneiden Sie jeweils eine Kante der Hebel konkav zu, um die Handoberfräse leicht abnehmen zu können **(D)**. Um die Haltekraft zu erhöhen, wird die Unterseite der Hebel mit einem rutschhemmenden Klebestreifen belegt.

Die Tischplatte wird an einer senkrechten Stütze aus 20 mm starkem Sperrholz auf eine Breite von 300 mm und eine Länge von etwa 325 bis 400 mm zugeschnitten. Befestigen Sie den Tisch an der Oberkante der Stütze, und bringen Sie zwei 200-mm-Dreiecksstreben an **(E)**.

Der schwenkbare Anschlag besteht aus einem Stück Vollholz (400 x 50 x 20 mm). Bohren Sie an einem Ende ein versenktes Loch als Aufnahme für die Schraube, die als Drehachse dient, und bringen Sie am anderen Ende eine Stockschraube für den Handgriff an **(F)**. Schneiden Sie an der Unterkante eine halbkreisförmige Aussparung für den Fräser, die mit der entsprechenden Bohrung in der Tischplatte übereinstimmt. Schneiden Sie einen Abstandshalter mit 45 mm Länge, und leimen Sie ihn außen neben die Stockschraube an die Unterseite des Anschlags **(G)**.

## Waagerechter Handoberfräsentisch

Ein Handoberfräsentisch, an dem die Handoberfräse waagerecht und an der Seite statt senkrecht kopfüber darunter angebracht wird, ist überaus nützlich, um Rahmenfüllungen abzuplatten, Verbindungen zu schneiden und andere Fräsarbeiten auszuführen, bei denen man das Werkstück lieber flach auf einen Tisch legen möchte als es senkrecht an einen Anschlag zu stellen. Diese Version hat noch eine Besonderheit: Der Tisch lässt sich neigen, um die Zahl der Profile, Abplattungen und Verbindungen, die man schneiden kann, noch zu erhöhen (A).

Stellen Sie zuerst den Unterbau aus 20 mm starkem MDF oder Spanplatte her. Schneiden Sie für die Vorder- und die beiden Seitenteile drei Stücke mit 300 x 300 mm zu, für die untere Rückwand einen Streifen mit 300 x 75 mm. Schneiden Sie mit der Band- oder Stichsäge in die obere Ecke jeder Seitenwand eine Aussparung mit 75 x 20 mm. Bauen Sie den Unterbau mit Leim und Schrauben zusammen, und befestigen Sie ihn an einer Grundplatte mit den Maßen 300 x 450 mm (B). Stellen Sie sicher, dass der Unterbau rechtwinklig ist und dass die Oberkanten alle bündig abschließen.

Schneiden Sie aus 20 mm starkem Sperrholz das Querstück zu (450 x 75 mm). Bringen Sie für zwei 5-mm-Stockschrauben Bohrungen im Abstand von 20 mm von der Ober- und Seitenkante an. Befestigen Sie die Stockschrauben (C), und bringen Sie das Querstück mit Leim und Schrauben in den Aussparungen der Seitenwände an.

Die Platte für die Handoberfräse misst 225 x 450 mm und wird aus zwei Teilen hergestellt: einem 5 mm starken Vorderteil aus melaminbeschichteter Spanplatte oder Siebdruckplatte, und einer 10 mm starken Rückwand. Verwenden Sie die Grundplatte der Handoberfräse als Schablone, und bohren Sie in das Vorderteil Löcher für die Schrauben, mit denen die Fräse befestigt wird. Schneiden Sie dann mit der Stichsäge in die Rückwand eine Öffnung, die groß genug ist, um die Grundplatte der Handoberfräse aufzunehmen (D). Richten Sie die beiden Teile sorgfältig aneinander aus, und verleimen Sie sie.

Bohren Sie in ein Ende der Platte ein Loch für die Schraube, die als Drehachse dient, und fräsen Sie dann am gegenüberliegenden Ende den Bogenschlitz. Das Drehachsenloch sollte 75 mm vom unteren Ende und 20 mm von der Seitenkante der Platte liegen.

# ARBEITSTISCHE FÜR ELEKTROWERKZEUGE

Der 5 mm breite Bogenschlitz wird mit einem Radius von 410 mm gefräst, der Mittelpunkt ist das Drehachsenloch. Befestigen Sie die Platte mit zwei Drehgriffen **(E)**. Wenn man die Griffe lockert, kann man die Entfernung vom Fräser zur Tischoberfläche verändern.

Reißen Sie zwei Viertelkreise als Seitenteile an, mit denen die Tischplatte gestützt und geschwenkt wird. Sie werden beide aus einer einzigen 10 mm starken Sperrholzplatte geschnitten. Befestigen Sie diese Platte provisorisch an einem Rest Sperrholz, an dem Sie auch Zulagen anbringen, um die Spitze eines Fräszirkels ansetzen zu können **(F)**. Fräsen Sie alle vier Bogenschlitze mit den in der Abbildung rechts zu sehenden Radien, und schneiden Sie dann die Seitenteile aus der Sperrholzplatte.

Als Nächstes wird die schwenkbare Tischplatte aus melaminbeschichteter Spanplatte oder aus MDF geschnitten (350 x 550 x 20 mm) und die hintere Kante unten mit 45° angefast, um Spielraum zum Schwenken zu haben. Schneiden Sie zwei Nuten (10 x 10 mm) in die Unterseite der Tischplatte **(G)**. Der Abstand zwischen ihnen muss genau 340 mm betragen, damit die Innenseiten der geschlitzten Seitenteile genau an den Seitenteilen des Unterbaus anliegen. Falls Sie einen Gehrungsanschlag an dem Tisch verwenden wollen, schneiden Sie jetzt auch die Nut für die entsprechende T-Nutprofilschiene.

Leimen Sie die geschlitzten Seitenteile in ihre Nuten wie in der Abbildung rechts zu sehen. Bringen Sie schließlich vier Einschraubmuttern an den Seiten des Unterbaus an, um die Handgriffe aufzunehmen, mit denen die Tischplatte arretiert wird, wenn sie geneigt ist. Stellen Sie dazu die Einheit aus Tischplatte und geschlitzten Seitenteilen auf den Unterbau, so dass die angefaste Kante an die Platte für die Handoberfräse stößt. Übertragen Sie die Position des oberen Endes der Bogenschlitze auf den Unterbau, und bohren Sie dort die Aufnahmen für die Einschraubmuttern an. Wenn Sie jetzt noch die Handgriffe anbringen, können Sie mit dem Fräsen beginnen **(H)**.

**TIPP:** Um das Verrutschen von Kleinteilen während des Verleimens zu verhindern, kann man kleine Drahtstifte in sie eintreiben, deren Köpfe man dicht über der Oberfläche abkneift. Die vorstehenden Spitzen halten die Teile in Position, während man die Zwingen anzieht.

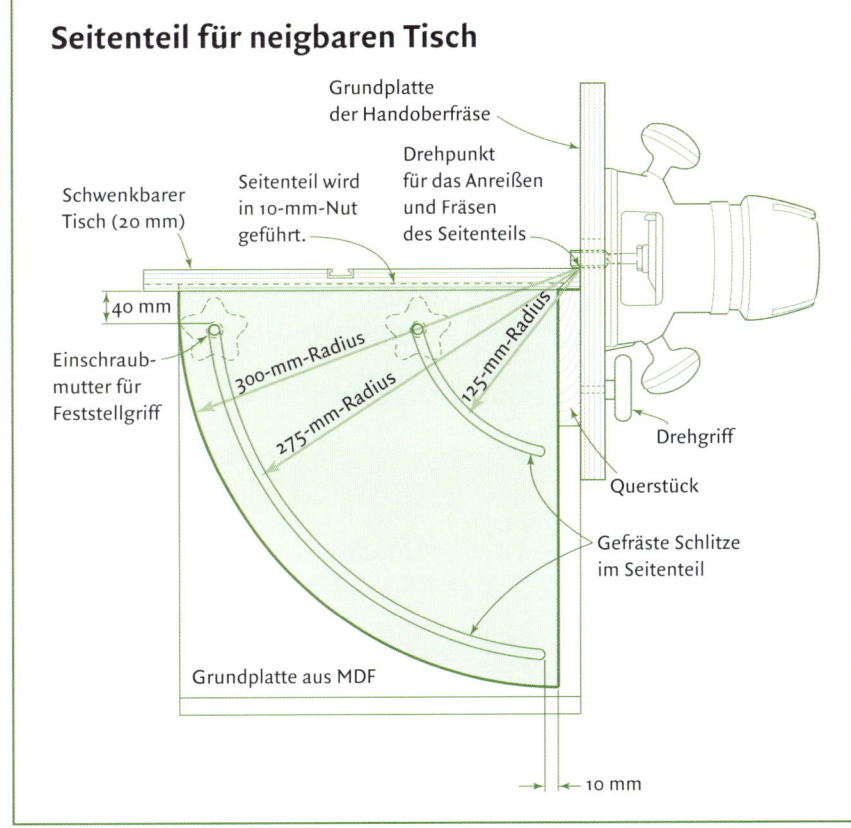

137

### Tisch für die Bandschleifmaschine

Dieser Tischbandschleifer besteht aus einem normalen Bandschleifgerät, das an einem Unterbau hinter einem Arbeitstisch festgespannt wird. Der Tisch ist geneigt, damit das Schleifband gleichmäßiger abgenutzt wird.

Schneiden Sie zuerst aus 20 mm starkem Sperrholz oder MDF eine Grundplatte zu, die etwa 380 mm breit und mindestens 200 länger als Ihre Bandschleifmaschine ist. Falls der Bandschleifer an der Vorderseite einen abnehmbaren Handgriff hat oder Gewindebohrungen aufweist, können Sie ihn damit an Befestigungsklötzen an der Grundplatte befestigen. Am besten sollten die Klötze vor und hinter dem Bandschleifer liegen **(A)**. Falls möglich, sollte man Einschraubmuttern und Drehgriffe mit Schraubteil zur Befestigung verwenden, um den Bandschleifer leicht anbringen und abnehmen zu können. Schneiden Sie zuerst die Befestigungsklötze zu, und bringen Sie sie an der Maschine an, und befestigen Sie sie dann mit Leim und Schrauben an der Grundplatte. Achten Sie darauf, dass die Walzen und Lauffläche des Gerätes im rechten Winkel zum Tisch stehen. Falls notwendig, bringen Sie unter dem Bandschleifer Zulagen an, um ihn zu stabilisieren.

Der geneigte Arbeitstisch sollte etwa 200 mm breit und 50 mm kürzer als die Grundplatte sein. Schneiden Sie zwei Endstücke so zu, dass das untere Ende des Arbeitstisches etwas über der Unterkante des Schleifbandes und das obere Ende etwa 35 mm unterhalb der Oberkante des Schleifbandes liegt. Befestigen Sie die Endstücke mit Leim und Schrauben oder Nägeln am Arbeitstisch **(B)**. Bevor der Tisch an der Grundplatte befestigt wird, drücken Sie seine Kante einmal vorsichtig gegen das laufende Schleifband **(C)**. Dadurch wird sichergestellt, dass später eine kleine Lücke zwischen Tisch und Schleifband verbleibt. Befestigen Sie die Vorrichtung mit Schrauben oder Zwingen an der Werkbank, bevor Sie mit ihr arbeiten **(D)**.

⚠ Beim Schleifen sollte das Werkstück fest auf dem Tisch gehalten werden und scharfe Ecken sollten nicht gegen die Drehrichtung des Schleifbandes zeigen.

KAPITEL ACHT: ÜBERBLICK

# Vorrichtungen für Hand- und Elektrowerkzeuge

Vorrichtungen können nicht nur die Arbeit mit stationären Maschinen erleichtern. Auch Handwerkzeuge und Elektrowerkzeuge lassen sich auf vielfältige Weise durch Vorrichtungen ergänzen und neuen Verwendungszwecken zuführen. Als Beispiel mögen die Anschläge dienen, an denen man die Handoberfräse oder die Handkreissäge entlangführt: Da findet man einfache Ablänganschläge, mit denen man freihändig, schnell und genau rechtwinklige Kapp- oder Gehrungsschnitte bei Bauholz ausführen kann, ebenso wie lange Führungen, die man an große Holzwerkstoffplatten spannt, um sie in handhabbare Teile zu zersägen. Wenn Ihnen keine große Formatkreissäge zur Verfügung steht, dann wird sich die stationäre Ablängvorrichtung als nützlich erweisen, die Sie in diesem Abschnitt finden. Mit ihm wird die Handkreissäge zu einer Art Radialarmsäge verwandelt, die auch breites Material ablängen und auf Gehrung schneiden kann. Zu den anderen Führungen gehören unter anderem eine Führung, mit der man mit der Stichsäge oder Handoberfräse Kreisbögen schneiden kann, und ein Anschlag, um schnell und einfach breite Platten für Formfedern zu schlitzen.

Die Handoberfräse ist eindeutig eine der vielseitigsten Maschinen in der Holzwerkstatt, und es gibt eine fast unendliche Zahl von Führungen und Vorrichtungen, mit denen man sie noch vielseitiger machen kann. Ein Beispiel ist eine Führung, mit der man alles von einfachen Nuten bis hin zu Gratnuten fräsen kann. Unter den anderen findet man einen Parallelogramm-Anschlag, mit dem sich die Nuten für Böden im Seitenteil eines Regals automatisch im gleichen Abstand schneiden lassen, ebenso wie eine Führung, mit der man konkave Platten und Füllungen aushöhlen kann. Auch eine einfallsreiche Vorrichtung zum Fräsen

**Anschläge und Führungen**

> Ablänganschlag (S. 141)
> Anschläge zum Aufteilen von Platten (S. 142)
> Führungsschiene (S. 144)
> Schiebeschlitten für die Handkreissäge (S. 145)
> Fräs- und Sägezirkel (S. 146)
> Lehre für das Schlitzen für Formfedern (S. 148)

**Vorrichtungen für die Handoberfräse**

> Einfache Führung (S. 150)
> Anschlag zum Schneiden in gleichmäßigen Abständen (S. 151)
> Führung für Schlitzarbeiten (S. 152)
> Konvexe Paneele mit der Handoberfräse (S. 154)
> Vorrichtung zum Hirnholzfräsen (S. 156)
> Vorrichtung zum Kannelieren (S. 157)
> Vorrichtung zum Fräsen von Mustern und Schriften (S. 159)

**Handoberfräsenführungen**

> Vierseitige Zusatzgrundplatte (S. 161)
> Selbstzentrierende Grundplatte (S. 162)
> Winkelhalterung für die Kantenfräse (S. 163)
> Vorrichtungen für Fräsarbeiten an der Kante (S. 164)

**Führungen für Handwerkzeuge**

> Stoßladen (S. 165)
> Kleine Ablänglade (S. 166)

## Grundplatten an der Handoberfräse befestigen

Die Handoberfräse mit einer neuen Grundplatte oder mit einer Zusatzvorrichtung auszustatten ist ein Kinderspiel, wenn man die serienmäßige Grundplatte als Schablone benutzt, um die Bohrlöcher für die Befestigungsschrauben zu platzieren. Nehmen Sie die Grundplatte ab, und bringen Sie auf der Seite, die zur Fräse weist, etwas Transferklebeband (siehe S. 173) oder doppelseitiges Klebeband an. Drücken Sie die Grundplatte auf die Unterseite der neuen Vorrichtung oder Grundplatte, und drehen Sie beides zusammen um. Bohren Sie durch die versenkten Löcher in der serienmäßigen Grundplatte in die neue Vorrichtung – mit einem selbstzentrierenden Bohrer in einer elektrischen Handbohrmaschine ist das eine leicht Aufgabe. Falls die neue Vorrichtung oder Grundplatte stärker sein sollte als die serienmäßige, müssen Sie die Bohrlöcher eventuell versenken oder längere Befestigungsschrauben verwenden.

mit Schablone für die Herstellung von Schildern und dekorativen Mustern ist im Angebot, zudem eine Vorrichtung, mit der man an der Drechselbank lange Spindeln drehen kann, und eine Schlitzvorrichtung (siehe Abbildung unten links), mit der man quadratische, auf Gehrung geschnittene und gebogenen Werkstücke bearbeiten kann.

Noch leichter lässt sich die Vielseitigkeit der Handoberfräse erhöhen, indem man die serienmäßige Grundplatte durch eine selbstgefertigte ersetzt. Mit einer solchen Grundplatte kann die Handoberfräse in vier verschiedenen, genau definierten Abständen an einem Anschlag entlang führen, indem man die Maschine einfach um ihre Achse dreht. Eine andere Spezialgrundplatte zentriert den Fräser automatisch mittig in der Stärke des Werkstücks, um Nuten oder Schlitze zu schneiden. Und eine weitere Grundplatte neigt die Handoberfräse im Verhältnis zur Oberfläche des Materials, wobei zwei verschiedene Winkel zur Wahl stehen.

Während das Hauptaugenmerk dieses Abschnitts den Elektrowerkzeugen gilt, sollte man doch nicht die Vorrichtungen außer Acht lassen, mit denen sich die Funktionalität der einfachen Handwerkzeuge erweitern lässt. Sie finden hier also auch Pläne für eine traditionelle Stoßlade, mit der die Enden von Rahmenfriesen und anderen Werkstücken perfekt auf 90° oder 45° bestoßen werden können. Und es gibt eine Ablänglehre, mit der man sicher und präzise kleine Holzstangen und -leisten mit einer feinzahnigen Handsäge genau auf Länge schneiden kann.

Diese vielseitige Vorrichtung zum Schlitzen besteht aus einer oben liegenden Schablone und einem Fräser mit Anlaufring. Man kann mit ihr Schlitze in gerade, gewinkelte oder gekrümmte Kanten und Flächen schneiden.

Eine einfache Holzführung, die man an einem Handhobel festspannt, erleichtert das Abrichten und Anfasen von Kanten.

# ANSCHLÄGE UND FÜHRUNGEN

## Ablänganschlag

Beim Bau von Einrichtungen für die Werkstatt oder Bauvorhaben für Hof und Garten kommt es manchmal nur darauf an, schnell ein Stück Holz abzulängen. Mit diesem Anschlag gelingt das mit der Handkreissäge sowohl im rechten Winkel als auch bei 45°-Gehrungen. Schneiden Sie aus 20 mm starkem Vollholz drei Streifen mit 60 mm Breite und 500 mm Länge. Fräsen Sie in die Unterseite des rechtwinkligen Anschlags in 150 mm Entfernung von einem Ende eine 5 mm tiefe und 60 mm breite Nut. Die Unterseite des anderen Anschlags wird in jeder Richtung im Winkel von 45° in jeder Richtung eingenutet **(A)**.

Schneiden Sie ein Ende des Querstücks beidseitig auf 45° zu einer Spitze. In ein Ende des Gehrungsanschlags und in das spitze Ende des Querstücks wird jeweils ein Loch gebohrt, dann werden die beiden Teil so mit einer Schlossschraube und einem Drehgriff verbunden, dass der Anschlag sich in beide Richtung um 45° schwenken lässt **(B)**. Leimen Sie das andere Ende des Querstücks in die Nut des rechtwinkligen Anschlags. Schneiden Sie mit der Band- oder Stichsäge aus einem Stück Sperrholz (225 x 110 x 20 mm) einen Griff für den Anschlag **(C)**. Der Griff hat in beide Richtungen Handstücke, so dass er linke und rechte Schnitte ermöglicht. Befestigen Sie den Griff mit Schrauben von unten in der Mitte des Querstücks. Um die Vorrichtung zu verwenden, wird das Querstück mit einer Hand fest gegen eine Kante des Werkstücks gezogen, und die Kreissäge wird mit der anderen Hand an dem gewünschten Anschlag entlang geführt **(D)**. Für Gehrungsschnitte wird der Gehrungsanschlag in die gewünschte Richtung gedreht.

**TIPP:** Reiben Sie die Kante einer Führung oder Anlage aus Holz mit etwas Wachs ein, damit Werkzeuge leichter daran entlanggleiten.

# KAPITEL ACHT: VORRICHTUNGEN FÜR HAND- UND ELEKTROWERKZEUGE

## Anschläge zum Aufteilen von Platten

Es ist sinnvoll, große MDF- oder Sperrholzplatten in handhabbare Stücke aufzuteilen, bevor man versucht, sie auf die Tischkreissäge zu hieven, um sie dort weiterzubearbeiten. Dieser Aufteilanschlag für Plattenmaterial ist lang genug, um Platten in der Standardgröße 2440 x 1220 mm aufzuteilen und bietet schnelllösende Zwingen und einen Queranschlag für rechtwinklige Ablängschnitte. Stellen Sie den 60 mm breiten und 1450 mm langen Anschlag aus Vollholz mit geradem Faserverlauf her. Darin wird dann mittig auf ganzer Länge eine Nut (10 mm breit, 4 mm tief) geschnitten **(A)**. Schneiden Sie dann eine Grundplatte aus 5 mm starker Hartfaserplatte in den Maßen 175 x 1450 mm zu, und befestigen Sie sie mit Leim und Nägeln an der genuteten Seite des Anschlags **(B)**. Dann wird die T-Nut fertig gestellt, indem man einen 5 mm breiten Schlitz in die Grundplatte sägt, der mittig über der zuvor geschnittenen Nut liegt **(C)**.

Der verstellbare Stoppklotz wird aus einem 60 x 150 mm großem Stück 20-mm-Sperrholz hergestellt **(D)**. Schneiden Sie über die Breite eine 5 mm breite und 10 mm tiefe Nut, und leimen Sie dann in ein Ende der Nut eine Holzleiste (5 x 20 x 40 mm) ein, die den Stoppklotz in der T-Nut führt. Bohren Sie ein Loch durch den Stoppklotz, das mittig durch den Teil der Nut führt, in dem sich die Leiste nicht befindet, und bringen Sie eine Hammerschraube und einen Drehgriff an. Gegenüber dem Drehgriff wird ein kleiner Schnellspanner befestigt, dann wird der Stoppklotz in die T-Nut geschoben.

Stellen Sie als Nächstes aus 20 mm starkem Sperrholz das 85 mm breite und 600 mm lange Querstück für das andere Ende des Anschlags her. Wenn Sie den Anschlag nur für rechtwinklige Schnitte verwenden möchten, können Sie das Querstück einfach genau rechtwinklig an der Unterseite des Längsanschlages festschrauben. Falls Sie jedoch gelegentlich auch das Querstück abnehmen wollen, um Winkelschnitte ausführen zu können, dann versehen Sie es mit einer Füh-

## ANSCHLÄGE UND FÜHRUNGEN

rungsleiste und einer Hammerschraube, so wie Sie es für den Stoppklotz getan haben. In beiden Fällen befestigen Sie einen weiteren kleinen Schnellspanner mittig über der T-Nut am Querstück **(E)**.

Spannen Sie den Anschlag an der Werkbank fest, und beschneiden Sie die Grundplatte aus Hartfaser, so dass die Kante genau bündig mit den Sägezähnen abschließt **(F)**. So können Sie dann den Anschlag auf dem Werkstück positionieren, indem Sie die Grundplatte an der gewünschten Schnittlinie ausrichten. Um den Anschlag zu verwenden, wird er auf das Werkstück gelegt und das Querstück fest gegen die Kante der Platte gehalten. Schieben Sie den Stoppklotz fest gegen die andere Kante der Platte, ziehen Sie den Drehgriff an, und spannen Sie die Schnellspanner an beiden Enden. Achten Sie darauf, die Grundplatte der Kreissäge fest am Anschlag entlangzufahren, während Sie sägen **(G)**.

Obwohl der Anschlag für eine bestimmte Handkreissäge beschnitten ist, können Sie an der anderen Längsseite dennoch eine Handoberfräse oder Stichsäge einsetzen.

Um das Einrichten zu erleichtern, können Sie aus dünner Hartfaserplatte einen Abstandshalter herstellen **(H)**. Die Breite sollte dem Abstand von der Kante der Grundplatte des Elektrowerkzeugs bis zur näheren Schneidenkante des Sägeblattes oder Fräsers entsprechen.

---

**TIPP:** Um sicherzustellen, dass das Querstück genau rechtwinklig zum Anschlag steht, drehen Sie eine Schraube durch die Grundplatte ins Querstück.

---

KAPITEL ACHT: VORRICHTUNGEN FÜR HAND- UND ELEKTROWERKZEUGE

## Führungsschiene

Dieser Anschlag für die Handkreissäge **(A)** ist eine Alternative zu dem im vorherigen Abschnitt beschriebenen. Er besteht aus einer Schiene, in die eine verschiebbare Grundplatte für die Säge eingelegt wird. Der Anschlag ist zwar etwas aufwändiger herzustellen und anzubringen, aber er verhindert das Abwandern der Säge, wie es bei einem normalen Anschlag leicht vorkommt. Als Schiene wird eine 2000 mm lange Bodenlaufschiene aus Aluminium für Schiebetüren verwendet, deren Profil zwei 10 mm breite Nuten aufweist.

Befestigen Sie zuerst die Schiene mit Schrauben auf einem Einspannstreifen aus 10 mm starkem Sperrholz (60 x 2000 mm) **(B)**. Schneiden Sie dann die Grundplatte aus 5 mm starker Hartfaserplatte. Sie sollte so lang wie die Grundplatte an der Handkreissäge und 20 mm breiter sein. Befestigen Sie mit Nägeln und Leim an einer Längskante der Grundplatte eine Leiste (20 x 24 mm), an der oben eine Halterung für die Führungsleiste aus Hartfaserplatte (40 x 5 mm) angebracht ist **(C)**. Befestigen Sie die Grundplatte mit vier kurzen Flachkopfschrauben in versenkten Bohrlöchern an der Handkreissäge. Stellen Sie die Führungsleiste aus UHMW-Kunststoff (300 x 12 x 10 mm) her **(D)**.

> Siehe „Hochglatte Kunststoffe", S. 20

Hobeln Sie die Leiste vorsichtig so aus, dass sie in die Nut der Profilschiene passt, ohne zu klemmen. Fasen Sie die vorderen Kanten leicht an, damit sie nicht in der Nut hängen bleiben. Legen Sie dann die Grundplatte für die Handkreissäge neben die Schiene, so dass das Sägeblatt genau parallel zur Schiene steht, und schrauben Sie dann die Grundplatte an der Führungsschiene fest **(E)**.

Um die Vorrichtung zu verwenden, wird die Schiene am Werkstück festgespannt, so dass sie auf beiden Seiten mindestens einige Zentimeter über dieses hinausragt. Legen Sie die Führungsleiste in die Nut der Profilschiene, und führen Sie den Schnitt aus.

⚠ Die Grundplatte kann die Funktion des Sägeblattschutzes beeinträchtigen, die Handkreissäge muss also mit erhöhter Vorsicht benutzt werden.

## ANSCHLÄGE UND FÜHRUNGEN

## Schiebeschlitten für die Handkreissäge

Mit dieser Vorrichtung können Sie mit der Handkreissäge Plattenmaterial bis zu einer Stärke von 20 mm und einer Breite von 600 mm ablängen oder auf Gehrung schneiden **(A)**. Sie wird so hergestellt, dass die Grundplatte der Säge in der Breite hineinpasst.

Schneiden Sie zuerst zwei Leisten für die Seiten zu (1200 x 40 x 40 mm). Dann benötigen Sie noch eine Drehplatte (75 x 40 mm), deren Länge genau der Breite der Grundplatte an ihrer Handkreissäge entspricht. Schneiden Sie auch ein Endstück in der gleichen Länge zu, dessen Querschnitt allerdings 40 x 40 mm beträgt. Bringen Sie diese Teile mit Leim und Schrauben oder Nägeln auf einem 1200 mm langen Streifen aus 5 mm starker Hartfaserplatte an **(B)**. Schneiden Sie zusätzlich noch einen Stützklotz (20 x 90 mm) zu, dessen Länge der Breite des Streifens entspricht, und leimen Sie ihn am anderen Ende unter den Streifen.

Spannen Sie die Vorrichtung auf zwei Sägeböcken fest, und sägen Sie mit der Handkreissäge die Grundplatte ein. Bohren Sie durch die Drehplatte ein 8-mm-Loch, das in der Mitte des Klotzes liegt und mit der Sägefuge fluchtet. Sägen Sie aus MDF oder Sperrholz eine Grundplatte (1250 x 1250 x 20) für die Vorrichtung zu, und reißen Sie einen Drehpunkt in 400 mm Entfernung von der linken Kante und 40 mm von der Hinterkante an. Setzen Sie hier einen Fräs- und Sägezirkel an (siehe Fräs- und Sägezirkel, S. 146), und fräsen Sie eine 5 mm tiefe Nut mit einem Radius von 1100 mm über den größten Teil der Platte. Befestigen Sie mit Leim und Nägeln einen 75 mm breiten Anschlag in 150 mm Entfernung parallel vor der Hinterkante der Grundplatte, und einen Höhenklotz (150 x 150 mm) gleicher Stärke mittig über dem Drehpunkt. Bohren Sie am Drehpunkt ein Loch durch den Höhenklotz und die Grundplatte, und befestigen Sie dann die Laufschiene mit einer Schlossschraube **(C)**. Am anderen Ende wird die Schiene im gewünschten Winkel mit einer zweiten Schlossschraube und einem Drehgriff arretiert **(D)**.

**TIPP:** Markieren Sie häufig genutzte Winkel an der Grundplatte, oder bringen Sie Stoppklötze an.

# KAPITEL ACHT: VORRICHTUNGEN FÜR HAND- UND ELEKTROWERKZEUGE

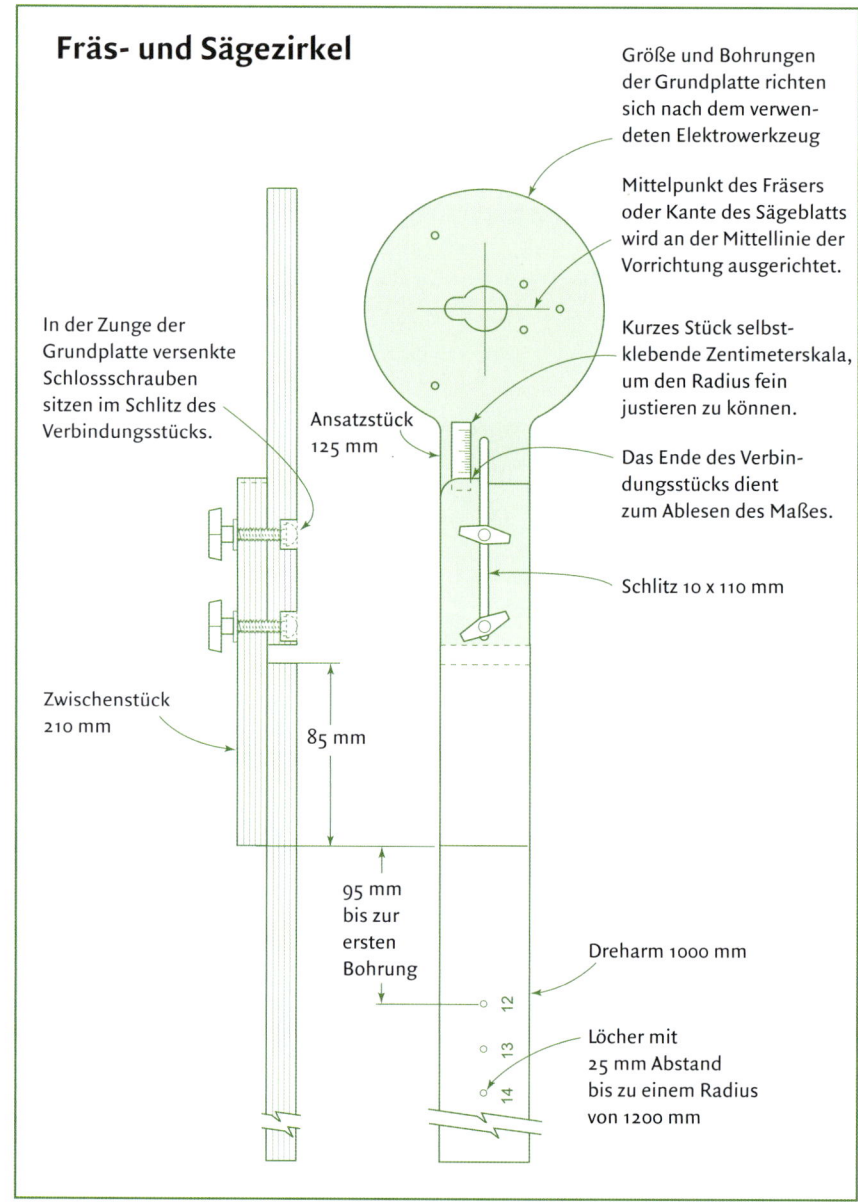

**Fräs- und Sägezirkel**

- Größe und Bohrungen der Grundplatte richten sich nach dem verwendeten Elektrowerkzeug
- Mittelpunkt des Fräsers oder Kante des Sägeblatts wird an der Mittellinie der Vorrichtung ausgerichtet.
- Kurzes Stück selbstklebende Zentimeterskala, um den Radius fein justieren zu können.
- Das Ende des Verbindungsstücks dient zum Ablesen des Maßes.
- Schlitz 10 x 110 mm
- In der Zunge der Grundplatte versenkte Schlossschrauben sitzen im Schlitz des Verbindungsstücks.
- Ansatzstück 125 mm
- Zwischenstück 210 mm
- 85 mm
- 95 mm bis zur ersten Bohrung
- Dreharm 1000 mm
- Löcher mit 25 mm Abstand bis zu einem Radius von 1200 mm

## Fräs- und Sägezirkel

Eine vollkommen kreisrunde Scheibe aus Holz zu schneiden, ist kein sonderlich schwieriges Unterfangen, wenn man zum Sägen oder Fräsen einen guten Stangenzirkel verwendet. Mit dem hier vorgestellten lassen sich Radien bis zu 1250 mm schneiden. Wie in der Abbildung links zu sehen, besteht er aus drei Teilen: Einer Grundplatte mit dem Umriss eines Banjos, auf der das Elektrowerkzeug montiert wird; einem langen Arm mit verschiedenen Drehpunkten, an dem das Werkzeug gedreht wird; und einem Verbindungsstück, das mit einer verstellbaren Verbindung ausgestattet ist, um Feinjustierungen des Radius vornehmen zu können.

Schneiden Sie die Grundplatte aus einem Stück Sperrholz mit den Maßen 150 x 275 x 10 mm zu. Zuerst werden an einem Ende des Sperrholzes zwei parallele Schnitte angelegt, um ein 125 mm langes und 50 mm breites Ansatzstück zu erhalten (**A**). Dann wird mit der Bandsäge das runde Stück der Grundplatte ausgesägt (**B**). Bohren Sie an der Ständerbohrmaschine zwei versenkte Löcher in das Ansatzstück, die als Aufnahme für zwei kurze 5-mm-Schlossschrauben dienen. Bohren Sie auch Löcher für die Befestigung einer elektrischen Stichsäge und ein Loch für deren Sägeblatt. Um einen guten Schnitt zu gewährleisten, sollte die Säge des Blattes an der Mittellinie der Grundplatte ausgerichtet sein (**C**). Falls Sie den Zirkel auch mit der Handoberfräse verwenden wollen, bohren Sie auch für diese die entsprechenden Befestigungslöcher.

Schneiden Sie aus einem 50 mm breiten 10-mm-Sperrholz einen 1100 langen Arm und ein 210 mm langes Verbindungsstück für die Vorrich-

ANSCHLÄGE UND FÜHRUNGEN

tung. Schneiden Sie in das Verbindungsstück mittig einen 5 mm breiten und 110 mm langen Schlitz. Schneiden Sie das Sperrholz auf einer Seite des Schlitzes 5 mm zurück, und färben Sie die Spitze auf der anderen Seite mit schwarzem Markerstift ein (er dient so zum Ablesen der Feineinstellung). Reißen Sie auf dem Arm 37 Drehpunkte an, und bohren Sie an der Ständerbohrmaschine mit einem 3-mm-Bohrer dort Löcher **(D)**. Befestigen Sie das Zwischenstück mit Leim und Nägeln am Arm, so dass es diesen wie in der Zeichnung zu sehen um 90 mm überlappt. Bringen Sie ein kurzes Stück selbstklebende Zentimeterskala an der Spitze des Ansatzstücks der Grundplatte an **(E)**. Dafür können Sie auch ein Reststück von der Skala einer anderen Vorrichtung verwenden, da Sie hier nur wenige Millimeter der Skala für Feineinstellungen benötigen. Schieben Sie dann das geschlitzte Ende des Arms auf die Schlossschrauben an der Grundplatte, und sichern Sie die Verbindung mit zwei Drehgriffen.

Um die Vorrichtung zu verwenden, wählen Sie zuerst den Drehpunkt, der am besten zum gewünschten Radius passt, und messen von ihm bis zum Sägeblatt oder Fräser. Um den Radius genau einzustellen, verschieben Sie das Verbindungsstück entsprechend. Setzen Sie das Sägeblatt oder den Fräser an der Kante des Werkstücks an, und führen Sie dann den Schnitt in einer gleichmäßigen Bewegung aus **(F)**. Am besten ist es, einen Probeschnitt auszuführen und den Radius dann zu überprüfen. Gegebenenfalls können Sie anhand der Zentimeterskala noch Feinjustierungen vornehmen. Mit der Handoberfräse kann man mit der Vorrichtung sehr gut die bogenförmigen Nuten schneiden, die für viele schwenkbare Vorrichtungen nötig sind.

Man kann damit auch die Nuten für geschwungene Einlegearbeiten fräsen, aber auch einfache Dekornuten sind kein Problem **(G)**.

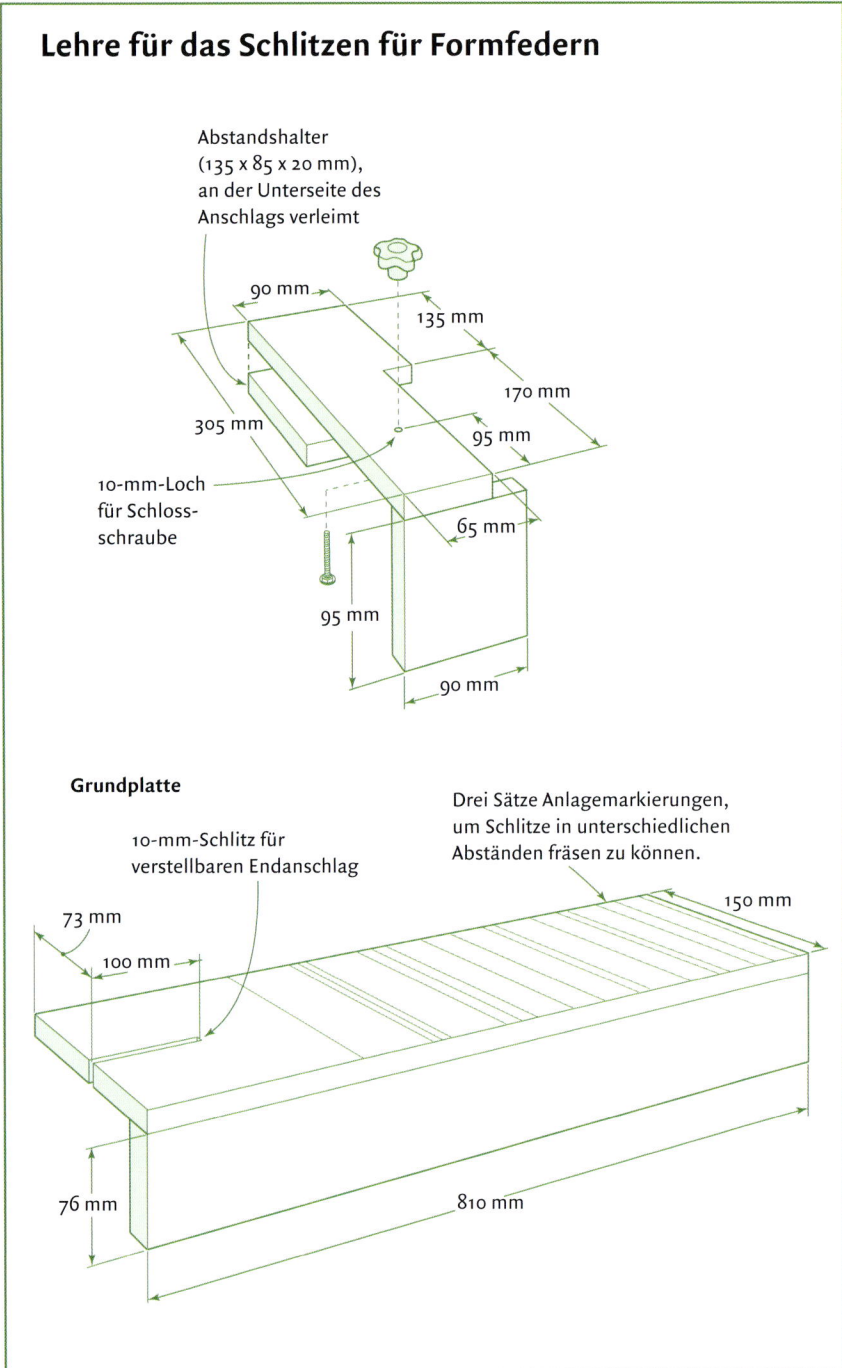

## Lehre für das Schlitzen für Formfedern

Wenn man diese Vorrichtung verwendet, ist das Anreißen der Schlitze für Formfedern an einer Reihe von Möbelteilen nicht mehr so aufwändig. Die Lage und der Abstand der Schlitze werden einmal eingestellt und dann auf die Kanten und Seiten der Teile übertragen, anstatt sie einzeln anzureißen. Ein verschiebbarer Endanschlag erlaubt es Ihnen, den Abstand zwischen der Werkstückkante und dem ersten Schlitz einzustellen.

Bauen Sie den Endanschlag wie in der Zeichnung zu sehen aus 5 mm und 20 mm starken Teilen zusammen. Die eigentliche Lehre besteht aus zwei 810 mm langen 20-mm-Sperrholzstreifen – einer 150 mm breiten Grundplatte und einer 76 mm breiten Sichtplatte. Schneiden Sie mittig in das linke Ende der Grundplatte einen 100 mm langen Schlitz für den verschiebbaren Endanschlag **(A)**. Er wird mit einer Schlossschraube und einem Drehgriff im Schlitz befestigt. Befestigen Sie die Grundplatte mit Leim und Nägeln an der Kante der Sichtplatte. Reißen Sie in 20 mm Entfernung von der Hinterkante der Grundplatte eine Linie über deren gesamte Länge an, und ziehen Sie dann eine schwarze Line in 228 mm Entfernung vom geschlitzten Ende über die Grundplatte. Wenn Sie mit der Fräse für Formfedern den ersten Schlitz an der linken Seite des Werkstücks schneiden, wird die rechte Kante der Fräse an diesem Strich angelegt. Reißen Sie weitere Linien im Abstand von 90 mm über die Länge der Grundplatte an. Um Formfedern in unterschiedlichen Abständen anbringen zu können, ziehen Sie mit anderen Farben zusätzliche Linien in Abständen von 100 mm und 110 mm **(B)**.

ANSCHLÄGE UND FÜHRUNGEN

Um die Kanten von zwei Teilen zu schlitzen – etwa um sie auf Stoß Ende an Ende oder in der Breite miteinander zu verbinden – stellen Sie den Endanschlag so ein, dass der erste und letzte Schlitz im gewünschten Abstand vom Ende des Stücks geschnitten werden **(C)**. Legen Sie das Werkstück auf ein Reststück 20-mm-Sperrholz oder Spanplatte, und spannen Sie dann das Werkstück an der Grundplatte so fest, dass die Kante an der langen schwarzen Linie ausgerichtet ist. Legen Sie die rechte Kante der Schlitzfräsmaschine an der ersten Markierung an, und schneiden Sie den ersten Schlitz. Schneiden Sie die weiteren Schlitze jeweils an den Markierungen einer Farbe **(D)**. Legen Sie immer die rechte Kante der Fräse an der Markierung an, auch wenn die Positionierung nicht übermäßig genau sein muss, da die Schlitze etwas seitliches Spiel ermöglichen. Wiederholen Sie den Vorgang am zu verbindenden Gegenstück. Achten Sie dabei darauf, dass die Fräse an der gleichen Seite des Werkstücks angelegt wird, damit die beiden Werkstücke miteinander fluchten, auch wenn die Schlitze nicht genau in halber Stärke in das Material gefräst worden sind.

Bei Werkstückteilen, die im rechten Winkel verbunden werden sollen – etwa ein Regalbrett mit der Regalseite –, schneiden Sie die Schlitze wie gehabt in die Kante. Dann wird ohne Veränderung der Stellung des Endanschlags die Vorrichtung hochkant gestellt, so dass die Sichtplatte auf dem Material liegt. Positionieren Sie die Vorrichtung so, dass die Endmarkierungen mit den Kanten des Werkstücks fluchten, und spannen Sie sie fest. Schneiden Sie dann anhand der gleichen Markierungen, die Sie für die Schlitze in den Kanten verwendet haben, die Schlitze in die Fläche senkrecht von oben ein **(E)**.

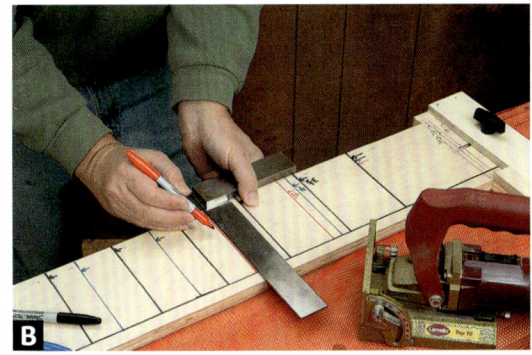

## VORRICHTUNGEN FÜR DIE HANDOBERFRÄSE

### Einfache Führung für die Handoberfräse

Diese einfache Führung für die Handoberfräse ist eine außerordentlich vielseitige Vorrichtung, mit der man Fälze, Nuten und abgesetzte Schlitze in Material bis zu einer Breite von 600 mm schneiden kann. Der verstellbare Anschlag der Führung erlaubt nicht nur die Verwendung unterschiedlicher Handoberfräsen, sondern auch das Schneiden von überbreiten Nuten und von sich verjüngenden Gratnuten.

Stellen Sie die beiden Anschläge der Führung her, indem Sie jeweils einen Streifen Vollholz in den Maßen 50 x 850 x 20 mm mit einem Streifen Hartfaserplatte (100 x 850 x 5 mm) verleimen. Schneiden Sie dann aus Vollholz zwei Querstücke zu (50 x 300 x 25 mm), und sägen Sie jeweils in ein Ende mittig einen 4 mm breiten und 125 mm langen Schlitz **(A)**. Befestigen Sie die nicht geschlitzten Enden der Querstücke mit Leim und Schrauben an beiden Enden eines der Anschläge, achten Sie dabei auf vollkommen rechtwinklige Ausrichtung **(B)**. Bohren Sie 4-mm-Löcher mittig in die Enden des anderen Anschlags, und befestigen Sie ihn mit Schlossschrauben und Drehgriffen durch die Schlitze an den Querstücken **(C)**.

Bereiten Sie die Führung für normale Schnitte vor, indem Sie die Anschläge so weit auseinander bringen, dass die Grundplatte der Handoberfräse sich ohne Spiel leicht dazwischen verschieben lässt. Richten Sie die Vorrichtung rechtwinklig am Werkstück aus, indem Sie eines der Querstücke an die Werkstückkante anlegen. Spannen Sie die Vorrichtung fest, und führen Sie den Schnitt aus **(D)**. Um eine Nut zu fräsen, die breiter ist als der Durchmesser Ihres Fräsers, wird der Anschlag nur nach dem ersten Schnitt entsprechend verschoben, um einen zweiten Schnitt auszuführen. Um eine sich verjüngende Gratnut zu schneiden, wird einer der Anschläge so weit angewinkelt, dass die gewünschte Verjüngung geschnitten wird **(E)**.

## Anschlag zum Schneiden in gleichmäßigen Abständen

Mit dieser Vorrichtung ist es ein Leichtes, in gleichmäßigen Abständen in einen Möbelkorpus Nuten für Regalbretter oder Unterteilungen zu schneiden. Der Anschlag besteht nur aus vier Holzleisten, die zu einem verstellbaren Parallelogramm verbunden werden. Das hier gezeigte Exemplar ist für Nuten ausgelegt, die im Abstand von bis zu 300 mm in Werkstücke bis zu einer Breite von 375 mm geschnitten werden sollen, man kann die Größe jedoch den eigenen Bedürfnissen entsprechend abändern.

Schneiden Sie an der Tischkreissäge zwei Leisten (40 x 500 x 20 mm) aus Vollholz mit geradem Faserverlauf. Schneiden Sie außerdem zwei Verbindungsstücke mit den Maßen 25 x 300 x 10 mm. Bohren Sie an der Ständerbohrmaschine in jedes Ende der vier Teile ein Loch mit 5 mm Durchmesser. Die Löcher sollten mittig auf den Werkstücken liegen, bei den Leisten 75 mm von den Enden, bei den Verbindungsstücken 10 mm. Versenken Sie die Bohrlöcher als Aufnahme für die Köpfe von Schlossschrauben. Bringen Sie an den Enden der Verbindungsstücke an der Unterseite jeweils ein Stück grobes Schleifpapier an, damit sich die Einstellung nicht so leicht verstellt. Schneiden Sie das Schleifpapier an den Bohrlöchern mit einem scharfen Messer ein **(A)**. Verbinden Sie die vier Teile mit vier Schlossschrauben, die Sie durch die Bohrungen stecken und mit Drehgriffen sichern **(B)**. Schneiden Sie schließlich eine Führungsleiste mit den Maßen der gewünschten Nut zu, und schrauben Sie sie an die Unterseite einer der beiden Leisten **(C)**.

Stellen Sie die Vorrichtung auf den gewünschten Abstand zwischen den Nuten ein (berücksichtigen Sie auch die Breite der Handfräsengrundplatte und des Fräsers). Spannen Sie die Vorrichtung auf dem Werkstück fest, und schneiden Sie die erste Nut. Versetzen Sie dann die Vorrichtung so, dass die Führungsleiste in der ersten Nut liegt, und schneiden Sie die zweite Nut **(D)**. Der Vorgang wird für alle folgenden Nuten wiederholt.

KAPITEL ACHT: VORRICHTUNGEN FÜR HAND- UND ELEKTROWERKZEUGE

## Führung für Schlitzarbeiten

Mit der Handoberfräse lassen sich nicht nur normale Schlitze in Längskanten schneiden, sondern auch solche in Hirnholz, aber darüber hinaus auch lose Federn, Überblattungen und sogar Zapfen schneiden. Die hier vorgestellte Vorrichtung wird mit einer Handoberfräse verwendet, die mit einer Kopierhülse ausgestattet ist und an einer Schablone aus Hartfaserplatte entlang geführt wird. Eine Grundplatte trägt die Schablone und legt ihre Position am Werkstück fest. Um verschiedene Verbindungen herzustellen, werden verschiedene Schablonen mit der Vorrichtung verwendet. Das Werkstück wird mit einem verstellbaren Anschlag an der Schablone ausgerichtet, der sich auch neigen lässt, um Verbindungen in Werkstücken mit Winkeln zu schneiden, wie man in der Abbildung unten links auf S. 140 sehen kann. Ein Schnellspanner hält das Werkstück während des Fräsens.

Stellen Sie zuerst einen Schablonenträger aus Sperrholz her (200 x 300 x 10 mm). Schneiden Sie mit der Band- oder Stichsäge ein Aussparung von 100 x 125 mm hinein **(A)**. Schneiden Sie aus dem gleichen Material einen Deckel für die Vorrichtung (100 x 300 mm). Bringen Sie an der Tischkreissäge zwei Schlitze (5 mm breit, 60 mm lang) im Deckel an, Lage und Abstand sollten etwa der Abbildung **(B)** entsprechen. Bohren Sie in 50 mm Entfernung von der nicht ausgeklinkten Kante zwei 5-mm-Löcher in den Schablonenträger, deren Abstände jenen der Schlitze im Deckel entsprechen. Versenken Sie die Löcher als Aufnahme für die Köpfe von zwei Schlossschrauben, mit denen der Schablonenträger am Deckel befestigt wird.

Der Werkstückträger wird aus 10 oder 20 mm starkem Sperrholz auf 200 x 300 mm zugeschnitten. Schneiden Sie auch zwei Dreiecksträger mit 90 mm Höhe als Stützen für den Deckel zu. Spannen Sie in die Ständerbohrmaschine einen Nutfräser mit 5 mm Durchmesser ein (am besten einen mit Spiralschneiden), und stellen Sie die Maschine auf ihre höchste Geschwindigkeit ein. Spannen Sie zwei Führungen im Abstand von 300 mm am Arbeitstisch der Ständerbohrmaschine fest, und fräsen Sie zwei 75 mm lange Schlitze durch den Werkstückträger **(C)**. Der Anfang der Schlitze sollte etwa 50 mm von der linken Kante entfernt liegen, der Abstand von der oberen Kante 25 mm beziehungsweise 150 mm betragen.

Bauen Sie die Teile des Vorrichtungskorpus mit Leim und Nägeln zusammen. Der Deckel muss genau im rechten Winkel zum Werkstückträger stehen **(D)**, was durch die Dreieckstützen sichergestellt werden kann. Wenn der Leim getrocknet ist, wird der Schablonenträger mit kurzen Schlossschrauben und kleinen Drehknöpfen befestigt. Dann wird die Schablone aus Hartfaserplatte (eine Beschreibung des Herstellungsverfahrens findet sich in Abschnitt neun) mit vier oder fünf kurzen Schrauben am Deckel befestigt **(E)**. Schneiden Sie einen Anschlag (275 x 300 mm) für das Werkstück aus 20 mm starkem Material, und schneiden Sie die obere linke Ecke im Winkel von 45° ab. Fräsen Sie mittig zwei 5 mm breite und 25 mm lange Schlitze in den Anschlag, deren Abstand dem der Schlitze im Werkstückträger entspricht. Die abgeschnittene Ecke und die Schlitze erlauben es, den Anschlag bei Bedarf zu neigen. Befestigen Sie den Anschlag mit zwei 5-mm-Schlossschrauben, die durch die Schlitze geführt und mit Drehgriffen gesichert werden **(F)**. Befestigen Sie schließlich einen großen Schnellspanner auf einem Abstandshalter an der rechten Seite des Werkstückträgers.

Spannen Sie das Werkstück ein, und verstellen Sie den Anschlag so, dass es in der gewünschten seitlichen Position unter der Schablone liegt. Verstellen Sie dann den Schablonenträger, bis der gewünschte Schnitt ausgeführt werden kann. Um Ansammlungen von Frässtaub zu vermeiden, ist es am besten, wenn das Werkstück so eingespannt wird, dass das obere Ende etwas unterhalb der Schablone liegt **(G)**. Wenn man einen Anschlag herstellt, der der Form des Werkstücks entspricht, lassen sich mit dieser Vorrichtung auch gebogene oder unregelmäßig geformte Werkstücke bearbeiten **(H)**.

---

**TIPP:** Um einen Schlitz in die Kante oder die Fläche eines Werkstücks zu fräsen, wird die Vorrichtung ohne Anschlag verwendet.

---

## Konvexe Paneele mit der Handoberfräse schneiden

Mit einer entsprechenden Vorrichtung lassen sich mit der Handoberfräse Bretter und Paneele aushöhlen oder mit einer konvexen Oberfläche versehen. Die Vorrichtung besteht aus einer Führung für die Handoberfräse, einem Trägerrahmen und einer Grundplatte, auf der Werkstück und Trägerrahmen angebracht werden.

Stellen Sie den Trägerrahmen aus 20 mm starkem Sperrholz oder MDF her. Die Außenmaße sollten etwa 250 mm breiter und 300 mm länger als das längste zu bearbeitende Werkstück sein (der Rahmen im Beispiel ist 600 x 830 mm). Die Rahmenfriese sollten mindesten 70 mm breit sein, bei sehr starken Krümmungen noch breiter. Bauen Sie den Rahmen auf einer ebenen Fläche zusammen, indem Sie die gestoßenen Eckverbindungen mit Leim und Nägeln oder Schrauben verbinden und durch Leimklötze verstärken **(A)**.

Dann wird die Führung für die Handoberfräse angefertigt. Der Außenrahmen besteht aus Vollholz mit geradem Faserverlauf in den Maßen 40 x 20 mm. Die innere lichte Weite sollte 5 mm mehr betragen als der Durchmesser der Grundplatte an Ihrer Handoberfräse. Schneiden Sie auch zwei Träger aus Laubholz her (10 x 20 mm), die innen an den Längsseiten der Rahmenseiten angebracht werden, um eine Zusatzgrundplatte für die Handoberfräse aufzunehmen. Verleimen Sie die Führung (B). Achten Sie darauf, dass sie fluchtet und rechtwinklig ist.

Stellen Sie die quadratische Zusatzgrundplatte aus 5 mm starker Hartfaserplatte her. Die Maße sollten so gewählt werden, dass sich die Platte leicht in der Führung bewegen lässt, ohne zu klemmen. Bohren Sie versenkte Befestigungslöcher für Ihre Handoberfräse, die so liegen sollten, dass die Fräse nicht an der Führung anstößt **(C)**.

Schneiden Sie zwei Sätze von gebogenen Führungsleisten zu, in denen der Führungsrahmen entlangläuft. Der obere Teil jedes Satzes wird an den Enden des Führungsrahmens befestigt, während die untere Hälfte – mit den komplementären Krümmungen – am Trägerrahmen angebracht wird **(D)**. Der Radius der Krümmungen entspricht der Form des fertigen Werkstücks. Bei Aushöhlungen muss die untere Hälfte der Führung konkav sein (wie hier zu sehen). Für konvexe Paneele muss die untere Führung auch konvex sein.

Schneiden Sie die Führungen mit der Vorrichtung zum Schneiden von Kreisbögen mit der Stichsäge zu, die auf S. 118 beschrieben ist. Die unteren Führungen sollten mindestens 150 mm breiter sein als das Werkstück.

Befestigen Sie den Trägerrahmen und das Werkstück auf einer Grundplatte aus Sperrholz. Ebene Werkstücke werden mit Schrauben direkt an der Grundplatte befestigt, wobei die Schrauben an den Enden oder Kanten eingedreht werden sollten, damit sie nicht mit dem Fräser in Kontakt geraten (vorsichtshalber sollte man dennoch Messingschrauben verwenden). Bei gebogenen Werkstücken werden Träger aus Holz an der Grundplatte befestigt **(E)**, und das Werkstück wird durch versenkte Bohrlöcher befestigt **(F)**.

Legen Sie die Führung für die Handoberfräse auf die gekrümmten Führungsleisten im Trägerrahmen. Spannen Sie für eine konkave Form einen großen Hohlkehlfräser in die Handoberfräse ein, für eine konvexe Form einen großen Nutfräser. Richten Sie die Führung an einer Kante des Werkstücks aus, und stellen Sie die Schnitttiefe auf nicht mehr als 1 mm ein. Schieben Sie die Handoberfräse in der Führung entlang, um einen Schnitt auszuführen, und verschieben Sie dann die Führung für den zweiten Schnitt **(G)**. Wenn man die Zusatzgrundplatte einwachst, gleitet die Handoberfräse besser. Wiederholen Sie den Vorgang über die gesamte Breite des Werkstücks, und erhöhen Sie dann die Schnitttiefe für einen zweiten Durchgang. Wiederholen Sie so oft wie nötig. Wenn die Form herausgearbeitet worden ist, können stehen gebliebene Grate **(H)** per Hand oder mit dem Exzenterschleifer entfernt werden.

⚠ Wenn Sie einen Fräser verwenden, dessen Durchmesser größer ist als die Öffnung in der Grundplatte, müssen Sie einen entsprechenden Höhenanschlag verwenden, um nicht in die Grundplatte zu fräsen.

## Vorrichtung zum Hirnholz fräsen

Verbindungen, Nuten oder Dekorelement in das Hirnholz eines Brettes oder Rahmenfrieses zu fräsen, ist ohne eine entsprechende Vorrichtung, mit der die Handoberfräse ausgerichtet und gestützt wird, so gut wie unmöglich. Eine Vorrichtung, mit der Material bis zu einer Breite von 325 mm bearbeitet werden kann, wird aus vier Streifen Sperrholz hergestellt (125 x 400 x 20 mm). Stellen Sie sicher, dass die langen Kanten absolut rechtwinklig sind. Legen Sie zwei der Streifen genau übereinander, und heften Sie sie mit kleinen Drahtstiften in den Ecken provisorisch aneinander. Bohren Sie an der Ständerbohrmaschine zweimal je drei Löcher mit 4 mm Durchmesser mittig durch die Streifen **(A)**. Die Löcher sollten 25, 40 und 100 mm vom jeweiligen Ende des Streifens entfernt sein. Nehmen Sie die Streifen wieder auseinander, und entfernen Sie die Drahtstifte. Leimen Sie dann die Streifen mit den Bohrungen jeweils an die Kante eines anderen Streifens. Stellen Sie sicher, dass die Streifen genau senkrecht aufeinander stehen **(B)**.

Um die Vorrichtung zu verwenden, werden die beiden Hälften mit langen Schrauben, Muttern und Unterlegscheiben miteinander verbunden, wobei die Löcher gewählt werden sollten, die möglichst nahe an den Kanten des Werkstücks liegen. Stellen Sie die Vorrichtung kopfüber auf eine ebene Werkbank oder den Arbeitstisch, und bringen Sie das Werkstück senkrecht an, so dass dessen Ende auf der Bank ruht, während Sie die Flügelschrauben anziehen **(C)**. Spannen Sie das Werkstück in die Bankzange ein, und Sie können mit dem Fräsen beginnen, indem Sie den Parallelanschlag der Handoberfräse an einer Kante der Vorrichtung entlangführen **(D)**.

## Vorrichtung zum Kannelieren

Mit dieser Vorrichtung kann man an einer gedrechselten Spindel, etwa einem Stuhl- oder Tischbein, mit der Handoberfräse eine Kannelierung fräsen. Die Vorrichtung besteht aus zwei U-förmigen Bauteilen, die wie in der Abbildung rechts zu sehen miteinander verschraubt werden. Das Oberteil besteht aus einer Grundplatte für die Handoberfräse und zwei senkrechten Stützen. Dieses Teil trägt die Handoberfräse über das Werkstück, es wird am unteren Bauteil festgeschraubt, das auf dem Bett der Drehbank entlanggeschoben wird, wobei ein Führungsklotz zwischen den beiden Flacheisen geführt wird, die man an den meisten Drechselbänken findet.

Schneiden Sie zuerst eine quadratische Grundplatte für die Handoberfräse aus 5-mm-Siebdruckplatte aus, die so lang und breit wie die serienmäßige Grundplatte ist (dieses Maß soll im Folgenden X genannt werden). Bohren Sie die notwendigen Befestigungslöcher, und bringen Sie die Grundplatte an der Handoberfräse an. Stellen Sie dann das untere Bauteil aus drei Stücken Sperrholz mit einer Stärke von 20 mm her. Die Seitenteile sollten 75 mm breit sein, die Länge beträgt X. Der Boden ist X mal X. In der Breite werden jedoch von X noch 40 mm abgezogen. Verbinden Sie die Teile mit Leim und Nägeln, so dass die Seiten auf dem Boden stehen **(A)**.

Schneiden Sie zwei Seiten für das obere Bauteil aus 20 mm starkem Sperrholz. Die Breite sollte X betragen, die Länge etwa 25-50 mm mehr als die Entfernung vom Bett der Drehbank bis zur Drehachse. Sägen Sie in jede Seite ein ‚Fenster', um die Arbeit beim Drechseln überprüfen zu können **(B)**. Spannen Sie diese Seiten an den Seiten des unteren Bauteils fest, und befestigen

*(Fortsetzung auf S. 158)*

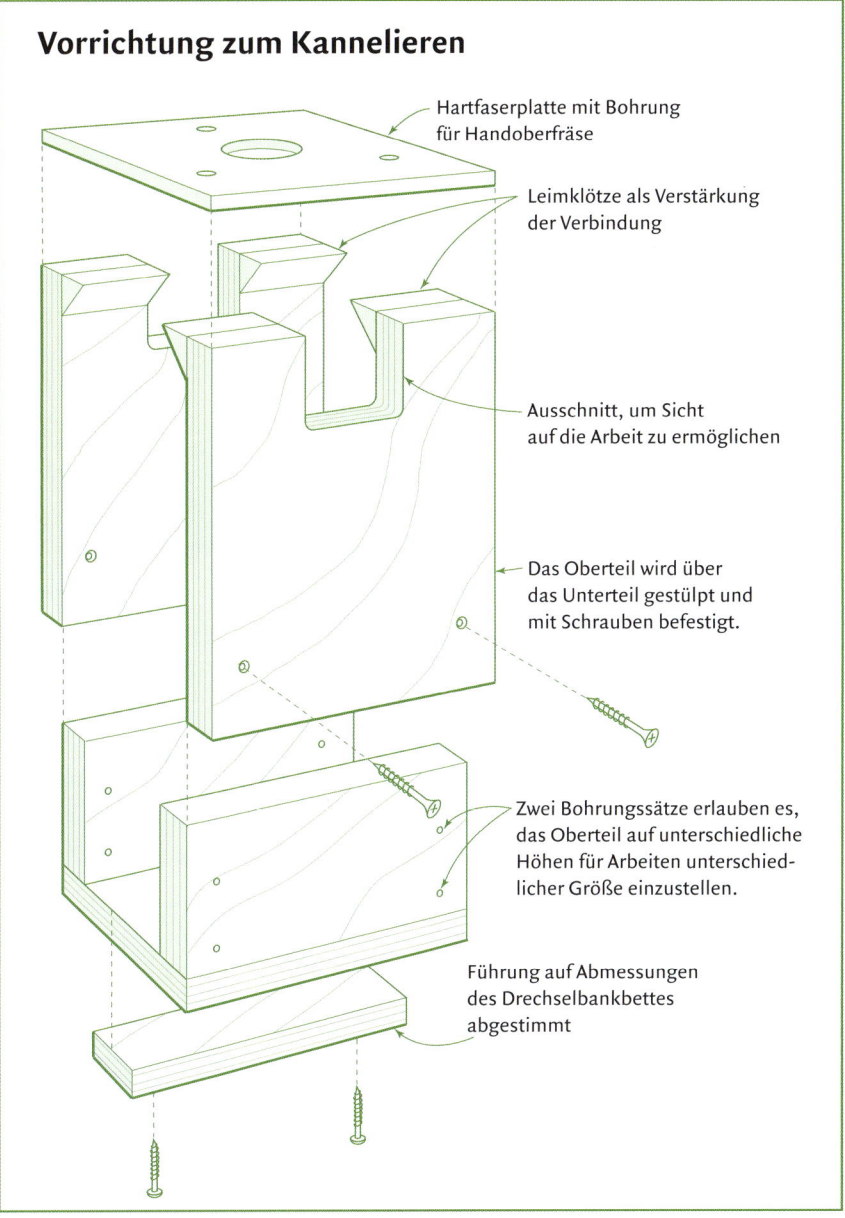

### Vorrichtung zum Kannelieren

- Hartfaserplatte mit Bohrung für Handoberfräse
- Leimklötze als Verstärkung der Verbindung
- Ausschnitt, um Sicht auf die Arbeit zu ermöglichen
- Das Oberteil wird über das Unterteil gestülpt und mit Schrauben befestigt.
- Zwei Bohrungssätze erlauben es, das Oberteil auf unterschiedliche Höhen für Arbeiten unterschiedlicher Größe einzustellen.
- Führung auf Abmessungen des Drechselbankbettes abgestimmt

KAPITEL ACHT: VORRICHTUNGEN FÜR HAND- UND ELEKTROWERKZEUGE

Sie die Grundplatte für die Fräse mit Leim und Schrauben darauf **(C)**. Verstärken Sie die Verbindung mit vier kurzen Leimklötzen. Lassen Sie die Teile zusammengespannt, und bohren Sie am unteren Ende der Seitenteile jeweils zwei Löcher bis in das Unterteil. Entfernen Sie dann die Zwingen, heben Sie das Oberteil mit zwei 40 mm starken Reststücken an, und bohren Sie einen zweiten Satz Löcher durch die Seiten **(D)**. Die Löcher erlauben es Ihnen, die Handoberfräse je nach Durchmesser des Werkstücks höher oder tiefer einzustellen.

Sägen Sie aus 25 mm starkem Laubholz den Führungsklotz zu, dessen Breite so gewählt werden sollte, dass er ohne Klemmen zwischen die Eisen des Drehbankbettes passt. Schrauben Sie den Klotz an der Unterseite des Unterteils fest. Dabei muss die Mittelachse der Spannzange an der Handoberfräse an der Drehachse der Drechselbank ausgerichtet werden **(E)**. Bevor Sie mit dem Fräsen beginnen, müssen Sie das Werkstück in der Drehbank arretieren, entweder mit der maschineneigenen Arretierung oder mit einer selbst gefertigten Teilscheibe.

Spannen Sie einen Hohlkehlfräser in die Handoberfräse, tauchen Sie den Fräser in das Werkstück ein, und schieben Sie die Vorrichtung im Maschinenbett der Drehbank entlang **(F)**. Wenn sich das gedrechselte Werkstück verjüngt, werden zwei Zulagen am Maschinenbett festgespannt, deren Winkel der Verjüngung entspricht **(G)**.

**TIPP:** Schlitze, die nicht mittig liegen sollen, kann man fräsen, indem man Zulagen an einem der Anschläge verwendet.

## Vorrichtung zum Fräsen von Mustern und Schriften

Stellen Sie sich vor, Sie fräsen aufwändige Muster für Schilder oder Schmuckelemente für ein Möbelstück, indem Sie dem Leuchtpfad eines Lichtmoduls folgen. Mit dieser Vorrichtung wird das Werkstück unter einer durchsichtigen Platte gefräst, während Sie den Umrissen des Musters mit einem Lichtpunkt folgen, der von einer Taschenlampe stammt **(A)**.

Schneiden Sie die Zargen und Beine für den Tisch aus 40 mm breiten und 10 mm starken Sperrholzstreifen zu. Die Tischgröße können Sie nach Ihren eigenen Wünschen bestimmen. Fügen Sie die Zargen auf Stoß mit Leim und Nägeln so zusammen, dass sie um die Tischplatte aus durchsichtigem, 3 mm starkem Acrylglas passen. Heften Sie an den Innenseiten schmale Auflageleisten an, die die Kunststoffplatte tragen **(B)**. Schneiden Sie Sperrholzstreifen für die Tischbeine zu, die etwa 50 mm länger sein sollten als Ihre Handoberfräse hoch ist. Jedes Tischbein wird aus zwei Streifen in L-Form zusammengesetzt **(C)**. Spannen Sie die Beine mit kleinen Zwingen an der Zarge, damit Sie die Tischhöhe der Stärke des Werkstücks anpassen können.

Schneiden Sie einen MDF-Klotz als Halterung für den Lichtzeiger zu, und bohren Sie ein Sackloch bis zur halben Materialstärke, das den Durchmesser des Kopfes einer kleinen LED-Taschenlampe hat. Es mag zwar verlockend sein, aber verwenden Sie NICHT einen Laserpointer, weil dies das Risiko von Augenschäden birgt. Spannen Sie den Halterungsklotz nicht aus, und bohren Sie ein Loch mit 1,5 mm Durchmesser vom Sackloch bis zur anderen Seite, so dass das Licht der Taschenlampe in einem dünnen Strahl aus dem Holz tritt **(D)**. Befestigen Sie die Taschenlampe mit einer Kabelklemme oder mit Heißleim

*(Fortsetzung auf S. 160)*

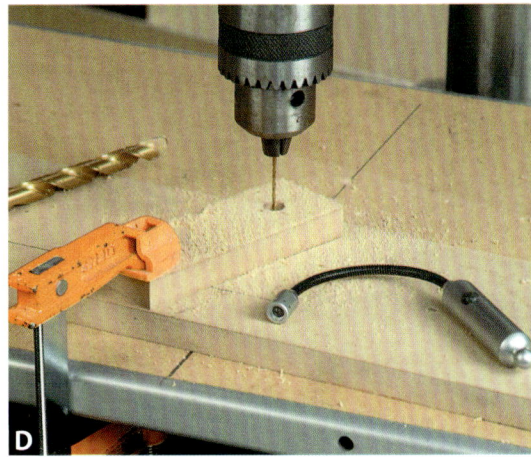

in dem Loch. Stellen Sie als Stütze für die Halterung eine Leiste her, die etwas höher ist als Ihre Handoberfräse, und befestigen Sie sie an einem unbeweglichen Teil des Fräskorbes **(E)**.

Jetzt muss der Lichtzeiger an der Mittelachse des Fräsers ausgerichtet werden. Dazu spannen Sie ein Reststück Sperrholz am Arbeitstisch der Ständerbohrmaschine fest, und senken die Maschine so weit ab, dass zwischen Bohrfutter und Handoberfräse noch einige Zentimeter Raum bleiben. Bohren Sie mit einem langen 5-mm-Bohrer ein ‚Führungsloch' in das Sperrholz **(F)**. Spannen Sie einen 1,5-mm-Bohrer in das Bohrfutter der Ständerbohrmaschine und einen 5 mm Nutfräser in die Spannzange der Handoberfräse ein. Senken Sie den Fräser so weit ab, dass er in dem ‚Führungsloch' sitzt. Richten Sie den Bohrer an dem kleinen Lichtaustrittsloch des Halterungsklotzes aus, und senken Sie den Bohrer ab, bis er in dem Loch sitzt. Wenn so alle Teile aneinander ausgerichtet sind, befestigen Sie mit einigen Tropfen dünnflüssigem Cyanacrylatkleber den Halterungsklotz an der Leiste **(G)**. Spannen Sie die Vorrichtung und das Werkstück an der Werkbank fest, und justieren Sie die Höhe des Tisches so, dass sich der Halterungsblock 1,5 mm unterhalb der durchsichtigen Tischplatte befindet. Befestigen Sie Ihre Musterzeichnung mit Klebeband auf der Oberseite der Tischplatte, und beginnen Sie mit den Fräsarbeiten **(H)**.

# HANDOBERFRÄSENFÜHRUNGEN

## Vierseitige Zusatzgrundplatte

Jede Kante dieser Grundplatte für die Handoberfräse ist unterschiedlich weit vom Fräser entfernt. Wenn man also mit einer Anlageschiene fräst, kann man die Entfernung von der Schiene bis zur Fräsung durch die Wahl der entsprechenden Kante bestimmen **(A)**. Die Grundplatte ist praktisch, wenn es darum geht, schnell einige Schlitze oder Nuten in festgelegten Abschnitten zu fräsen. Oder man macht die Entfernungen der vier Kanten nur geringfügig unterschiedlich, um mit wiederholten Fräsgängen auch breitere Nuten oder Schlitze zu fräsen, ohne den Anschlag versetzen zu müssen.

Um die Grundplatte herzustellen, müssen Sie zuerst für jede Kante die gewünschte Entfernung bis zum Fräser berechnen. Dabei müssen Sie den Radius des Fräsers einberechnen. Wenn Sie zum Beispiel in 100 mm Entfernung von der Kante eines Werkstücks eine 10 mm breite Nut mit einem Fräser schneiden möchten, der einen Durchmesser von 10 mm hat, dann muss die Entfernung vom Mittelpunkt der Grundplatte bis zur Kante 100 mm plus 5 mm Radius des Fräsers betragen, also 105 mm.

Reißen Sie alle Entfernungen auf einem 5 mm starken Stück Hartfaserplatte an **(B)**. Durch die Wahl der Entfernung von zwei benachbarten Kanten zum Mittelpunkt wird der Mittelpunkt der Grundplatte bestimmt. Wenn man dann die Entfernung zu den beiden anderen Kanten anreißt, legt man auch die Endgröße der Grundplatte fest. Schneiden Sie die Platte an der Tischkreissäge aus **(C)**, überprüfen Sie das Ergebnis mit dem Lineal, und schneiden Sie gegebenenfalls nach. Nehmen Sie die serienmäßige Grundplatte von Ihrer Handoberfräse ab, und verwenden Sie sie als Schablone, um die Befestigungslöcher in die Hartfaserplatte zu bohren. Achten Sie darauf, die beiden Grundplatten genau übereinander zu zentrieren.

> Siehe „Grundplatten an der Handoberfräse befestigen", S. 140

Wenn Sie eine Führungsleiste anbringen, deren Breite dem Durchmesser des Fräsers entspricht, können Sie mit der Grundplatte auch Nuten in gleichbleibenden Abständen schneiden **(D)**.

## Selbstzentrierende Grundplatte für die Handoberfräse

Mit dieser Grundplatte für die Handoberfräse werden Schlitze automatisch mittig in Rahmenfriese geschnitten. Die beiden Anschläge erlauben es, bis ganz an das Ende eines Werkstücks zu fräsen **(A)**. Die Grundplatte wird aus einem Stück Hartfaserplatte geschnitten (170 x 230 x 10 mm). Reißen Sie den Mittelpunkt an, und ziehen Sie dann durch ihn eine Linie über die Breite des Stücks. Markieren Sie auf beiden Seiten des Mittelpunkts in 30 mm Entfernung auf der Mittellinie Punkte. Ziehen Sie mit dem Zirkel um einen der Punkte einen Kreisbogen mit einem Radius von 115 mm von Längskante zu Längskante. Wiederholen Sie den Vorgang mit dem anderen Punkt als Mittelpunkt. Bohren Sie an den beiden Punkten jeweils ein versenktes 5-mm-Loch, um die Anschläge zu befestigen, und bohren Sie dann mittig ein größeres Loch für den Fräser. Bringen Sie die Grundplatte an der Handoberfräse an wie auf S. 140 zu sehen, und sägen Sie dann mit der Bandsäge die angerissenen Kreisbögen aus **(B)**.

Stellen Sie aus Vollholz zwei Anschläge mit den Maßen 30 x 300 x 20 mm her, und bohren Sie mittig durch die 20 mm breite Seite ein 5-mm-Loch. Bringen Sie in 21 mm Entfernung von einem Ende jeweils eine 5-mm-Stockschraube an, die Sie mit Unterlegscheiben und kleinen Drehgriffen versehen. Leimen Sie neben den Stockschrauben an jedem Anschlag eine kleine Zulage aus Hartfaserplatte an, und befestigen Sie die Anschläge mit 50 mm langen M5-Flachkopfschrauben an der Grundplatte **(C)**.

Die Vorrichtung wird eingestellt, indem man sie über dem Werkstück platziert und die Anschläge dreht, bis sie ganzflächig am Werkstück anliegen **(D)**, und dann die Drehgriffe anzieht.

**TIPP:** Schlitze, die nicht mittig liegen sollen, kann man fräsen, indem man Zulagen an einem der Anschläge verwendet.

## Winkelhalterung für die Kantenfräse

Falls Sie eine Kantenfräse mit rundem Gehäuse besitzen, bei der sich der Fräskorb abnehmen lässt ((scheint es in Dtld. nicht zu geben, aber egal)), dann können Sie mit dieser eleganten kleinen Vorrichtung das Gerät zum Fräsen im Winkel von entweder 30° oder 45° zum Werkstück neigen.

Der Korpus der Vorrichtung wird aus einem Würfel gesägt, der aus mehreren Lagen 20 mm starkem, hochwertigen Sperrholz (Birken- oder Ahornsperrholz) besteht. Der Würfel sollte 25 bis 45 mm größer als der Durchmesser des Fräsengehäuses sein. Nachdem Sie den Würfel verleimt haben, reißen Sie auf einer Seite einen Kreis an, dessen Durchmesser etwa 1 mm größer ist als der des Maschinengehäuses. Schneiden Sie dann den Verschnitt als Zylinder mit der Kreissäge aus dem Würfel, wobei Sie den Schnitt in der Mitte einer der Seiten ansetzen **(A)**.

Überprüfen Sie die Passung des Gehäuses, und schleifen Sie bei Bedarf die Innenseite des Würfels nach. Schneiden Sie an der Tischkreissäge eines der offenen Enden im Winkel von 45° ab, und das andere im Winkel von 30° **(B)**. Schneiden Sie auch zwei Anschläge aus Vollholz mit angefasten Kanten, die den Schnittwinkeln an dem Würfel entsprechen. Leimen Sie diese Anschläge an die Würfelseiten, die dem entsprechenden Winkel gegenüber liegen **(C)**. Sichern Sie die Anschläge mit Klebeband, während der Leim trocknet, und treiben Sie dann einige Drahtstifte hinein, um die Verbindung zu verstärken. Bohren Sie knapp oberhalb der Anschläge jeweils ein Loch zwei Drittel durch das Holz, und bringen Sie eine Schraube an, mit der die Fräse in der Vorrichtung gehalten wird. Wenn man die Fräse von der einen Seite in die Vorrichtung steckt, wird in einem Winkel von 45° gefräst, von der anderen Seite fräst man dann in einem Winkel von 30° **(D)**.

## Vorrichtung für Fräsarbeiten in der Kante

Wenn man eine Kantenfräse waagerecht in einer entsprechenden Vorrichtung anbringt, kann man mit einem Nutfräser Fälze und Nuten in die Kante fräsen. Der wie bei einem Hobel geformte Griff an dieser Vorrichtung wird aus zwei Lagen Sperrholz (175 x 250 x 20 mm) verleimt und macht das Werkzeug gut handhabbar **(A)**.

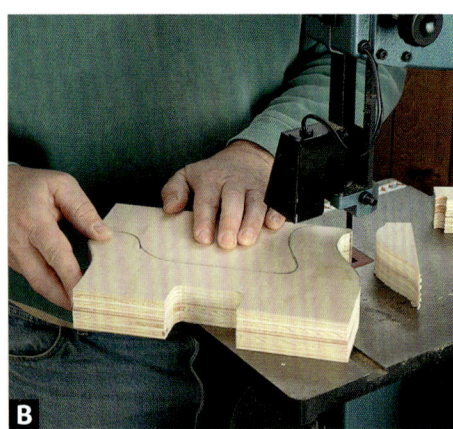

Schneiden Sie die Form des Handgriffs mit der Band- oder Stichsäge aus. Bringen Sie unten eine Aussparung für den Spanauswurf an **(B)**. Befestigen Sie den Griff mit Leim und Schrauben an einer Grundplatte aus Sperrholz (100 x 300 x 20 mm). Bringen Sie in der Grundplatte eine Aussparung für den Fräser an, und fräsen Sie an die untere Kante einen Falz, um Kanten bündig fräsen zu können **(C)**. Die Befestigungsplatte für die Handoberfräse (100 x 200 x 5 mm) wird aus Siebdruckplatte hergestellt und mit Bohrungen versehen, um die Kantenfräse befestigen zu können. Die Platte wird mit einem Schlitz und Loch am Drehpunkt an der Vorrichtung befestigt, so kann die Schnitttiefe des Fräsers verändert werden. Nachdem Sie ein Loch als Aufnahme für die Drehachsenschraube in die obere rechte Ecke der Platte gebohrt haben, fräsen Sie den gebogenen Schlitz an der Ständerbohrmaschine. Schrauben Sie dazu die Platte durch die Drehachsenbohrung auf einem Stück Restholz fest, und schneiden Sie mit einem 5-mm-Spiralnutfräser den Schlitz, indem Sie die Platte um die Schraube drehen **(D)**. Mit Zwingen befestigte Stoppklötze beschränken die Drehbewegung auf 60 mm.

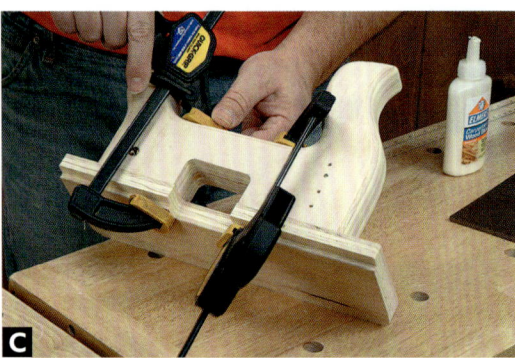
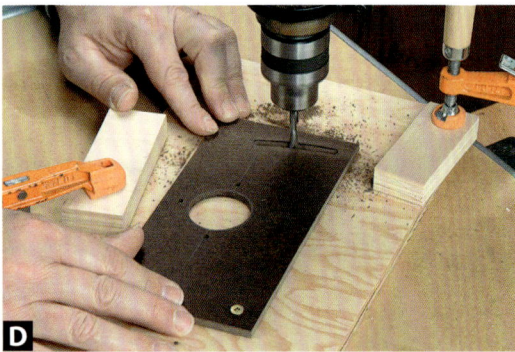

Bohren Sie in die Seite des Handgriffs eine Serie von Löchern für die Drehachsenschraube der Platte, und bringen Sie eine Einschraubmutter an, in die der Drehgriff zur Arretierung eingesetzt wird **(E)**. Nachdem Sie die Kantenfräse an der Platte befestigt haben, wird diese am Handgriff festgeschraubt. Die angemessene Höhe für die anstehende Arbeit wird durch die Wahl eines entsprechenden Drehachsenloches bestimmt. Mit dem Drehgriff wird die Platte in der gewünschten Position arretiert.

## FÜHRUNGEN FÜR HANDWERKZEUGE

### Stoßladen

Eine Stoßlade ist eine Vorrichtung, an der ein Handhobel geführt wird, wenn man an Rahmenfriesen oder anderen Bauteilen Hirnholz oder Gehrungen bestößt. Die beiden kräftigen Anschläge halten das Material genau im 45°- oder 90°-Winkel, während man den Handhobel auf der Seite liegend an einer geraden Anlage entlang führt.

Schneiden Sie zuerst eine Grundplatte (250 x 600 x 20 mm) und eine gerade Anlage (125 x 600 x 10 mm) aus MDF oder Sperrholz. Befestigen Sie die Anlage mit Leim und Nägeln an der Grundplatte. Schneiden Sie die 45°- und 90°-Anschläge aus gut getrocknetem Vollholz mit mindestens 40 mm Stärke. Verwenden Sie für diesen Zweck nicht Bau- und Konstruktionsholz, da dieses beim Trocknen reißen und sich verziehen kann. Schneiden Sie für den Gehrungsanschlag ein Dreieck mit den Winkeln 45°, 45° und 90° und einer Höhe von 125 mm **(A)**, und für den rechtwinkligen Anschlag einen Anschlag mit den Maßen 50 x 125 mm. Achten Sie darauf, dass die Anlegekanten der Anschläge absolut gerade sind und rechtwinklig zu den Seiten stehen. Bringen Sie die beiden Anschläge mit großen Holzschrauben in versenkten Löchern an der geraden Anlage an **(B)**. Am besten werden die Anschläge festgeschraubt, die Position wird mit Tischlerwinkel und Schmiege überprüft, die Anschläge werden wieder gelöst und dann mit Leim und Schrauben endgültig befestigt. Bringen Sie an der Anlagefläche der beiden Anschläge selbstklebendes Schleifpapier an **(C)**, damit die Werkstücke nicht verrutschen.

Um die Stoßlade zu verwenden, wird das Werkstück fest gegen den entsprechenden Anschlag gehalten, so dass es nur wenig über die gerade Anlage hinausragt. Bestoßen Sie dann das Werkstück mit einem Hobel, dessen Messer sehr scharf und für geringe Spanabnahme eingestellt ist und genau im rechten Winkel zum Hobelkorpus steht **(D)**.

**TIPP:** Um präzise mit der Stoßlade arbeiten zu können, müssen auch die Sohle und die Seitenwände des Hobels genau im rechten Winkel zueinander stehen.

## Kleine Ablänglade

Kleine Profilleisten, schlichte Leisten oder Dübelstangen genau auf Maß abzulängen, kann schwierig sein, auch wenn man es in Handarbeit in einer normalen Gehrungslade tut. Mit dieser Vorrichtung kann man kleine Werkstücke sicher und genau ablängen, wobei die Schnittkanten sauber und genau rechtwinklig werden. Schneiden Sie zuerst eine V-Kerbe in die Sichtseite einer mindestens 300 mm langen Leiste mit dem Querschnitt 25 x 50 mm **(A)**. Schneiden Sie die Kerbe mit zwei Schnitten an der Tischkreissäge, bei der das Blatt auf 45° geneigt ist. Die Kerbe soll 28 mm breit und 14 mm tief sein. Schneiden Sie zwei kurze Stücke vom Ende der Leiste ab, eines mit 25 mm Länge, das andere mit 40 mm **(B)**. Stellen Sie aus diesen Klötzen eine Sägeführung für eine Feinsäge oder eine japanische Säge her. Leimen Sie die Klötze etwa in einem Viertel der Länge kopfüber auf die Leiste **(C)**. Spannen Sie die Klötze mit dazwischen gelegtem Sägeblatt ein, wie auf der Abbildung zu sehen. Sägen Sie bis zum Grund der V-Kerbe, wenn der Leim getrocknet ist, um die Sägeführung fertig zu stellen.

Bringen Sie an einer Seite der Kerbe eine selbstklebende Zentimeterskala an, deren Nullpunkt genau mit der Sägefuge übereinstimmt. Bringen Sie schließlich noch eine Leiste an der Unterseite der Lade an, mit der sie in der Bankzange eingespannt werden kann. Um ein Werkstück genau auf Länge zu schneiden, wird es mit einem Ende an die entsprechende Markierung der Skala angelegt, fest in der Lade angedrückt und dann durchgesägt **(D)**.

KAPITEL NEUN: ÜBERBLICK

# Schablonen

**Formgebung**

**Holzverbindungen**

**Bohren**

**Sägen und Schleifen**

> Schablonen zum Fräsen freier Formen (S. 170)
> Befestigungsmethode für Schablonen (S. 173)
> Schablonen mit Grundplatte (S. 174)
> Fräsen am Führungsstift (S. 175)

> Schablonen zum Schlitzen (S. 176)
> Schablone für Fingerzinken (S. 178)
> Komplementäres Fräsen (S. 180)

> Bohrlehren (S. 181)
> Lochreihen (S. 183)
> Schräg angesetzte Sacklöcher (S. 184)

> Schablonen für die Tischkreissäge (S. 185)
> Kurven schneiden an der Bandsäge (S. 186)
> Schleifen am Schleifzylinder (S. 187)

Wenn Sie zur Weihnachtszeit schon mal Plätzchen gebacken haben, dann haben Sie dazu vielleicht Formen zu Hilfe genommen. Schablonen sind die Keksformen der Holzwerkstatt. Mit einer Schablone lassen sich viele Werkstücke herstellen, die alle exakte Kopien eines ursprünglichen Entwurfs sind. Zu den einfachen Schablonen gehören solche, mit denen man ein Werkstück auf die gewünschte Endgröße bringen kann, während andere, kompliziertere Schablonen dabei helfen, perfekte Intarsien und Einlegearbeiten anzufertigen oder anspruchsvolle Holzverbindungen zu schneiden.

Bei den meisten Schablonenarbeiten wird mit der Handoberfräse oder der Tischfräse eine Kante profiliert. Dafür werden gerade (Nut-)Fräser, aber auch verschiedene Profilfräser in Verbindung mit Anlaufringen oder Kopierhülsen verwendet. Schablonen sind aber auch sehr nützlich, wenn es darum geht, Holzverbindungen – etwa Schlitz-und-Zapfen-Verbindungen oder Fingerzinkungen – mit besonders guter Passung herzustellen (siehe Abbildung auf S. 168). Schablonen sind auch hervorragend geeignet, um Aussparungen und Vertiefungen für Beschläge wie Schlösser und Scharniere zu schneiden. Über diese verschiedenen Fräsarbeiten hinaus gibt es auch Verfahren, bei denen Schablonen, mit anderen Maschinen wie der Tischkreissäge oder dem Trommelschleifer verwendet werden, um Werkstücke in eine bestimmte Form zu bringen.

Mit seiner eingebauten Knebelklemme und der Schablonenplatte ist diese Vorrichtung im Stil eines Waffeleisens nützlich, wenn man Kleinserien an der Tischfräse oder am Handoberfräsentisch bearbeiten muss.

# KAPITEL NEUN: ÜBERBLICK

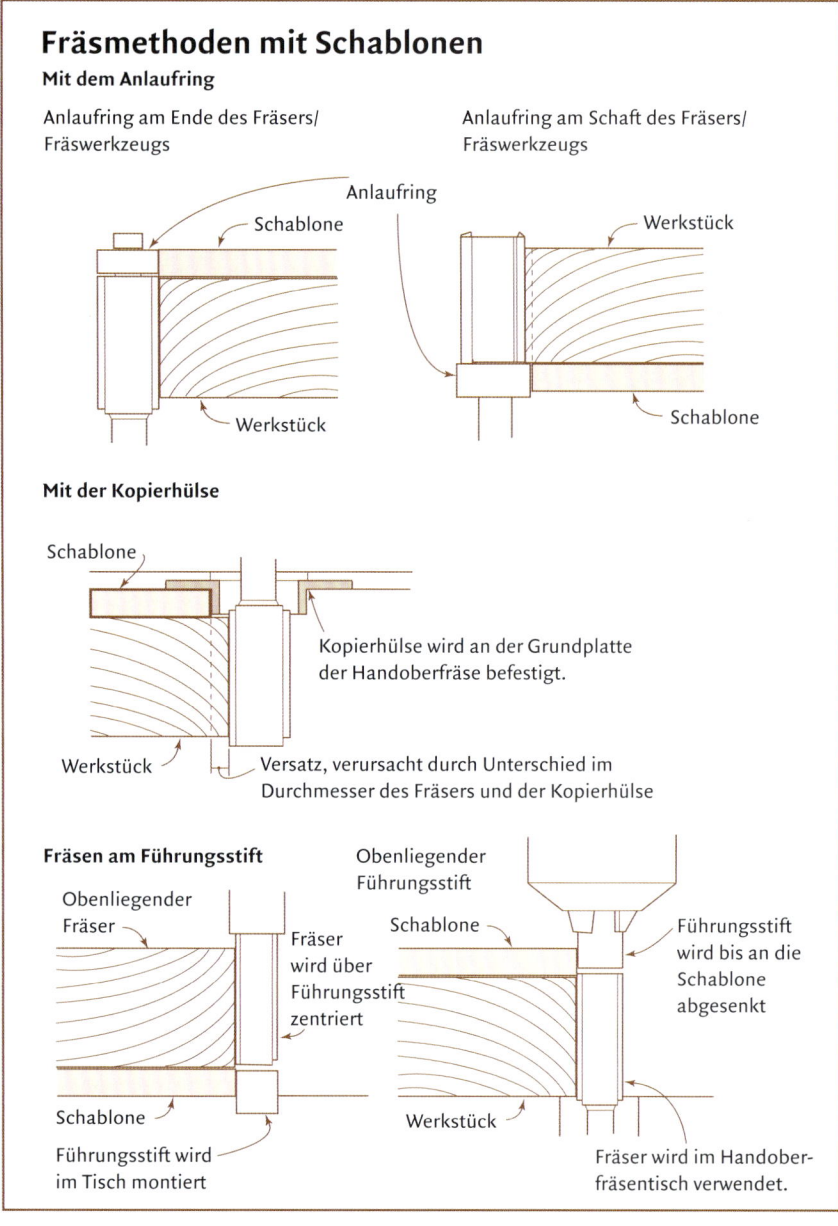

## Fräsmethoden mit Schablonen

**Mit dem Anlaufring**

Anlaufring am Ende des Fräsers/Fräswerkzeugs

Anlaufring am Schaft des Fräsers/Fräswerkzeugs

- Anlaufring
- Schablone
- Werkstück
- Werkstück
- Schablone

**Mit der Kopierhülse**

- Schablone
- Kopierhülse wird an der Grundplatte der Handoberfräse befestigt.
- Werkstück
- Versatz, verursacht durch Unterschied im Durchmesser des Fräsers und der Kopierhülse

**Fräsen am Führungsstift**

- Obenliegender Fräser
- Obenliegender Führungsstift
- Schablone
- Fräser wird über Führungsstift zentriert
- Führungsstift wird bis an die Schablone abgesenkt
- Schablone
- Führungsstift wird im Tisch montiert
- Werkstück
- Fräser wird im Handoberfräsentisch verwendet.

Die Finger dieser Vorrichtung führen einen Fräser, der Fingerzinken schneidet – eine stabile Verbindung für Korpusecken an Kästen, Schubladen und Ähnlichem.

In Verbindung mit einer elektrischen Bohrmaschine oder einer Ständerbohrmaschine erleichtert die Bohrschablone solche häufigen Aufgaben wie das Bohren von schrägen Löchern oder Lochreihen für Bodenträger. Obwohl Schablonen schon an und für sich nützlich sind, werden in diesem Abschnitt verschiedene Methoden vorgestellt, nach denen sie in unterschiedliche Vorrichtungen integriert werden können, mit denen Werkstücke ausgerichtet und eingespannt werden, um sie zu bearbeiten. So wird von einer Vorrichtung zum Bohren schräger Sacklöcher einerseits der Bohrer geführt, anderseits aber auch das Werkstück im richtigen Neigungswinkel gehalten. Schrauben, die durch die im spitzen Winkel gebohrten Sacklöcher in das andere Verbindungsteil gedreht werden, ergeben eine sehr stabile Verbindung von Rahmenfriesen oder Möbelteilen.

> **Siehe „Schräge Sacklöcher", S. 184**

## Anlaufringe und Kopierhülsen

Bei allen Fräsarbeiten mit einer Schablone wird der Fräser der Handoberfräse (oder das Fräswerkzeug an der Tischfräse) an der Kante einer Schablone entlang geführt. Die beiden häufigsten Methoden verwenden dazu Anlaufringe oder Kopierhülsen, wie das in der Abbildung links zu sehen ist. Um aber das richtige Verfahren für eine bestimmte Aufgabe auswählen zu können, muss man die Vor- und Nachteile beider Methoden kennen.

Ein Anlaufring ist ein Ring mit einem versiegelten Kugellager, der direkt an einem Fräser angebracht ist (siehe Abbildung oben auf gegenüberliegender Seite). Der Ring führt den Fräser durch den Schnitt, indem er an der Kante einer Schablone oder der Kante des Werkstücks entlangrollt. Der Anlaufring kann entweder an einem Stift oberhalb der Fräserschneiden sitzen oder über den Schaft des Fräsers gestülpt und dort arretiert werden.

An der Tischfräse wird der Anlaufring entweder ober- oder unterhalb des Fräswerkzeugs auf den Fräsdorn gesteckt.

Fräser mit endständigem Anlaufring sind besonders für das Bündigfräsen von Kanten und die Bearbeitung von Außenkanten geeignet. Fräser mit Anlaufring am Schaft eignen sich für diese Aufgaben ebenfalls, sie können darüber hinaus jedoch auch Schlitze fräsen und andere Arbeiten in der Fläche des Werkstücks ausführen. Bei einer handgeführten Handoberfräse wird die Schablone über dem Werkstück angebracht, wenn man mit einem Anlaufring am Schaft arbeitet, und unterhalb des Werkstücks, wenn der Anlaufring oben am Fräser sitzt. Bei Arbeiten am Handoberfräsentisch ist die Lage der Schablone jeweils vertauscht.

Mit dem Wechsel der Lage der Schablone ändert sich auch jeweils die Fräsrichtung, was je nach Faserverlauf des Holzes deutliche Auswirkungen auf die Schnittgüte haben kann (siehe Abbildungen I und J aus S. 172.

Die meisten Anlaufringe haben den gleichen Durchmesser wie die Werkzeugschneiden, so dass man mit ihnen bündig fräst. Es gibt jedoch auch Anlaufringe mit kleineren oder größeren Durchmessern als derjenige der Werkzeugschneiden, mit denen man dann die Endgröße des Werkzeugs im Verhältnis zur Größe der Schablone verändern kann.

Im Gegensatz zu Anlaufringen werden Kopierhülsen nicht direkt am Fräser befestigt, sondern an der Grundplatte der Fräse (siehe untere Abbildung), und ergeben so eine feste Führung, die sich nicht dreht. Kopierhülsen lassen sich oft für Arbeiten einsetzen, die man auch mit einem Anlaufring am Schaft des Fräsers ausführen würde. Die Hülsen sind in vielen verschiedenen Außendurchmessern zu bekommen, die üblichsten reichen von 5 mm bis 50 mm. Sie sind besonders in Verbindung mit Schablonen nützlich, mit denen man Schlitze oder Fingerzinken schneidet. Die Kopierhülse bleibt dabei an der Schablone angelegt, während man den Fräser in das Werkstück

Verschiedene Fräser mit Anlaufring: Bündigfräser, Fräser mit Anlaufring am Ende und am Schaft. Die Anlaufringe können den gleichen Durchmesser wie der Fräser haben, aber auch kleiner oder größer sein.

Eine Kopierhülse aus Metall wird in die Grundplatte der Handoberfräse eingesetzt. So kann man sehr effektiv den Fräser an einer Schablone entlang führen, um die Kante eines Werkstücks zu profilieren, eine Verbindung zu schneiden oder Aussparungen für Beschläge oder Einlegearbeiten zu fräsen.

absenkt. Man könnte diese Arbeit auch mit manchen Fräsern mit Anlaufring am Schaft ausführen, es bestände jedoch beim Absenken die Gefahr, mit dem Fräser abzurutschen und in die Schablone zu schneiden.

Kopierhülsen sind nicht so vielseitig wie Anlaufringe, da sich die Schablone zwischen Werkstück und Handoberfräse befinden muss. Darüber hinaus muss der Fräserdurchmesser geringer sein als der Innendurchmesser der Kopierhülse, so dass die Schablone den Versatz zwischen Fräser und Kopierhülse ausgleichen muss.

KAPITEL NEUN: SCHABLONEN

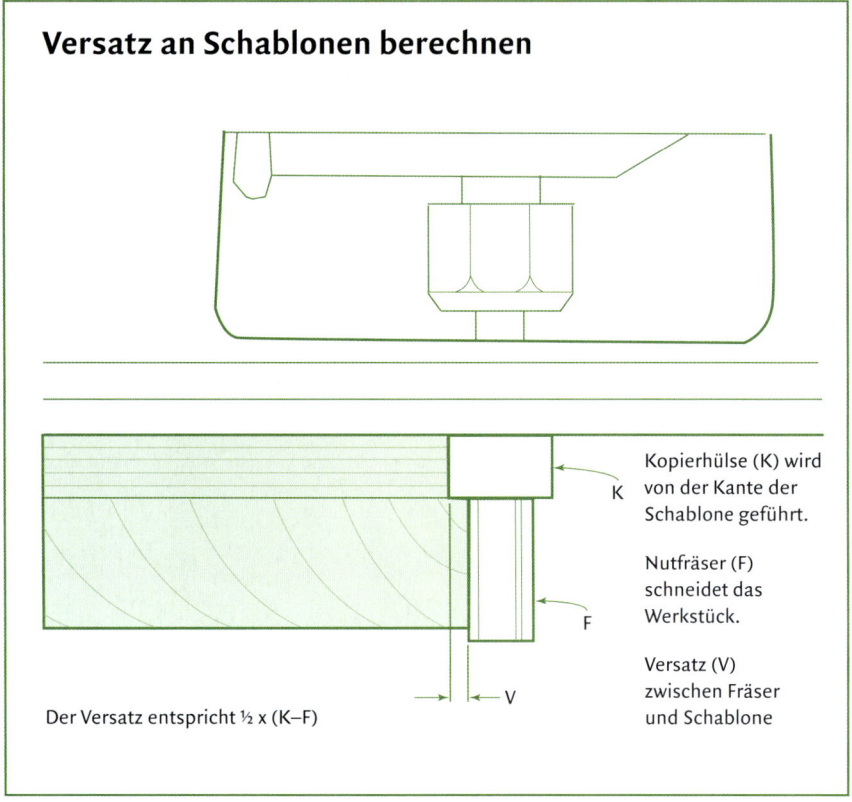

**Versatz an Schablonen berechnen**

Kopierhülse (K) wird von der Kante der Schablone geführt.

Nutfräser (F) schneidet das Werkstück.

Versatz (V) zwischen Fräser und Schablone

Der Versatz entspricht ½ x (K–F)

## FORMGEBUNG

### Schablonen zum Fräsen freier Formen

Das Fräsen freier Formen mit der Schablone ist eine einfache und wirkungsvolle Möglichkeit, unterschiedliche ansprechende Formen aus Holz auszufräsen, von Möbelbeinen über Spielzeugenten bis hin zu Schneidbrettern für die Küche. Die Methode gleicht jenen, bei denen mit der Handoberfräse oder an der Tischfräse mit einem Anlaufring an der Kante eines Werkstücks entlang gefräst wird **(A)**. Hier folgt der Anlaufring allerdings nicht der Kante des Werkstücks, sondern einer beliebig geformten Schablone, die auf dem Werkstück befestigt ist.

Die Schablonen können aus fast jedem festen Material hergestellt werden, das eine harte Kante aufweist, darunter MDF, Siebdruckplatte, Birkensperrholz und viele Kunststoffarten. Die Stärke der Schablone kann von 5 mm bis 20 mm variieren. Im Allgemeinen sollten Schablonen, die mit einem Anlaufring am Ende des Fräsers verwendet werden, stärker sein, während Schablonen für Kopierhülsen und schaftgetragene Anlaufringe eher dünner sein sollten, um eine möglichst hohe Schnitttiefe zu erhalten.

Der erste Schritt bei der Herstellung einer Schablone ist die Anfertigung einer Arbeitszeichnung des gewünschten Werkstücks im Maßstab 1 : 1 auf Papier oder dünnem Karton. Die Kanten einer mit der Schere aus Karton ausgeschnittenen Schablone lassen sich am Trommelschleifer oder mit dem Exzenterschleifer leicht glätten. Bedenken Sie, dass der Radius des Anlaufrings, -zapfens oder der Kopierhülse geringer sein muss als der kleinste Innenradius an der Schablone. Sonst kann die Führung nicht genau an der Schablone entlang geführt werden.

Schablonen zum Bündigfräsen lassen sich leicht herstellen, da die Schablone die gleiche Größe und Form des Werkstückes hat. Schablonen, die mit Anlaufringen oder Kopierhülsen eingesetzt werden sollen, deren Durchmesser sich von jenem des Fräsers unterscheidet **(B)**, müssen etwas sorgfältiger geplant werden, da man den Versatz zwischen Fräser und Führung ausgleichen muss, um das gewünschte Ergebnis zu erhalten. Wie in der Abbildung oben zu sehen, wird dieser Versatz nach einer allgemeinen Formel berechnet, in der von dem Außendurchmesser des Anlaufrings (oder des Anlaufzapfens oder der Kopierhülse)

# FORMGEBUNG

der Schneidendurchmesser abgezogen wird, und man das Ergebnis durch zwei teilt.

Die Formel stimmt, ob man nun mit einer Schablone Werkstücke formen möchte oder ob mit ihr Verbindungen oder Einlegearbeiten geschnitten werden sollen. Wenn Sie also eine Kante an einem Werkstück fräsen und dabei einen 10-mm-Nutfräser und eine Kopierhülse mit 20 mm Außendurchmesser **(C)** verwenden, erhalten Sie als Ergebnis ein Werkstück, das 5 mm breiter ist als die Schablone, da der Versatz zwischen Fräser und Führung 5 mm beträgt. Bedenken Sie auch, dass sich beim Fräsen eines runden Ausschnitts, oder wenn man ein Werkstück allseitig fräst, der berechnete Versatz verdoppelt.

Eine Schablone, bei der dieser Versatz eingerechnet ist, lässt sich bei einfachen Formen wie einem rechteckigen Schlitz sehr leicht herstellen: Verschieben Sie die Schablone einfach um den Versatz von der gewünschten Umrisskante. Um jedoch eine unregelmäßig geformte Schablone mit einem Versatz herzustellen, folgt man dem Umriss des Musters mit einem Zirkel, der auf den Versatz eingestellt ist **(D)**. Falls das Muster geschwungene Linien aufweist, müssen Sie darauf achten, dass der Zirkel senkrecht zur Fläche steht, damit das Muster nicht verzerrt wird. Komplizierte Muster sollte man von vorneherein mit Versatz neu zeichnen. Am leichtesten ist das mit einem Fotokopierer zu machen, der Vergrößern und verkleinern kann. Überprüfen Sie durch Aufeinanderlegen der Kopie und des Originals und Nachmessen, ob Sie den gewünschten Versatz erhalten haben.

Wenn Sie so weit sind, die Schablone auszuschneiden, befestigen Sie das Muster mit Sprühkleber (im Künstlerbedarfshandel zu erhalten) direkt auf dem Material für die Schablone **(E)**. Glätten Sie die Kanten der Schablone mit der Hand oder mit einer Schleifmaschine, und achten Sie dabei darauf, dass gerade Kanten auch gerade bleiben und geschwungene Linien glatt ineinander übergehen **(F)**. Alle Unregelmäßigkeiten finden sich später in den Werkstücken wieder und erfordern dann umfangreiches Nacharbeiten. Wenn nur eine Kante eines Werkstücks gefräst werden soll – eines Tischbeins etwa – sollte die Kante der Schablone über den Anfangs- und Endpunkt des Schnitts hinausreichen, damit man mit der Führung einen glatten Einsatz und Ausgang erreicht.

*(Fortsetzung auf S. 172)*

## KAPITEL NEUN: SCHABLONEN

Schneiden Sie das Werkstück grob vor, damit Sie mit dem Fräser nicht Unmengen von Verschnitt entfernen müssen. Bringen Sie dann die Schablone mit doppelseitigem Klebeband, Drahtstiften oder einer anderen Methode an (siehe „Befestigungsmethoden für Schablonen" auf der gegenüberliegenden Seite) **(G)**. Bei dicken oder schweren Werkstücken halten Schrauben am besten.

Werkstücke, die groß genug sind, um sie flach auf der Werkbank festzuspannen, lassen sich am besten freihändig fräsen **(H)**. Für kleinere Teile ist es besser, am Handoberfräsentisch oder an der Tischfräse zu arbeiten, und die Schablone möglichst zu einem Teil einer Vorrichtung mit Grundplatte zu machen.

> Siehe „Schablonen mit Grundplatte", S. 174

Die Schablone und das Werkstück werden mit der Sichtseite entweder nach oben oder unten gelegt, je nachdem, ob die Führung oberhalb oder unterhalb der Schneiden liegt. Wenn Sie mit einer Schablone sehr kurvenreiche Werkteile oder Hölzer fräsen, die zum Splittern neigen, erhält man sauberere Kanten und weniger Faserausrisse, wenn man mit einem Bündigfräser arbeitet, der zwei Anlaufringe aufweist – einen am Ende und einen am Schaft **(I)**. So kann man dann das Werkstück mit der Schablone umdrehen, wenn sich der Faserverlauf von Abschnitt zu Abschnitt ändert, und immer mit der Faser schneiden **(J)**.

**TIPP:** Um zwei Teile gleichzeitig mit der Schablone zu fräsen, verwendet man stärkeres Material, das man nach dem Fräsen auftrennt.

## Befestigungsmethode für Schablonen

Eine der schnellsten Methoden, um eine Schablone am Werkstück zu befestigen, ist der Einsatz eines Abrollers für Transferklebeband **(A)**. Mit diesem pfiffigen Werkzeug kann man einen Streifen Klebstoff auftragen, der ähnlich wirkt wie die Beschichtung eines doppelseitigen Klebebands. Nachdem man Werkstück und Schablone mit dem Klüpfel zusammengeklopft hat, ist die Verbindung so haltbar, dass man nur die allerschwersten Fräsarbeiten nicht ausführen kann. Nach dem Fräsen lässt sich der Klebstoff leicht abreiben.

Noch eleganter lässt sich die Schablone durch ein Vakuum am Werkstück festhalten **(B)**. Eine Vakuumschablone aus Kunststoff oder einem anderen nicht-porösen Material wird mit einem dünnen Kunststoffschlauch an einer Vakuumpumpe oder einem speziellen Vakuumventil angeschlossen, die genug Andruckkraft erzeugen, um das Werkstück während des Fräsens sicher zu halten.

> Siehe „Vakuumeinspannsysteme", S. 218

KAPITEL NEUN: SCHABLONEN

## Schablonen mit Grundplatte

Einfacher, als ein Werkstück mit der Handoberfräse und einer Schablone zu fräsen, ist es mit einer Schablone, die Teil einer Vorrichtung ist, in der das Werkstück in der richtigen Position auf der Schablone gehalten wird, ohne andere Befestigungsmethoden zu benötigen. Solche Vorrichtungen mit Grundplatten in Schablonenform können an der Tischfräse oder am Handoberfräsentisch **(A)** verwendet werden und sind so effektiv, dass sie häufig in der gewerblichen Tischlerei eingesetzt werden. Ein Nachteil ist, dass man mit ihnen ein Werkstück nicht allseitig fräsen kann.

Schneiden Sie zuerst wie zuvor beschrieben die Schablone für das gewünschte Werkstück aus. Sie sollte mindestens 50 mm breiter als das Werkstück sein, um Raum für die Anschläge und Hebelklemmen zu bieten. Wenn man die Schablone an beiden Enden etwas verlängert, hat die Führung auch hier noch eine Kante, an der sie angelegt werden kann, was zu einem sauberen Schnitt am Anfang und Ende der Fräsung führt. Befestigen Sie auf der Schablone Stoppklötze aus Material in der gleichen Stärke wie das Werkstück, indem Sie von unten Nägel oder Schrauben durch die Schablone treiben **(B)**. Positionieren Sie die Stoppklötze so, dass sie die korrekte Lage des Werkstücks im Verhältnis zur zugeschnittenen Kante der Schablone sicherstellen.

Das Werkstück können Sie mit Exzenterspannern, Zwingen oder Hebelklemmen **(C)** einspannen. Bei kleineren Werkstücken kann man am Kopf der Zwinge oder Klemme eine Halteplatte anbringen, auf der man selbstklebendes Schleifpapier montiert hat, um das Werkstück während des Fräsens besser zu halten (s. Abb. unten auf S. 167). An größeren Vorrichtungen sollte man ein Paar Handgriffe anbringen, um die Arbeit mit ihnen einfacher und sicherer zu machen. Spannen Sie das grob vorgeschnittene Werkstück in die Vorrichtung ein, und fräsen Sie die Kante mit einem unten geführten Fräser oder Fräswerkzeug bündig. Durch Auswechseln des Fräswerkzeugs kann man die Kante auch weiter profilieren, etwa um ein geschwungenes Rahmenfries mit einem Konterprofil zu versehen **(D)**.

**TIPP:** Beim Fräsen mit Schablone kann man Zeit sparen, indem Rohlinge übereinander stapelt und mehrere gleichzeitig an der Bandsäge grob vorschneidet.

## FORMGEBUNG

### Fräsen am Führungsstift

Wenn Sie keine Kopierfräsmaschine besitzen, kann das Fräsen am Führungsstift eine praktische Alternative sein. Anstatt einen speziellen oben liegenden Halterungsarm für den Führungsstift als Zubehör für den Handoberfräsentisch zu kaufen **(A)**, kann man die Arbeit auch mit einer normalen Handoberfräse und der Ständerbohrmaschine ausführen, indem man den Führungsstift im Bohrfutter der Ständerbohrmaschine über dem Fräser einspannt **(B)**. Die Handoberfräse wird in einem kleinen Handoberfräsentisch befestigt **(C)**, der im Wesentlichen aus einem Sperrholzkasten mit offener Vorder- und Rückseite besteht, um Zugang zur Fräse zu bekommen. Der Deckel aus Siebdruckplatte ist mit dem Korpus verschraubt und weist Bohrungen zur Befestigung der Handoberfräse auf.

Um die Vorrichtung zu verwenden, wird der Handoberfräsentisch auf den Arbeitstisch der Ständerbohrmaschine gestellt, und der Nutfräser in der Handoberfräse wird sorgfältig an dem Führungsstift im Bohrfutter der Bohrmaschine ausgerichtet **(D)**. Der Führungsstift ist nichts anderes als ein einfacher runder Metallstift mit dem Durchmesser des Fräsers. Auf das Werkstück wird eine Schablone in der gewünschten Form und Größe gespannt **(E)**.

In unserem Beispiel wird eine rechteckige Schablone verwendet, um das Innere einer kleinen Holzschachtel auszufräsen. Um die Fräsarbeit zu erleichtern, wird zuerst der Großteil des Verschnitts mit einem großen Bohrer entfernt **(F)**. Stellen Sie die Schnitttiefe durch Verstellen des Fräsers ein, und legen Sie dann das Werkstück über den Fräser, wobei Sie sicherstellen, dass es sich frei bewegen kann. Senken Sie die Ständerbohrmaschine ab, bis der Führungsstift innerhalb der Schablone sitzt. Stellen Sie die Handoberfräse ein, und führen Sie das Werkstück vorsichtig über den Fräser. Dabei sollte der Stift die Kanten der Schablone ohne Druck berühren. Bei Fräsungen in der Fläche des Werkstücks wie in diesem Beispiel muss die Arbeit gelegentlich unterbrochen werden, um die Späne zu entfernen, die sich im Werkstück angesammelt haben.

⚠ Beim Fräsen am Führungsstift im Handoberfräsentisch müssen Sie sich stets vergewissern, dass das Material nicht in der Nähe des Fräsers liegt, bevor Sie die Handoberfräse einstellen.

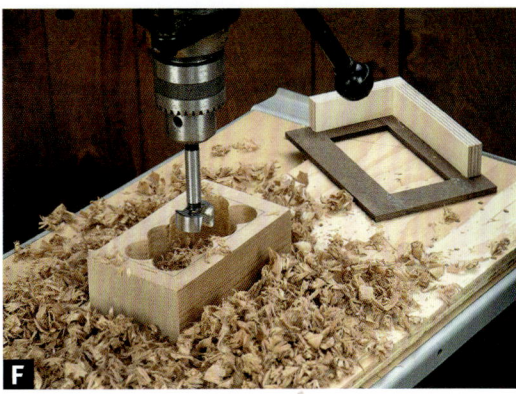

# KAPITEL NEUN: SCHABLONEN

## HOLZVERBINDUNGEN

### Schablonen zum Schlitzen

Rechteckige Schablonen lassen sich leicht herstellen und eignen sich ausgezeichnet, um traditionelle Schlitz-und-Zapfen-Verbindungen oder Verbindungen mit losen Zapfen zu schneiden. Die Schablone wird auf einer Unterlage befestigt, die das Werkstück positioniert und während des Fräsens festhält **(A)**. Anstatt zu versuchen, ein genau rechteckiges Loch zu schneiden, ist es einfacher, die Schlitzschablone aus mehreren einzelnen Streifen MDF oder Siebdruckplatte herzustellen.

Berechnen Sie zuerst die genaue Größe der Öffnung in der Schablone. Falls Sie einen Fräser mit Anlaufring am Schaft verwenden, dessen Durchmesser dem des Fräsers entspricht, muss die Öffnung genauso groß sein wie der gewünschte Schlitz. Falls Sie jedoch einen Nutfräser mit Kopierhülse verwenden, müssen Sie den Versatz zwischen Fräser und Kopierhülse ausgleichen.

> Siehe „Anlaufringe und Kopierhülsen", S. 168

So hätte bei einem Versatz von 3 mm zwischen Fräser und Kopierhülse die Schablonenöffnung für einen Schlitz mit den Maßen 20 x 100 mm eine Größe von 26 x 106 mm.

Schneiden Sie zwei Endstreifen für die Schablone zu, die so breit sind wie die gewünschte Öffnung. Schneiden Sie darauf zwei Längsstreifen zu, die breit genug sind, eine stabile Unterlage für die Handoberfräse zu bilden. Für kleinere Schablonen reicht Material mit einer Stärke von 5 mm, wenn man die an früherer Stelle beschriebene Verleimmethode anwendet.

> Siehe „Schlitzlehren", S. 54

Größere Schablonen (oder solche, die häufig benutzt werden sollen) stellt man besser aus 10 mm starkem MDF her und verstärkt die Verbindungen zwischen den Teilen mit Formfedern **(B)**.

Nachdem Sie Leim angegeben und Zwingen angesetzt haben, können Sie die Teile noch verschieben, um genau die gewünschte Öffnung in der Schablone zu erhalten **(C)**. Verputzen Sie die Enden der Schablone, nachdem der Leim getrocknet ist. Die Schablone kann mit Zwingen

176

## HOLZVERBINDUNGEN

direkt auf dem Werkstück befestigt werden, man kann sie auf einer einfachen, kastenförmigen Vorrichtung anbringen, die auf dem Werkstück festgespannt wird **(D)**, oder man kann sie an einer aufwändigeren Vorrichtung befestigen, wie sie in der oberen Abbildung auf der gegenüberliegenden Seite zu sehen ist. Die runden Ecken des Schlitzes können mit dem Stechbeitel rechtwinklig nachgestochen werden, oder man rundet die Kanten der Zapfen ab, oder man setzt lose Zapfen in die Schlitze.

> **Siehe „Halterungen für Fräsarbeiten", S. 222**

Mit der Handoberfräse und einer Schablone lassen sich auch sehr gut die Vertiefungen für Einlegearbeiten und Beschläge fräsen. Eine kleine Schablone mit einer rechteckigen Öffnung eignet sich gut, um die flachen Vertiefungen zu schneiden, in die Scharniere eingesetzt werden **(E)**. Zwei Stoppleisten an der Unterseite einer Scharnierschablone sorgen dafür, dass die Schablone so platziert wird, dass die Vertiefung an der richtigen Stelle des Werkstücks gefräst wird. Außerdem bieten die Leisten eine gute Möglichkeit, die Schablone am Werkstück festzuspannen.

Schablonen für Einlegearbeiten können fast jede Form annehmen: vieleckig, geschwungen oder unregelmäßig. Bei symmetrischen Formen kann man die gleiche Methode anwenden, die auch bei rechteckigen Schablonen benutzt wird. Die Schablone für die eingelegte Raute, die hier zu sehen ist **(F)**, hat zwei Endstücke, die im Winkel von 60° zugeschnitten sind. Spannen Sie die Schablone auf dem Werkstück fest, und führen Sie die Fräsung mit einem Nutfräser und einer Kopierhülse oder einem Anlaufring am Schaft aus **(G)**.

Mit einer Schablone lassen sich auch die runden 35-mm-Aussparungen für Topfscharniere fräsen. Berechnen Sie den Fräserversatz, und schneiden Sie dann mit einem verstellbaren Kreisbohrer ein entsprechendes Loch in das Schablonenmaterial **(H)**. Fügen Sie eine Stoppleiste an, um die Schablone im richtigen Abstand von der Werkstückkante zu halten, und fräsen Sie wie bei einem Schlitz **(I)**.

**TIPP:** Notfalls können die Kanten einer Schablone mit Abklebeband belegt werden, um die Abmessungen eines gefrästen Schlitzes oder Grabens für eine Einlegarbeit zu reduzieren.

# KAPITEL NEUN: SCHABLONEN

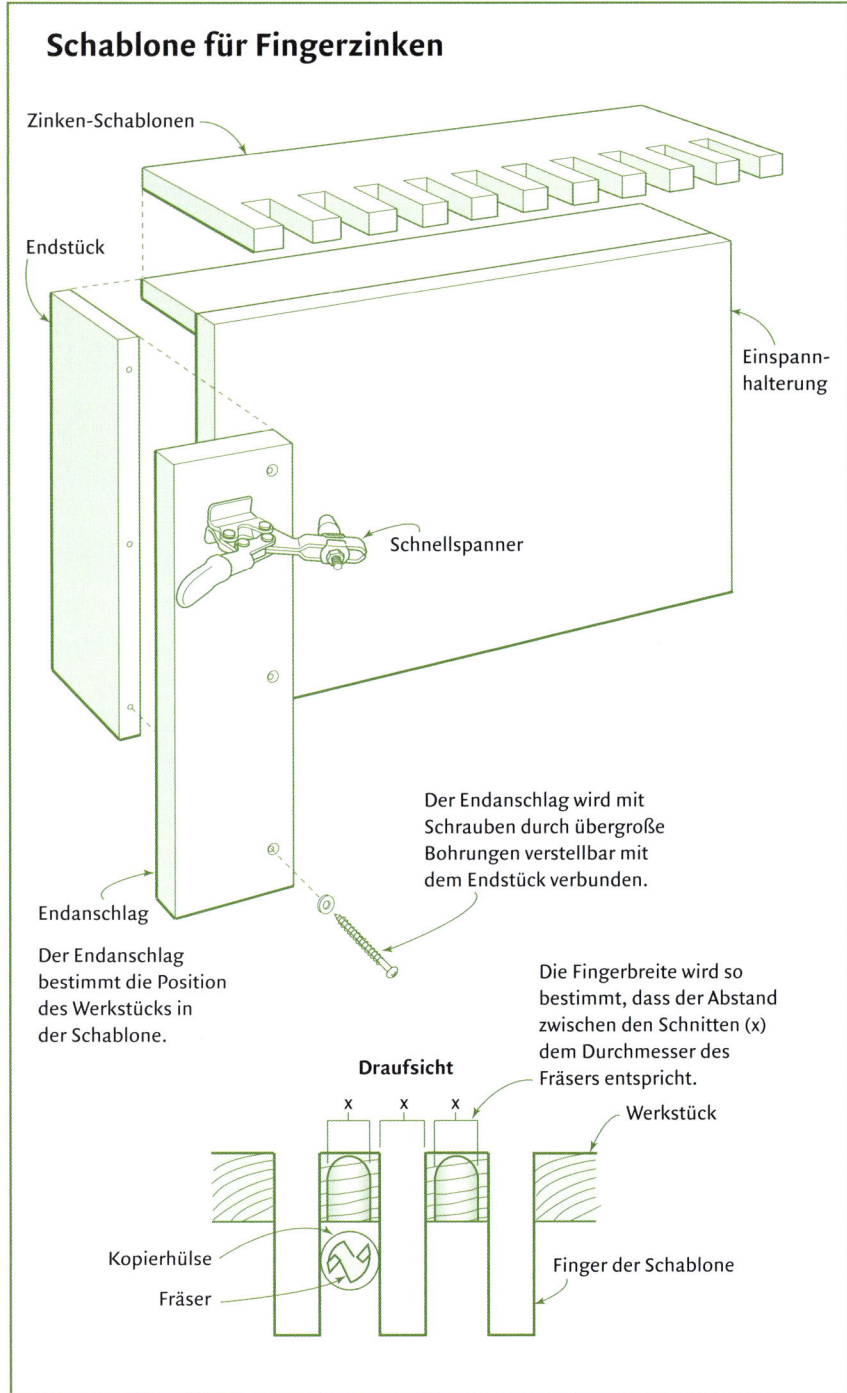

## Schablone für Fingerzinken

Wie der Name schon andeutet, besteht diese Vorrichtung aus einer Vielzahl identischer Finger, die im gleichen Abstand angeordnet sind und eine Handoberfräse führen, während sie die Verbindung in das unter der Schablone festgespannte Material schneidet. Eine Vorrichtung, um an der Tischkreissäge Fingerzinken zu schneiden, ist hervorragend geeignet, um kurze Teile zu sägen, aber eine Fingerzinkenschablone für die Handoberfräse kann Werkstück fast beliebiger Länge bearbeiten.

> Siehe „Fingerzinken", S. 101

Die Vorrichtung in der Abbildung links ist für Fingerzinken mit 10 mm Breite bestimmt, die in Werkstücke bis zu einer Breite von 310 mm und 25 mm Stärke geschnitten werden sollen. Sie besteht aus 14 Fingern und 13 Zwischenräumen, die aus 10-mm-Birkensperrholz geschnitten und Kante an Kante verleimt werden. Die Fingerzinken werden mit einem 10-mm-Nutfräser geschnitten, der von einer Kopierhülse mit einem Außendurchmesser von 12 mm in der Handoberfräse geführt wird. Die Abstände werden also genau 12 mm breit geschnitten, während die Finger 8 mm breit sind.

Schneiden Sie zuerst lange Sperrholzstreifen für die Finger und Zwischenräume zu. Die Streifen müssen genau 20 mm breit sein **(A)**. Längen Sie die Streifen zu Stücken mit einer Länge von 105 mm für die Finger und 55 mm für die Zwischenräume ab. Stellen Sie eine Lehre für das Verleimen her, indem Sie einige der Streifen auf ein Reststück Sperrholz heften, das mit Wachspapier bedeckt ist. Geben Sie Leim an die Teile, und legen Sie sie dann in die Lehre **(B)**. Spannen Sie eine gerade Leiste über die Finger, um Sie flach zu halten, wenn Sie sie zusammenspannen **(C)**.

Stellen Sie die Einspannhalterung der Vorrichtung aus zwei rechtwinklig auf Stoß verbundenen Stücken 20-mm-Sperrholz her: einer obere Leiste (40 x 335 mm) und einem senkrechten Brett (250 x 335 mm). Kratzen Sie den überschüssigen Leim nach dem Trocknen von der Fingerschablone ab, und befestigen Sie sie dann an der Einspannhalterung **(D)**, so dass die Finger

## HOLZVERBINDUNGEN

40 mm über die Einspannhalterung hinausragen. Befestigen Sie mit Leim und Nägeln einen 40 mm breiten Endstreifen an der linken Seite der Vorrichtung wie es auf der Abbildung auf der gegenüberliegenden Seite zu sehen ist. Befestigen Sie den Endanschlag – ein 40 x 260 x 10 mm starkes Stück Sperrholz an dem Endstreifen, indem Sie Schrauben mit angepresster Scheibe in übergroße Bohrlöcher drehen, so dass etwas seitliche Bewegung möglich ist. Bringen Sie den Anschlag so an, dass seine Kante 12 mm von der Innenkante des ersten Fingers und genau im rechten Winkel zur Schablone liegt. Um Werkstücke schnell und einfach einspannen zu können, bringen Sie einen Schnellspanner am Endanschlag an, der weit genug unterhalb der Schablone liegt, um nicht mit dem Fräser in Berührung zu kommen.

Befestigen Sie die Vorrichtung an Ihrer Hobelbank, indem Sie den Endstreifen in der Bankzange einspannen. Spannen Sie das erste Werkstück in der Vorrichtung ein, und stellen Sie sicher, dass es bündig am Endanschlag und an der Unterseite der Schablone anliegt. Stellen Sie die Schnitttiefe auf etwas mehr als die Werkstückstärke ein, und führen Sie die Kopierhülse für den ersten Schnitt zwischen die beiden ersten Finger. Schneiden Sie nacheinander alle Finger der Schablone, um den ersten Teil der Verbindung fertig zu stellen **(E)**. Um das Gegenstück zu fräsen, wird eine 10 mm starke Zulage gegen den Endanschlag gelegt **(F)**. Fräsen Sie wie beim ersten Teil, und Ihre Verbindung kann zusammengesteckt werden. In Material bis zu einer Stärke von 10 mm kann man auch schnell beide Teile der Verbindung fräsen, indem man sie zusammen, aber um die Breite der Zulage versetzt einspannt, wie auf der Abbildung **(G)** zu sehen.

**TIPP:** Überprüfen Sie die Passung der Fingerzinkenverbindungen, die sie mit der Schablone hergestellt werden, indem Sie die Vorrichtung trocken zusammenspannen und eine Probeverbindung fräsen.

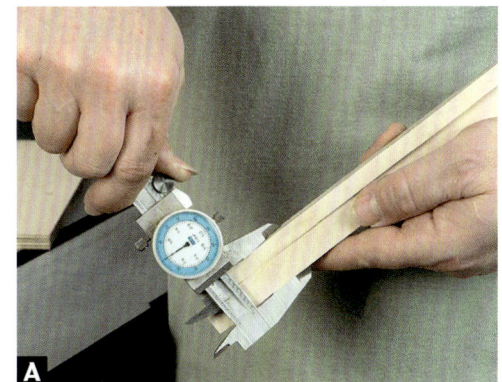

## Komplementäres Fräsen

Möchten Sie zwei Teile mit einer dekorativen, geschwungenen oder unregelmäßigen Längsverbindung zusammenfügen? Bei der hier beschriebenen Methode werden zwei komplementäre Schablonen, die Handoberfräse und drei Fräser mit Anlaufring verwendet, um zwei Teile herzustellen, die perfekt aneinander passen. Stellen Sie zuerst eine ‚Stammschablone' her, indem Sie die gewünschte Linie auf einem Stück MDF oder Hartfaserplatte zeichnen. Um mit den hier verwendeten Fräsern zu funktionieren, sollte die Linie keine Kurven aufweisen, deren Radius kleiner als 20 mm ist. Schneiden Sie die Schablone aus, und schleifen Sie die Kanten glatt.

Befestigen Sie die Schablone provisorisch mit doppelseitigem Klebeband auf einem Stück 5-mm-Hartfaserplatte, das doppelt so breit ist wie die Schablone. Die zugeschnittene Linie der Schablone sollte mittig über dem Rohling liegen. Schneiden Sie am Handoberfräsentisch die Hartfaserplatte mit einem 5-mm-Bündigfräser vorsichtig durch, indem Sie den Anlaufring an der Stammschablone entlang führen **(A)**. So entstehen zwei komplementäre Schablonen. Beschriften Sie die unter der Stammschablone liegende mit ‚A' und die andere mit ‚B', und achten Sie darauf, dass die beschrifteten Seiten bei den folgenden Arbeitsschritten immer oben liegen.

Befestigen Sie die Schablone A auf einem grob vorgeschnittenen Werkstück, und fräsen Sie mit einem Bündigfräser die Form heraus **(B)**. Befestigen Sie dann die Schablone B auf einem zweiten grob vorgeschnittenen Werkstück, und fräsen Sie die Kante mit einem 10-mm-Nutfräser, der einen oben liegenden 20-mm-Anlaufring trägt **(C)**. Der Versatz von 10 mm zwischen dem Fräser und dem Anlaufring schneidet an dem zweiten Werkstück eine Kontur, die genau in jene passt, die Sie in das erste Stück geschnitten haben! Die Verbindung kann verleimt werden, ohne dass die gefrästen Kanten noch nachgeschliffen werden müssten **(D)**.

**TIPP:** Man kann durch komplementäres Fräsen sowohl die Aufnahme für eine Einlegearbeit als auch eine genau passende Einlage fräsen.

## BOHREN

### Bohrlehren

Mit einer Bohrlehre kann man Löcher genau senkrecht zu einer Fläche oder in einem bestimmten Winkel zu ihr bohren, ohne auf eine Ständerbohrmaschine angewiesen zu seine, die bei großen Werkstücken unter Umständen sowieso nicht eingesetzt werden kann.

Am einfachsten lässt sich beim freihändigen Bohren mit der elektrischen Bohrmaschine der Bohrer senkrecht ausrichten, indem man einen V-Klotz verwendet. Diese Bohrlehre lässt sich entweder herstellen, indem man eine V-förmige Kerbe in einen 50 x 100 mm großen Klotz schneidet, oder indem man zwei schmalere Klötze miteinander verleimt, deren eines Ende jeweils im Winkel von 45° auf Gehrung geschnitten worden sind. Die schräge Seite der Gehrung zeigt dabei nach innen, so dass eine V-Kerbe entsteht, wo die Klötze zusammentreffen. Um den Bohrer senkrecht auszurichten, wird der Klotz auf die Werkstückfläche gedrückt und ohne Druck gegen den Bohrer gehalten, so dass dieser von der V-Kerbe geführt wird **(A)**. Das Schöne an dieser einfachen Vorrichtung ist die Tatsache, dass sie mit normalen Bohrern praktisch jedes Durchmessers eingesetzt werden kann.

Eine andere praktische Bohrhilfe stellt man her, indem man ein Loch durch ein Reststück Holz bohrt. Wenn man den Block dann gegen das Werkstück hält, dient er als Lehre für Bohrer gleichen Durchmessers **(B)**. Solche Lehren eignen sich hervorragend, um genau senkrechte Löcher zu bohren oder solche, die in einem bestimmten Winkel in das Werkstück führen sollen. Wenn man die Lehre auf gegenüberliegenden Seiten in unterschiedlichen Winkeln anschneidet, kann sie sogar beide Zwecke erfüllen. Die Lehre in Abbildung **(C)** erlaubt das Bohren von Löchern, die im Winkel von 22,5° oder 90° zur Oberfläche des Werkstücks stehen, je nachdem, welche Seite der Lehre auf das Werkstück gelegt wird. Die einzige Einschränkung ist, dass die Lehre sich nur für Bohrer eines Durchmessers eignet.

Eine solche Lehre aus Laubholz ist widerstandsfähig genug, dass man mit ihr Dutzende, wenn nicht Hunderte von Löchern bohren kann. Wenn es jedoch auf noch höhere Genauigkeit und Haltbarkeit ankommt, kann man sie zusätzlich mit einer Bronzehülse ausstatten **(D)**.

*(Fortsetzung auf S. 182)*

KAPITEL NEUN: SCHABLONEN

Im guten Werkzeug- oder Versandhandel sind solche Hülsen mit Innendurchmessern zu erhalten, die zu den meisten Bohrerdurchmessern passen. Bohren Sie einfach ein Loch in die Lehre, das dem Außendurchmesser der Hülse entspricht, und treiben Sie die Hülse mit einem Klüpfel ein.

Man kann auch Bohrlehren herstellen, die dabei helfen, mehrere Bohrlöcher für die Verbindung von Möbelkorpusteilen richtig zu positionieren und zu bohren. Auch die Befestigungslöcher für Beschläge wie Scharniere, Griffe oder Bodenträger lassen sich so bohren. Zum Beispiel können Sie eine Lehre anfertigen, mit der Sie die beiden Löcher bohren, in denen der Handgriff für eine Möbeltür befestigt wird. Bohren Sie zuerst zwei Löcher in ein Stück Sperrholz – der Abstand sollte dem am Griff entsprechen, und die Entfernung von der Kante derjenige, die der Griff später von der Türkante haben soll (E). Wenn Sie die Lehre mit mehreren Sätzen von Bohrlöchern verwenden, können Sie sie mit unterschiedlichen Griffen verwenden oder die Griffe in unterschiedlichen Entfernungen von der Türkante anbringen. Befestigen Sie zwei dünne Leisten an den Kanten des Sperrholzstücks, um die Lehre an der linken oder rechten Ecke der Tür (oder des Schubladenvorderstücks) anbringen zu können (F).

Bohrlehren mit mehreren Löchern eignen sich auch gut zum Anbringen von Scharnieren. Bohren Sie die Löcher in der Lehre so, dass sie der Anordnung der Schraubenlöcher im gewählten Scharnier entsprechen. Da Scharniere meist paarweise installiert werden, sollten Sie zwei Lehren anfertigen, die Sie an einer Anschlagleiste befestigen, so dass der Abstand zwischen ihnen und zur Werkstückkante dem gewünschten entspricht. Flexibler ist die Anordnung, wenn Sie zwei oder mehr Lehren an einer T-Nutprofilschiene anbringen (G). So können Sie den Abstand zwischen den Scharnieren an unterschiedliche Türhöhen anpassen (H).

## Lochreihen

Lochreihen für Bodenträger in die Seitenwände eines Regals zu bohren, kann sehr mühselig sein. Wenn die Löcher nicht genau im gleichen Abstand angebracht werden, liegen die Regalböden später schief oder wackeln. Mit einem 5-mm-Hülsenbohrer und einer entsprechenden Bohrlehre **(A)** erzielt man jedoch ohne Probleme perfekte Lochreihen.

Stellen Sie die Lehre aus einem 100 mm breiten und 10 mm starken Stück MDF her (wahlweise auch aus zwei miteinander verleimten Lagen Siebdruckplatte), das mindesten 1200 mm lang ist – bei sehr hohen Möbelstücken aus noch länger. Bohren Sie als Aufnahme für den Hülsenbohrer eine Reihe von 10-mm-Löchern in die Lehre, die genau gleich weit voneinander entfernt liegen. Im Prinzip können Sie jeden beliebigen Abstand zwischen 50 mm und 100 mm wählen, falls Sie jedoch auf käufliche Beschläge zurückgreifen wollen, die über die üblichen Bodenträger hinausgehen, sollten Sie sich an das in Deutschland übliche 32-mm-Raster halten. Die Löcher kann man bohren, indem man sie zuerst sorgfältig im gewählten Abstand anreißt und dann an der Ständerbohrmaschine bohrt, einfacher ist es jedoch, eine Bohrabstandslehre zu verwenden **(B)**.

> Siehe „Abstandshalter für Lochreihenbohrungen", S. 202

Die Lochreihe sollte in einem Abstand von 40 mm von der Kante der Lehre angebracht werden, um Raum für Stoppleisten aus 20 mm starkem Material zu lassen. Die Leisten werden an der Unterseite der Schablone angeschraubt **(C)**, so dass die Lochreihe in einem festen Abstand von der Kante des an ihnen angelegten Werkstücks gebohrt wird (meist sind das 40 mm oder 50 mm). Zeichnen Sie schließlich durch das erste und letzte Loch der Lehre jeweils im rechten Winkel eine Linie, um die Lehre an der unteren (oder oberen) Kante des Werkstücks ausrichten zu können.

Falls die Lehre nicht lang genug ist, um alle Löcher der Lochreihe in einem Durchgang zu bohren, stellen Sie sich einen kleinen Postionierungszapfen her, indem Sie ein Ende eines 10-mm-Dübels auf 5 mm abdrehen **(D)**. Um die Lehre umzusetzen, stecken Sie den Zapfen durch die Lehre in das letzte gebohrte Loch.

## Schräg angesetzte Sacklöcher

Schräge Sacklöcher sind eine praktische Methode, um Holzteile durch Schrauben zu verbinden. Dazu werden im spitzen Winkel in ein Teil (Seite eines Schranks, Fries eines Vorderrahmens u.Ä.) Sacklöcher gebohrt, das andere Teil wird daran gelegt, und die beiden Teile werden mit Schrauben verbunden, um eine sehr kräftige, aber wieder lösbare Verbindung herzustellen. Mit der hier vorgestellten Vorrichtung **(A)** gelingt das schnell und einfach. Sie wird am Arbeitstisch der Ständerbohrmaschine befestigt und stützt das Material in einem Winkel von 15°, während eine Lehre den Stufenbohrer führt **(B)**, der zugleich ein sauberes Sackloch und die Führungsbohrung für die Verbindungsschraube bohrt.

Stellen Sie die Bohrlehre aus einem harten Laubholz wie Ahorn in den Maßen 125 x 100 x 100 mm her. Bohren Sie mittig im rechten Winkel zur Oberfläche in etwa 5 mm Entfernung von der Ecke ein 10-mm-Loch durch den Klotz. Stellen Sie den Gehrungsanschlag an der Tischkreissäge auf 15° ein, und sägen Sie einen Keil vom Klotz, so dass das Bohrloch (wie in der Abbildung **C** zu sehen) angeschnitten wird.

Stellen Sie die Grundplatte der Vorrichtung (110 x 500 x 20 mm) aus Sperrholz oder Vollholz her. Schneiden Sie eine um 15° geneigte Nut mit einer Breite von 20 mm so in die Grundplatte, dass eine Seite knapp die Oberfläche erreicht, die Nut also eine flache V-Kerbe mit einer langen und einer kurzen Wandung bildet. Schneiden Sie aus 20 mm starkem Material einen 90 mm hohen Anschlag und fasen Sie die untere Kante im Winkel von 15° an. Befestigen Sie den Anschlag mit Leim und Nägeln stehend in der Nut, und bringen Sie an der Rückseite keilförmige Leimklötze an, um die Verbindung zu verstärken **(D)**. Stellen Sie die Bohrlehre mittig vor den Anschlag, so weit von diesem entfernt, dass das Werkstück dazwischen passt **(E)**, und schrauben Sie sie von unten an der Grundplatte fest.

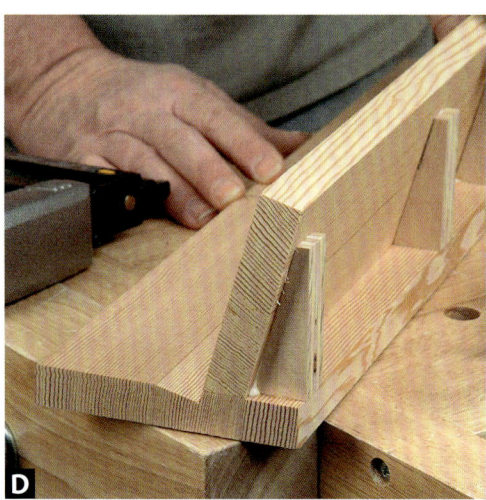

# SÄGEN UND SCHLEIFEN

## Schablonen für die Tischkreissäge

Mit dieser Schablonenvorrichtung kann man an der Tischkreissäge schnell und sicher beliebig viele gleichartige Teile mit geraden Kanten aussägen, nicht zuletzt Drei- und Vielecke **(A)**. Dazu wird ein überhängender Anschlag verwendet, der direkt über dem Sägeblatt am Parallelanschlag festgespannt wird. Eine Schablone am Werkstück wird an den Anschlag gehalten und führt den Schnitt.

Stellen Sie den Anschlag aus einigen Reststreifen Sperrholz her, die Sie L-förmig verleimen. Der senkrechte Streifen, der am Parallelanschlag festgespannt wird, muss nur etwa 50 mm breit und 300 mm lang sein. Der waagerechte Streifen, an den die Schablone angelegt wird, sollte 400–500 mm lang sein und so breit, dass der Verschnitt vom Werkstück noch hindurch passt.

Nehmen Sie die Tischkreissäge vom Netz, und heben Sie das Sägeblatt etwas höher als die Stärke des Werkstücks an. Spannen Sie den überhängenden Anschlag dann mittig am Parallelanschlag fest, so dass der waagerechte Streifen parallel zur Tischplatte verläuft und fast das Sägeblatt berührt. Halten Sie den Anschlag mit Zulagen in Position, während Sie ihn festspannen **(B)**. Stellen Sie den Parallelanschlag so ein, dass die Kante des überhängenden Anschlags mit den linken Schneiden des Sägeblattes abschließt.

Schneiden Sie aus MDF oder Hartfaserplatte eine Schablone, die genau die Form und Größe des gewünschten Teils aufweist, und befestigen Sie sie mit doppelseitigem Klebeband oben auf dem Werkstück **(C)**. Drücken Sie sie fest an, helfen Sie gegebenenfalls mit Schlägen des Klüpfels nach. Stellen Sie die Säge an, und führen Sie das Werkstück vorsichtig am Sägeblatt vorbei, wobei die Schablone fest an den überhängenden Anschlag gedrückt wird. Stellen Sie nach jedem Schnitt die Säge aus, und entfernen Sie den Verschnitt mit einem Schiebestock **(D)**, damit er nicht bei späteren Schnitten in das Sägeblatt gerät.

⚠ Sägen Sie nur Werkstücke an der Schablone aus, deren kürzeste Kante mindestens 100 mm beträgt.

KAPITEL NEUN: SCHABLONEN

## Kurven schneiden an der Bandsäge

Eine andere Form des Sägens an einer Schablone ist nützlich, wenn man mehrere gleichartige Teile mit geschwungenen Kanten an der Bandsäge ausschneiden muss. Die Vorrichtung verwendet eine Führung mit rundem Ende, die an der Bandsäge festgespannt wird (**A**). Eine Schablone wird provisorisch auf dem Werkstück befestigt und an der Führung entlanggeschoben, um den Schnitt auszuführen. Stellen Sie die Führung aus einem 40 x 100 x 10 mm großem Stück Siebdruckplatte her. Schneiden Sie ein Ende der Führung zu einem Halbkreis, und bringen Sie mit einer Feile oder kleinen Raspel am Scheitelpunkt des Halbkreises eine kleine Aussparung an (**B**). Die Aussparung sollte etwas breiter und tiefer sein als das Sägeblatt. Für die anstehende Arbeit ist ein schmales, sogenanntes Schweifblatt am geeignetsten. Befestigen Sie das eckige Ende der Führung an einer Holzleiste, die etwas stärker als das Werkstück und lang genug ist, um den Arbeitstisch der Bandsäge zu überbrücken (**C**). Das Sägeblatt muss dabei in der Aussparung an der Führung zu liegen kommen und diese leicht berühren.

Schneiden Sie aus dünner Hartfaserplatte eine Schablone in der gewünschten Form. Man kann mit der Vorrichtung zwar nicht nur konvexe, sondern auch konkave Kurven schneiden, aber diese dürfen nicht einen Radius aufweisen, der geringer ist als jener des gerundeten Endes der Führung. Befestigen Sie die Schablone auf dem Werkstück, und beginnen Sie zu sägen, indem Sie die Schablone fest an der Führung entlang führen (**D**). Falls der Verschnitt zu breit ist, um zwischen Führung und Anschlag zu passen, müssen Sie das Werkstück vorher grob vorschneiden. Wenn man sorgfältig arbeitet, sind die Werkstücke nach dem Sägen sauber genug, dass man sie nur noch etwas nachschleifen muss – entweder mit der Hand oder mit der im Folgenden beschriebenen Vorrichtung für den Schleifzylinder.

## SÄGEN UND SCHLEIFEN

## Schleifen am Schleifzylinder

Wenn man mehrere Teile mit genau gleicher Form schleifen möchte, gelingt dies am besten mit einer Schablone am Schleifzylinder. Für die Ständerbohrmaschine wie für den Arbeitstisch gibt es spezielle zylindrische Aufsätze, so dass man mit einem Anlaufring ein Werkstück bündig zu einer daran befestigten Schablone schleifen kann **(A)**.

> Siehe „Absauganlage für den Schleifzylinder", S. 255

Eine andere Art der Führung ist eine simple Holzscheibe, die unter dem Schleifzylinder an einer Grundplatte befestigt wird. Die Schablone wird beim Schleifen daran entlanggeführt. Verwenden Sie hierzu einen Schleifzylinder, dessen Durchmesser etwas kleiner ist als derjenige der engsten konkaven Kurve am Werkstück. Schneiden Sie die Scheibe aus MDF oder Hartfaserplatte mit etwas geringerer Stärke als die der Schablone.

Um grob vorgeschnittene Teile zu schleifen, sollte die Scheibe den gleichen Durchmesser haben wie der Schleifzylinder. Wenn es jedoch darum geht, mit der Vorrichtung Werkstücke fein zu schleifen, die an einer Schablone gesägt oder gefräst worden sind, sollte die Scheibe etwa 1,5 mm geringer im Durchmesser sein als der Schleifzylinder. Verwenden Sie die auf S. 116 beschriebene Vorrichtung, um eine genau kreisrunde Scheibe in der gewünschten Größe zu schneiden **(B)**. Schrauben Sie die Scheibe an einer Grundplatte fest, die groß genug ist, um sie am Arbeitstisch der Ständerbohrmaschine zu befestigen. Zentrieren Sie die Scheibe mit zwei Klötzen unter dem Schleifzylinder, und spannen Sie dann die Grundplatte fest **(C)**.

Senken Sie den Schleifzylinder ab, bis er fast die Scheibe berührt, bringen Sie die Schablone am Werkstück an, und beginnen Sie mit dem Schleifen. Führen Sie das Holz zuerst mit geringem Druck gegen den Schleifzylinder, und arbeiten Sie sich in mehreren Durchgängen um das Werkstück **(D)**, bis die Schablone beim letzten Durchgang vollflächig an der Schablone anliegt.

**TIPP:** Schleifen an der Schablone ist eine gute Methode, um die Kanten von Werkstücken zu glätten, die man mit Schablonen gesägt oder gefräst hat.

TEIL DREI

# Anlagen, Anschläge und Einspannvorrichtungen

Im Gegensatz zu den bisher beschriebenen Vorrichtungen werden in diesem Kapitel vor allem solche beschrieben, die ein Werkstück nur in einer bestimmten Lage fixieren, während es bearbeitet wird. Die einfachsten dieser Vorrichtungen halten das Werkstück einfach nur auf dem Arbeitstisch einer Maschine fest, die aufwändigeren schließen jedoch zum Teil Schablonen ein, mit denen die Form des zu schneidenden oder verleimenden Teils bestimmt wird.

Natürlich kann man Holz nicht sicher sägen, hobeln, bohren, fräsen oder schleifen, ohne es zu halten. Einspann- und Positionierungshilfen sind deshalb wesentliche Bestandteile von Vorrichtungen für die Arbeit mit Holz. Stoppklötze und -leisten und Registerstifte und Ähnliches geben die Richtung an, in dem ein Rohling in eine Vorrichtung eingelegt oder den Abstand, in dem gebohrt oder gesägt werden muss. Verleimzulagen helfen dagegen, Bauteile für die Montage in die richtige Stellung zu bringen und aneinander auszurichten. Selbst gefertigte Keile, Exzenterklemmen und andere Einspannhilfen sichern das Werkstück auf der Hobelbank oder in einer Vorrichtung, damit es sich während der Bearbeitung nicht bewegt.

**Anschläge und Registerstifte**
S. 190

**Einspannen und Ausrichten**
S. 205

**Halterungen**
S. 219

KAPITEL ZEHN: ÜBERBLICK

# Anschläge und Registerstifte

**Endanschläge**

**Verschiebbare Endanschläge**

**Abstandshalter**

- Umlegbare Endanschläge (S. 192)
- Verlängerungsanlagen mit Endanschlägen (S. 194)
- Exzenteranschläge (S. 195)
- Endanschläge für Winkelanlagen (S. 196)

- Tiefenanschläge (S. 197)
- Verschiebbare Endanschläge (S. 198)
- Anschläge für die Handoberfräse (S. 200)

- Abstandshalter für Lochreihenbohrungen (S. 202)
- Abstandshalter für Sägefugen (S. 203)
- Teilscheibe für die Drechselbank (S. 204)

Als Handwerker ist man bei der Arbeit mit Holz stets bestrebt, alle Teile maßgenau herzustellen. Manche Maße hängen von der Einstellung der Maschinen und Werkzeuge ab, etwa die Schnitttiefe einer Kreissäge oder die Spanabnahme eines Hobels. Andere Maße werden von unseren Augen und Händen bestimmt, so etwa wenn wir am Riss einen Schlitz ausstemmen. Auch Vorrichtungen können bei der Festlegung von Abmessungen und ihrer Einhaltung helfen. Wenn man Vorrichtungen verwendet, ist es außerordentlich nützlich, sie mit Anschlägen, Stoppklötzen und Registerstiften oder Ähnlichem zu versehen, mit denen die Länge oder Breite eines Werkstücks, die Tiefe von gefrästen Schlitzen und Nuten oder der Abstand von Bohrlöchern oder Kannelierungen bestimmt werden kann. Anschläge und Registerstifte helfen auch dabei, Arbeitsschritte präzise und wiederholbar zu machen, was wichtig ist, wenn man mehrere identische Teile herstellen muss. Wie bei anderen Vorrichtungen auch, gibt es in diesem Fall eine Vielzahl von Hilfsmitteln, aus denen man für die

Ein Holzblock, den man am Anschlag der Tischkreissäge festspannt, legt die Länge des zu schneidenden Teils fest.

Diese verstellbaren Endanschläge für das Fräsen lassen sich an der Kante des Werkstücks befestigen, um die von der Fräse zurückgelegte Strecke zu begrenzen und damit auch die Länge des profilierten Teiles.

gegebene Aufgabe die richtige auswählen muss. Ein Stoppklotz kann genau das sein: ein einfacher Holzklotz, der an einer Anlage oder einem Tisch festgespannt wird, um die Schnittlänge zu bestimmen (in der Abbildung unten links auf der gegenüberliegenden Seite zu sehen). Zu den raffinierteren Hilfsmitteln dieser Art gehören die umlegbaren Anschläge, die oft zum Ablängen eingesetzt werden, die Auszugsanschläge, mit denen die Aufnahmefähigkeit vieler unterschiedlicher verschiebbarer Vorrichtungen bestimmt wird, die Endanschläge, mit denen die Länge von Nuten, Fälzen und Kantenprofilen bestimmt wird (siehe Abbildung unten rechts auf der gegenüberliegenden Seite), und Tiefenanschläge, mit denen die Tiefe von Bohrlöchern festgelegt wird. Andere Anschläge sind sehr nützlich, wenn es darum geht, die Position von Vorrichtungsbestandteilen schnell und genau einzustellen.

Registerstifte und -zapfen sind besondere Anschläge, mit denen man die gleichbleibenden Abstände bei manchen Arbeitsgängen einstellt. So wird mit einem Registerstift etwa der Abstand der Löcher in einer Lochreihe festgelegt, wie man sie in den Seitenteilen eines Bücherregals findet. Registerstifte sind auch sehr nützlich, wenn es darum geht, wiederholte Schnitte an einer Tischkreissäge oder Kappsäge auszuführen, oder wenn sie in gleichmäßigen Abständen Kannelierungen oder Halbstäbe an einem gedrechselten Tisch- oder Stuhlbein anfräsen wollen.

## Feineinstellungen

Haben Sie sich je mit der Notwendigkeit konfrontiert gesehen, einen Anschlag oder eine Anlage ganz genau einzustellen – etwa um den Abstand zu einem Werkstück millimetergenau zu bestimmen? Anstatt den Anschlag durch Klopfen hin und her zu bewegen, können Sie ihn auch mit einem Feineinsteller um kleinste Entfernungen verstellen und ihn dann erst arretieren. Der hier gezeigte Feineinsteller ist dazu gedacht, den Anschlag an einem Handoberfräsentisch, am Arbeitstisch einer Ständerbohrmaschine oder an anderen Arbeitstischen zu verstellen. Er kann abgewandelt werden, um mit vielen unterschiedlichen Vorrichtungen und Maschinen verwendet zu werden.

Der Feineinsteller wird an der Kante des Arbeitstisches an der Ständerbohrmaschine befestigt und erlaubt so sehr präzise Einstellungen des Anschlags.

Eine Hälfte des Einstellers besteht aus einem Block, der an der Rückseite des Anschlags festgeschraubt wird. Durch die Kante ist ein Loch gebohrt worden, um eine runde Aussparung zu schaffen, wie in der Abbildung zu erkennen. Die andere Hälfte des Feineinstellers besteht aus einer U-förmigen Klemme, die aus Sperrholzresten hergestellt und an der Kante eines Arbeitstisches oder einer Vorrichtung mit Schlossschraube und Drehgriff befestigt wird. Ein Drehhebel aus Siebdruckplatte wird mit einer Schraube, die gleichzeitig als Drehachse dient, auf der Klemme befestigt. Um den Einsteller zu verwenden, wird der Anschlag wie gewünscht grob positioniert. Dann wird der Einsteller so angebracht, dass der Drehhebel in der Kerbe des Anschlagblockes liegt. Wenn man den Hebel dreht, wird der Anschlag um sehr kleine Entfernungen verschoben, so dass man leicht genau die gewünschte Einstellung erreichen kann.

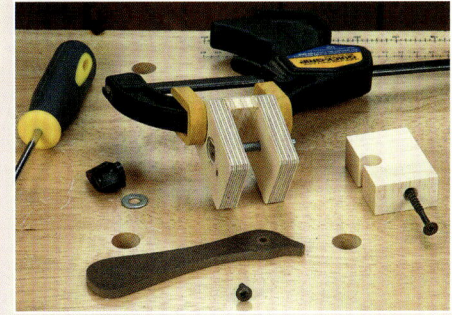

Die U-förmige Klemme des Feineinstellers wird aus drei kleinen Stücken Sperrholz verleimt.

## ENDANSCHLÄGE

### Umlegbare Endanschläge

Möchten Sie Werkstücke auf Länge schneiden, ohne diese extra anreißen zu müssen? Dann sollten Sie den Verlängerungsanschlag an Ihrer Kappsäge oder Radialarmsäge mit einer T-Nutprofilschiene, selbstklebender Zentimeterskala und umlegbaren Endanschlägen ausstatten. Bringen Sie zuerst auf beiden Seiten des Sägeblatts T-Nutprofilschienen aus Aluminium oben

> Siehe „Tischverlängerungen für die Kapp- und Gehrungssäge", S. 127

auf dem Verlängerungsanschlag an (die Nut sollte die Köpfe von 5-mm-Schrauben aufnehmen können) **(A)**. Die Vorderkante der Schiene sollte mit der Sichtseite des Anschlags bündig abschließen. Die verschiebbaren Klötze der umlegbaren Anschläge werden aus einem 300 mm langem und 40 mm starken Stück Vollholz hergestellt, das Sie auf die gleiche Breite wie die Profilschiene zugeschnitten haben. Schneiden Sie mit der Tischkreissäge an der Unterseite dieser Leiste eine 3 mm hohe und 5 mm breite erhabene Rippe an **(B)**, deren Lage jener der Nut in der Schiene entspricht. Sägen Sie dann von der Leiste vier 40 mm lange Klötze ab, Bohren Sie mittig durch jeden Klotz ein 5-mm-Loch, das durch die Rippe an der Unterseite führt, und bringen Sie darin eine Schraube (5 x 50 mm) und einen kleinen Drehgriff an. Stellen Sie die L-förmigen Schwenkarme aus 10 oder 20 mm starkem Sperrholz her **(C)**, Länge und Höhe sollten so bemessen sein, dass der Arm vom Klotz bis auf den Arbeitstisch hinüber und hinunter reicht. Schneiden Sie in den kürzeren Abschnitt des Arms eine 3 mm tiefe und 10 mm breite Aussparung als Aufnahme für eine Ableseplatte. Bohren Sie in jeden Arm ein Loch, und befestigen Sie den Arm mit einer Schraube mit angepresster Scheibe am verschiebbaren Klotz. Für die rechte Seite der Säge wird der Arm an der linken Seite des Klotzes angebracht und umgekehrt. Die Ableseplatten werden aus 3 mm starkem Acrylglas hergestellt, das man auf 10 x 30 mm zuschneidet (für Gehrungsanschläge sollten sie etwas länger sein, siehe die Variation auf der gegenüberliegenden Seite). Kratzen Sie mit einer Ahle, die Sie an einen kleinen Tischlerwinkel anlegen, einen Strich in etwa 25 mm Entfernung von einem Ende

# ENDANSCHLÄGE

in das Acrylglas, und heben Sie die Linie hervor, indem Sie sie mit einem feinen Marker farbig ausfüllen (D). Bohren Sie ein versenktes Loch in die Ableseplatte und bringen Sie sie mit einer kleinen Flachkopfschraube in der Aussparung an der Unterseite des umlegbaren Anschlags an.

Arretieren Sie den verschiebbaren Klotz in einem genau abgemessenen Abstand vom Sägeblatt (zum Beispiel 400 mm) in der Profilschiene, und befestigen Sie dann die selbstklebende Zentimeterskala so auf der Profilschiene, dass sich das gewählte Maß (400 mm) genau unter der Ableselinie im Acrylglas befindet (E). Jetzt kann der umlegbare Anschlag zum Ablängen genau auf jedes beliebige Maß entlang der Profilschiene eingestellt werden. Wenn man den Anschlag nach oben umlegt (F), kann man Enden nachschneiden oder andere Teil auf größere Maße ablängen, ohne das einmal eingestellte Maß für spätere Arbeiten erneut einstellen zu müssen.

**Variante:** Es gibt Bauteile, die zu kurz sind, um sie mit einem normalen umlegbaren Anschlag in einer Anlageverlängerung abzulängen. In solchen Fällen kann man mit Leim und Nägeln eine Verlängerung mit Anschlag am umlegbaren Anschlag befestigen (A). Die Verlängerung sollte so lang sein, dass der umlegbare Anschlag vor der Anlageverlängerung zu liegen kommt. Bringen Sie den Rest der selbstklebenden Zentimeterskala vom normalen umlegbaren Anschlag (oben) an der Sichtseite der Anlage an. Die Skala muss so angebracht werden, dass die Kante der Verlängerung das richtige Maß anzeigt. Beim Schneiden von Gehrungsverbindungen an Rahmenfriesen sollen oft die Innenmaße des Rahmens als Bezugsgröße dienen. Um dafür einen Anschlag herzustellen, befestigt man einen dreieckigen Block am Ende eines umlegbaren Anschlags (B) und bringt an der Verlängerung einen langen Zeiger an, der die Innenlänge des Frieses an der Zentimeterskala anzeigt.

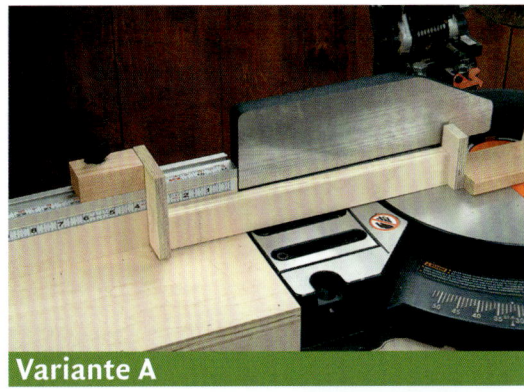
**Variante A**

**Variante B**

# KAPITEL ZEHN: ANSCHLÄGE UND REGISTERSTIFTE

## Verlängerungsanlagen mit Endanschlägen

Man kann die Aufnahmefähigkeit einer Anlage für Endanschläge erhöhen, indem man Verlängerungsanlagen mit verschiebbaren Endanschlägen anbringt. Ein gutes Beispiel dafür ist der verschiebbare Gehrungsanschlag.

> Siehe „Gehrungsschlitten", S. 93

Um den Anschlag mit einer T-Nutprofilschiene zu verlängern, schneidet man zuerst eine rechteckige Montageplatte aus 10 mm oder 20 mm starkem Sperrholz zu. Die Platte sollte so lang sein wie die Hinterkante des vorhandenen Anschlags, aber 20 mm bis 25 mm höher als dieser. Bohren Sie in größerem Abstand zwei 5-mm-Löcher nahe der Oberkante der Platte, um die Profilschienen anbringen zu können. Befestigen Sie die Platte mit zwei Schrauben an der Rückseite des Anschlags **(A)**. Je nach der verwendeten Profilschiene befestigen Sie diese mit Holzschrauben oder mit Gewindeschrauben mit Sechseckkopf und kleinen Drehgriffen. Stellen Sie entweder einen verschiebbaren Anschlag für die Profilschiene her, oder verwenden Sie einen gekauften oder selbst gefertigten umlegbaren Anschlag, um lange Werkstück präzise auf Gehrung ablängen zu können **(B)**. Um eine Anschlagsverlängerung am Gehrungsanschlag Ihrer Tischkreissäge anzubringen, schneiden Sie aus 10 mm starkem Sperrholz oder MDF eine 60 x 450 mm große Montageplatte zu. Bohren Sie zwei Löcher in die Platte, um eine Profilschiene befestigen zu können, und schrauben Sie dann die Platte an der Rückseite des Gehrungsanschlags fest **(C)**. Befestigen Sie eine 600–1200 mm lange Profilschiene mit 5-mm-Schrauben und Drehgriffen an der Platte. Um wiederholbare Schnitte ausführen zu können, bringen Sie an der Oberkante der Profilschiene eine selbstklebende Zentimeterskala an und stellen einen umlegbaren Anschlag auf die gewünschte Entfernung ein **(D)**.

## Exzenteranschläge

Ein Anschlag mit Feineinstellung lässt sich leicht herstellen, wenn man das Prinzip des Exzenters anwendet: Ein Loch, das nicht genau in der Mitte einer runden Scheibe oder eines Dübels liegt **(A)**, erlaubt es, den Anschlag zu verdrehen, um das Werkstück zu verschieben. Ein solcher Exzenteranschlag ist eine gute Wahl bei Vorrichtungen, bei denen man die Entfernung zwischen Werkstück und Werkzeugschneide verändern oder durch Verstellen unterschiedliche Sägeblatt- oder Fräserdurchmesser berücksichtigen möchte. So kann man mit einem Exzenteranschlag zum Beispiel die Position der Schlitze für Formfedern in einem Rahmen durch Exzenteranschläge am schwenkbaren Arm der Vorrichtung einstellen (siehe S. 133). Exzentrische Anschläge sind auch ein nützlicher Zusatz für eine verschiebbare Vorrichtung zum Schlitzen **(B)**, wo sie die Feineinstellung des Brüstungsschnitts erlauben. Mit einer anderen Art von exzentrischem Anschlag kann man die Position eines Werkstücks um frei wählbare Abstände verändern. Das ist nützlich, wenn man eine Reihe von Löchern in bestimmten Abständen voneinander bohren muss oder wenn es darum geht, ein Rahmenfries zu verschieben, um an der Ständerbohrmaschine mit dem Schlitzstemmer einen langen Schlitz zu schneiden. Um einen Schlitzanschlag mit vier Positionen herzustellen, reißen Sie die gewünschten Entfernungen auf einem Stück Sperrholz an, und schneiden Sie es auf diese Größe zu **(C)**. Befestigen Sie den Anschlag mit einem Drehgriff und einer Hammerschraube am Anschlag **(D)**. Durch Drehen des Anschlags wird die Entfernung des Werkstücks vom Schlitzstemmer verändert – jede Kante des Anschlags sorgt für einen anderen Abstand.

**TIPP:** Je weiter vom Mittelpunkt entfernt das Loch in einem Exzenteranschlag angebracht wird, desto größer ist der Bereich, in dem er sich verstellen lässt.

> Siehe „Vierseitige Zusatzgrundplatte", S. 161

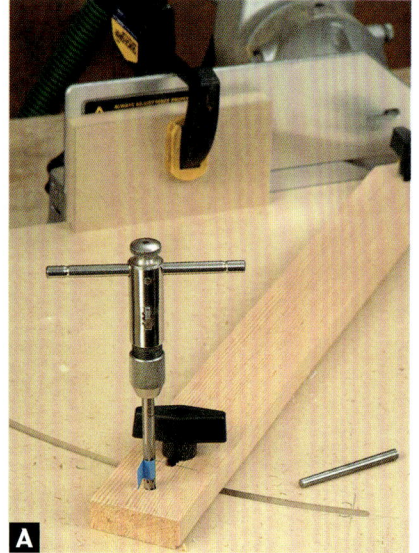

## Endanschläge für Winkelanlagen

Wenn man eine drehbare Anlage mit einem verstellbaren Endanschlag versieht, erleichtert das die Einstellung auf häufig verwendete Winkel. Stellen Sie die Anlage zuerst auf den gewünschten Winkel ein. Machen Sie einen Probeschnitt und überprüfen Sie den Winkel mit dem Winkelmesser, der Schmiege oder dem Tischlerwinkel. Justieren Sie gegebenenfalls die Stellung der Anlage. Bohren Sie dann ein Loch in die Anlage bis in die Grundplatte der Vorrichtung, und reiben Sie das Loch konisch aus (A). Jetzt kann in das Loch ein Kegelstift gesteckt werden, um den Anschlag in diesem Winkel zu arretieren.

> Siehe „Kegelstifte", S. 26

Um in wiederholbaren Entfernungen von einem Fräser arbeiten zu können, kann man einen Anschlag an einer drehbaren Anlage anbringen, wie sie bei dem Handoberfräsentisch mit Schnellverschluss auf S. 135 verwendet wird.

> Siehe „Handoberfräsentisch mit Schnellverschluss", S. 135

Bei diesem System wird die Anlage an einem Stoppklotz angelegt, der in einem von einer Reihe von konischen Löchern in der Vorrichtung arretiert wird. Stellen Sie die Anlage zuerst auf eine festgelegte Entfernung vom Mittelpunkt des Fräsers ein. Bohren Sie ein Loch in einen Laubholzklotz, und befestigen Sie ihn hinter der Anlage (B). Benutzen Sie das Loch als Lehre, um durch die Grundplatte der Vorrichtung zu bohren. Reiben Sie das Loch konisch aus, um einen Kegelstift aufzunehmen. Wiederholen Sie den Vorgang für andere häufig verwendete Entfernungen (5 mm, 10 mm usw.) (C). Um in ein Werkstück in gleichmäßigen Abständen eine Serie von Nuten zu schneiden, schneidet man zuerst einen Streifen MDF oder Sperrholz in der Breite des gewünschten Abstands zu und zersägt den Streifen dann zu einzelnen Klötzen. Stellen Sie den Parallelanschlag für den ersten Schnitt an der Kreissäge ein, und legen Sie die Klötze an der rechten Seite des Parallelanschlags an. Der letzte Klotz wird am Arbeitstisch der Tischkreissäge festgespannt (D). Nach jedem Schnitt wird einer der Klötze entfernt und der Parallelanschlag am nächsten Klotz angelegt, bevor man wieder sägt.

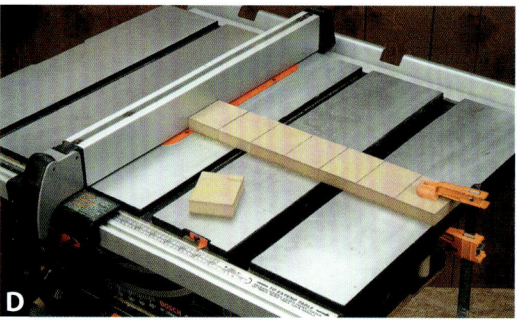

# VERSCHIEBBARE ANSCHLÄGE

## Tiefenanschläge

Mit hölzernen Muffen kann man die Bohrtiefe von Bohrern einschränken. Hergestellt werden sie aus Dübeln, die mittig aufgebohrt werden, um einen Hohlzylinder herzustellen, der über den Bohrer gestülpt wird **(A)**. Um eine Vorrichtung herzustellen, mit der sich die Dübel während des Bohrens halten lassen, bohrt man in ein Ende eines Kantholzes (50 x 100 mm) ein Loch. Vom Ende aus wird dann ein Schlitz bis zu dem Loch gesägt. Die Vorrichtung wird am Arbeitstisch der Ständerbohrmaschine festgespannt. Dann wird der Dübel in das Loch gesteckt und mit einer Zwinge gesichert. Mit dem Bohrer, für den man einen Tiefenanschlag herstellen wird, bohrt man durch den Dübel. Indem man den Dübel auf verschiedene Längen ablängt, kann man Tiefenanschläge für unterschiedliche Bohrtiefen herstellen. Wenn man nur einen Tiefenanschlag herstellt, lässt sich die Bohrtiefe justieren, indem man den Bohrer unterschiedlich weit in das Bohrfutter einspannt. Bei anderen Arbeitsgängen, etwa dem Anspitzen einer Rundstange, kann man mit einer kurzen Muffe die Arbeitstiefe festlegen.

> Siehe „Vorrichtung zum Anspitzen von Rundmaterial", S. 89

Bohren Sie dazu ein Loch mit dem Durchmesser der Dübelstange in einen kleinen Holzklotz, und sägen Sie den Klotz von der Seite bis zum Loch ein, und bringen Sie eine Schraube an, um die Muffe am Dübelholz zu befestigen **(B)**. An der Ständerbohrmaschine lässt sich die Bohrtiefe leicht mit einem Stoppklotz einstellen, der über die Tiefenstange der Maschine gestülpt wird **(C)**. So kann die Bohrtiefe sehr viel schneller verstellt werden, als wenn man die Anschlagmutter am Gewinde der Tiefenstange verstellen müsste. Stellen Sie verschiedene Stoppklötze aus einer quadratischen Leiste mit 25 mm Querschnitt her. Schneiden Sie dazu in die Mitte einer Seite der Leiste eine Nut, die breit und tief genug ist, die Tiefenstange aufzunehmen **(D)**. Längen Sie die Leiste dann zu Klötzen in den gängigen Maßen (10 mm, 25 mm, 40 mm usw.) ab. Bringen Sie am Grund der Nut selbstklebendes Magnetband an, damit die Klötze an der Tiefenstange haften.

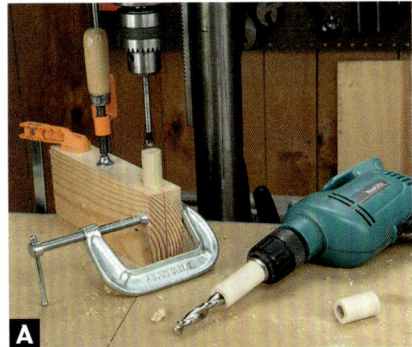

KAPITEL ZEHN: ANSCHLÄGE UND REGISTERSTIFTE

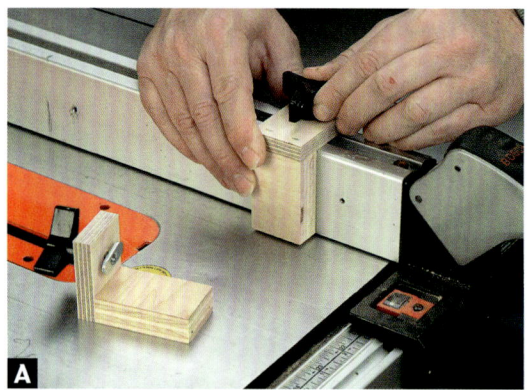

## Verschiebbare Endanschläge

Endanschläge und Stoppklötze sind wichtige Hilfsmittel, um die Länge von Schnitten an der Tischkreissäge, Bandsäge, Tischfräse, am Handoberfräsentisch und sogar an der Abrichthobelmaschine zu begrenzen. Am einfachsten ist es, einen Holzklotz am Anschlag der Maschine festzuspannen. Mit einem solchen Stoppklotz lässt sich die Länge von Fälzen, Nuten und Profilen festlegen. Falls Ihr Anschlag jedoch eine T-Profilnut hat, lohnt es sich, ihn mit einem Paar verstellbarer Endanschläge auszustatten, die in dieser Nut laufen. Stellen Sie die L-förmigen Anschläge aus Sperrholz her, indem Sie oben eine Aufnahme für eine Hammerschraube oder für einen Drehgriff mit Gewinde schneiden, die in die Nut der Anlage passen **(A)**. Mit einem einzelnen Anschlag wird die Länge eines Schnittes bestimmt, der vor dem Ende des Werkstücks enden soll. Falls der Schnitt keines der beiden Enden erreichen soll, verwendet man beide Anschläge **(B)**. Bei langen Werkstücken werden Sie vermutlich eine längere T-Nutprofilschiene auf Ihrem Anschlag anbringen müssen.

Es ist sowohl nützlich als auch sicherer, den Arbeitsweg eines Gehrungsanschlags oder einer Vorrichtung zu begrenzen, die man in der Tischnut im Arbeitstisch einer Maschine benutzt, wie das zum Beispiel der Fall ist, wenn man eine Nut vor der Vorderkante eines Bücherregalseitenteils absetzt. Falls Ihre Maschine eine Tischnut mit T-Profil hat, können Sie aus einem 40 mm breiten Holzklotz einen verstellbaren Endanschlag herstellen, indem Sie ein versenktes 5-mm-Loch in die Mitte des Klotzes bohren und an der Tischkreissäge einen 20 mm breiten und 3 mm hohen Steg an der Unterseite anschneiden **(C)**.

Schleifen Sie dann zwei parallele gerade Kanten an eine 5-mm-Unterlegscheibe, so dass sie in die T-Nut passt. Befestigen Sie mit einer Mutter die Unterlegscheibe auf einer 5-mm-Schraube, und befestigen Sie sie am Endanschlag und einem Drehgriff. Schieben Sie die Unterlegscheibe in die T-Nut, bringen Sie den Endanschlag in die richtige Position, und ziehen Sie den Drehgriff an, um den Anschlag zu arretieren **(D)**. Man kann auch Endanschläge für Tischnuten herstellen, die kein T-Profil aufweisen: Schneiden Sie eine kurze Laubholzleiste zu, die in die Tischnut passt (diese sind meist 20 mm breit), und bohren Sie ein 10 mm Loch durch die Mitte der Leiste.

# VERSCHIEBBARE ANSCHLÄGE

Schneiden Sie an der Bandsäge einen Schlitz in Längsrichtung der Leiste, der 10 mm über die Bohrung hinausreicht. Bohren Sie am Ende des Schlitzes ein kleines Loch, damit das Holz nicht reißt. Verlängern Sie die Enden des größeren Loches mit einer Feile, so dass das Loch oval wird (**E**). Der Arretierhebel für den Anschlag entsteht, indem man ein 40 mm langes Stück Dübelstange mit 5 mm Durchmesser zuschneidet, und oben eine Bohrung für einen 75 mm langen Griff aus 6 mm starker Dübelstange bohrt. Um den Endanschlag zu arretieren, wird der Hebel gedreht, bis die Seiten der Leiste gegen die Seiten der Tischnut gedrückt werden (**F**). Mit einem magnetischen Endanschlag lassen sich die Arbeitswege einer verschiebbaren Vorrichtung oder eines Werkstücks einschränken, wenn die betreffende Maschine einen Arbeitstisch aus Stahl oder Gusseisen hat. Schneiden Sie aus 20 mm starkem Sperrholz die Platte für den Anschlag aus, und bohren Sie vier flache 20-mm-Löcher als Aufnahme für scheibenförmige Seltene-Erden-Magneten hinein.

> Siehe „Rave-Earth-Magneten", S. 32.

Kleben Sie die Magneten mit Epoxid- oder Cyanacrylatkleber so in die Löcher, dass sie etwas über die Fläche der Platte hinausragen (**G**). Bringen Sie einen Griff (**H**) an dem Anschlag an, um ihn leichter versetzen und abnehmen zu können – diese Magneten entwickeln eine beachtliche Haltekraft!

⚠ Verwenden Sie immer einen Endanschlag, um die Bewegung einer verschiebbaren Vorrichtung so zu begrenzen, dass sie sich nicht am Sägeblatt oder Fräser vorbeibewegen und den Arbeitenden Gefahren aussetzen kann.

## Anschläge für die Handoberfräse

Es gibt viele gute Gründe, die Vorwärtsbewegung einer Handoberfräse während eines Schnittes einzuschränken – und die Länge einer Nut festzulegen, um einen Falz vor dem Ende des Werkstücks auszusetzen, oder um eine Kante nicht zu profilieren, die an ein anderes Bauteil passen muss. Der einfache Stoppklotz in Abbildung **(A)** wird an die Kante des Werkstücks gespannt und setzt dem Schnitt ein Ende, wenn die Grundplatte der Handoberfräse dagegen stößt. Bringen Sie an zwei Sperrholzstücken (50 x 100 x 10 mm) jeweils unten eine Mutter an, und fräsen Sie ein Langloch durch das Oberteil, das als Aufnahme für den Drehgriff mit Gewinde dient, mit dem der Stoppklotz am Werkstück festgespannt wird. Schneiden Sie an der Tischkreissäge zwei Stufenklötzchen zu **(B)**, und leimen Sie diese an die geschlitzten Bauteile. So kann der Stoppklotz an Material mit 10 mm, 20 mm oder 25 mm Stärke befestigt werden.

Eine andere nützliche Vorrichtung für die Handoberfräse setzt ein Stück T-Nutprofilschiene und zwei verschiebbare Endanschläge ein **(C)**. Stellen Sie die beiden Endanschläge aus Sperrholz in den Abmessungen 50 x 150 x 10 mm her, und bohren Sie in jeden Anschlag ein 5-mm-Loch als Aufnahme für eine Sechseckkopfschraube und einen Drehgriff, mit denen er in der Nut arretiert wird. Leimen Sie Zulagen in der Stärke der Profilschiene unter die Anschläge, um sie zu stützen, wo sie über das Werkstück hinausragen. Um die Vorrichtung zu verwenden, wird die Profilschiene auf das Werkstück gespannt, und der Abstand zwischen den Endanschlägen wird auf die gewünschte Länge des Schnitts eingestellt.

Man kann die Länge von Schlitzen, Fälzen und Profilen an den Kanten von Werkstücken bestimmen, indem man zwei Endanschläge verwendet, wie das in Abbildung B auf S. 198 zu sehen ist. Eine Vorrichtung mit einer Absetznocke, durch welche der Fräser langsam und kontrolliert in das Werkstück geführt wird, ergibt mit größeren Fräsern am Handoberfräsentisch sauberere abgesetzte Schnitte bei Kantenprofilen und Verbindungen. Die Vorrichtung besteht aus zwei Teilen: Einer Zusatzanlage mit einem angeschrägten Nocken, der über dem Fräser liegt, und einem Führungsschlitten, der auf dem Werkstück befestigt wird, um den Schnitt zu führen **(D)**.

# VERSCHIEBBARE ANSCHLÄGE

Stellen Sie die Zusatzanlage aus einem Stück MDF oder Sperrholz her, das über die normale Anlage des Handoberfräsentischs passt. Schneiden Sie aus 40 mm starkem Material einen 25 mm breiten Nocken, dessen beide Enden mit 45° auf Gehrung geschnitten sind. Befestigen Sie den Nocken mit Leim und Schrauben an der Zusatzanlage, so dass sie über dem Fräser steht. Stellen Sie den Führungsschlitten aus 40 mm starkem Material her, das etwas länger als das Werkstück ist. Schneiden Sie in die Vorderkante eine 25 mm tiefe Aussparung, deren Enden im Winkel von 45° abgeschrägt sind. Die Länge der Aussparung bestimmt die Länge der Fräsung am Werkstück: Wenn der Nocken mit den nicht ausgesparten Enden des Führungsschlittens in Berührung kommt, wird der Fräser vom Werkstück weggeführt, so dass der Schnitt ein- und ausgesetzt wird. Um das Werkstück leichter am Führungsschlitten befestigen zu können (wenn man die Fräsung an mehreren gleichen Werkstücken ausführen muss), befestigt man an einem Ende eine kleine Stoppleiste und am anderen Ende einen kleinen Schnellspanner, der das Werkstück gegen die Leiste drückt. Eine weitere Stoppleiste an der hinteren Kante des Führungsschlittens erleichtert das Ausrichten des Werkstücks in der Vorrichtung. Spannen Sie das Werkstück sicher an dem Schlitten fest, und führen Sie das nicht ausgesparte Ende gegen den Nocken an der Anlage. Schieben Sie den Schlitten vorwärts. Der Schnitt beginnt, wenn die schrägen Flächen an Schlitten und Nocken aneinander vorbeigleiten **(E)**. Halten Sie das Werkstück weiter fest gegen die Zusatzanlage, bis die Schrägen an Nocken und Schlitten am Ende des Schnitts das Werkstück wieder vom Fräser wegführen **(F)**.

# KAPITEL ZEHN: ANSCHLÄGE UND REGISTERSTIFTE

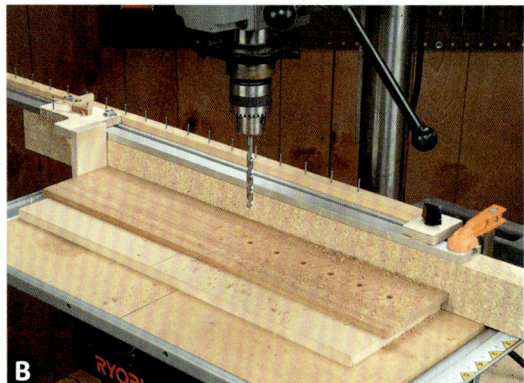

 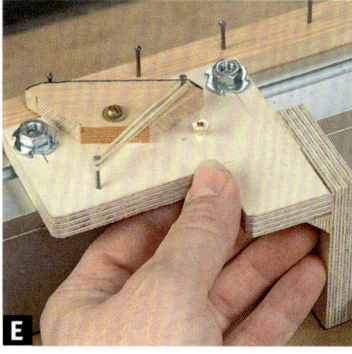

## ABSTANDSHALTER

### Abstandshalter für Lochreihenbohrungen

Mit einer entsprechenden Vorrichtung ist es leicht, Lochreihen für Haken, verstellbare Bodenträger oder zu dekorativen Zwecken an der Ständerbohrmaschine zu bohren. Die einfachste Vorrichtung besteht aus einem Federstift, der aus einem Dübel mit angespitztem Ende besteht, der an einem Stück federndem Holz befestigt wird. Das Federholz wird an einer Anlage festgeschraubt, die am Arbeitstisch der Ständerbohrmaschine angebracht wird. Nachdem man das erste Loch gebohrt hat, wird das Werkstück so weit verschoben, dass der Dübel in das Loch fasst, und man bohrt das nächste Loch **(A)**. Der Vorgang wird so oft wie gewünscht wiederholt. Die Entfernung zwischen dem Dübel und dem Bohrer bestimmt den Abstand der Löcher voneinander. Nachteil der Vorrichtung ist, dass sich die Fehler summieren können, falls sich das Federholz mit der Zeit verbiegt.

Etwas komplizierter, aber auch genauer ist die Verwendung einer Nagelleiste und eines verschiebbaren Anschlags, um die Lage des Werkstücks in Relation zum Bohrer festzulegen **(B)**. Stellen Sie die Nagelleiste her, indem Sie eine Leiste mit dem Querschnitt 40 x 20 mm lang genug zuschneiden, um das Werkstück aufzunehmen. Bringen Sie an der oberen Kante eine Reihe von Drahtstiften im gewünschten Abstand an **(C)**. Bohren Sie kleine Löcher vor, damit sich die Drahtstifte gerade eintreiben lassen. Befestigen Sie an der Nagelleiste zwei Halteleisten, und montieren Sie die Nagelleiste an einer T-Nutprofilschiene, die am Anschlag der Ständerbohrmaschine angebracht ist. Stellen Sie dann aus 10 mm starkem Sperrholz den verstellbaren Endanschlag her, der aus einem Stoppklotz, der an einem L-förmigen Oberteil festgeleimt ist, besteht **(D)**. Das Oberteil wird mit zwei 5-mm-Schrauben und Viereckmuttern so in der Profilschiene befestigt, dass es von Seite zu Seite bewegt werden kann. Der Endanschlag wird mit einem Dreharm an den Nägeln der Leiste ausgerichtet **(E)**. Der Dreharm wird durch ein Gummiband zurückgestellt. Um die Vorrichtung zu verwenden, wird das Werkstück gegen den Endanschlag gehalten, und man bohrt das erste Loch. Dann wird der Anschlag

# ABSTANDSHALTER

knapp an dem nächsten Nagel vorbeigeschoben, zurückbewegt, bis der Dreharm gerade am Nagel anliegt, und man bohrt das nächste Loch. Der Vorgang wird so oft wiederholt, bis alle Löcher gebohrt worden sind.

## Abstandshalter für Sägefugen

Eine einfache Anlage mit einem Registerstift ist gut geeignet, um schmale Nuten in Schubladenseiten für Facheinteilungen oder in Gewürzregalen für dünne Regalbretter zu schneiden. Um einen Abstandshalter für Sägefugen am Gehrungsanschlag Ihrer Tischkreissäge anzubringen, schneiden Sie zuerst eine 75 mm hohe und 600 mm lange Hilfsanlage aus 20 mm oder 25 mm starkem Vollholz mit geradem Faserverlauf zu. Um die Anlage leicht verstellen zu können, schrauben Sie an der Rückseite ein kurzes Stück T-Nutprofilschiene fest und befestigen die Anlage mit zwei 5-mm-Schrauben am Gehrungsanschlag. Legen Sie den Gehrungsanschlag in die Tischnut der Tischkreissäge, und schneiden Sie genau im Abstand von 25 mm eine Reihe von 10 mm tiefen Sägefugen in die Hilfsanlage **(A)**.

> Siehe „Fingerzinken", S. 101

Ich habe die Abstände zwischen den Sägefugen durch Endanschläge bestimmt, wie es ähnlich auf S. 196 beschrieben ist. Bringen Sie einen kleinen Registerstift aus Laubholz mit Leim im gewünschten Schlitz an, justieren Sie den Abstand zum Sägeblatt, und sägen Sie die erste Fuge in Ihr Werkstück. Nach dem Schnitt wird der Registerstift in die soeben geschnittene Fuge gesetzt, um die nächste Fuge zu schneiden **(B)**.

Eine Abwandlung dieser Vorrichtung lässt sich an der Radialarmsäge oder Kapp- und Gehrungssäge einsetzen, um dicht beieinander liegende Sägefugen in eine Leiste oder ein Brett zu sägen, um das Stück dann biegen zu können **(C)**. Schneiden Sie zuerst einen Schlitz in eine Hilfsanlage aus Holz, die so bemessen ist, dass sie über den normalen Anschlag der Säge passt. Bringen Sie einen Registerstift aus Hartholz in dem Schlitz an, und spannen Sie die Hilfsanlage so an der Säge fest, dass der Registerstift so weit vom Sägeblatt entfernt ist, wie der Abstand der Sägefugen sein soll **(D)**. Führen Sie dann die Schnitte wie oben beschrieben aus, indem Sie den Registerstift jeweils in die zuletzt geschnittene Fuge stecken.

## Teilscheibe für die Drechselbank

Mit einer Fräsvorrichtung kann man an der Drechselbank Kannelierungen oder Halbstäbe an ein gedrechseltes Tischbein oder eine Säule fräsen. Dazu muss der Spindelstock der Drechselbank in bestimmten Abständen arretiert werden können, damit die Schnitte in gleichmäßigen Abständen um das Werkstück herum ausgeführt werden. Falls Ihre Drehbank nicht über eine serienmäßige Teilscheibe verfügt, können Sie eine anfertigen. Schneiden Sie zuerst mit einer entsprechenden Vorrichtung eine große Scheibe aus 5 mm starker Siebdruckplatte.

> Siehe „Vorrichtungen für Kreise und Scheiben", S. 116

Stellen Sie einen Zirkel auf den halben Radius der Scheibe ein, und reißen Sie am Rand der Scheibe damit in gleichmäßigem Abstand 12 Linien an **(A)**. Bohren Sie an einer Scheibenanlage auf jeder Linie ein 4-mm-Loch in etwa 5 mm Abstand von der Kante der Scheibe **(B)**. Befestigen Sie diese Scheibe an einer Planscheibe **(C)** zwischen dem Spindelstock und dem Werkstück, das Sie bearbeiten möchten.

> Siehe „Scheiben-Anschlag", S. 83

Um den Stoppklotz herzustellen, mit dem die Teilscheibe **(D)** an einer Drechselbank mit flachem Bett und zwei Schienen arretiert wird, schneiden Sie eine Leiste, die 25 mm länger ist als der Abstand vom Bett der Drechselbank bis zur Drehachse. Schneiden Sie oben in die Leiste eine 7 mm breite Nut (für die Scheibe), und schrauben Sie das andere Ende an ein Querstück, das über das Bett reicht und den Schlitz über der Scheibe positioniert. Bohren Sie ein Loch durch das obere Ende der genuteten Leiste, das genau in Höhe der Drehachse liegt, und positionieren Sie dann die Stoppleiste so, dass sie in die Scheibe greift. Reiben Sie die 12 Löcher konisch aus, damit sie einen Kegelstift aufnehmen können (siehe „Kegelstifte" auf S. 26). Drechseln Sie das Werkstück zu der gewünschten Form, bringen Sie es in die gewünschte Position, und arretieren Sie es mit dem Kegelstift in der Lochreihe auf der Scheibe, mit der die gewünschten Abstände erreicht werden **(E)**. Verwenden Sie die beschriebene Vorrichtung zum Kannelieren, um mit der Handoberfräse die Schnitte auszuführen.

> Siehe „Vorrichtung zum Kannelieren", S. 157

# KAPITEL ELF: ÜBERBLICK

# Einspannen und Ausrichten

Bevor man ein Werkstück präzise sägen, fräsen, bohren oder schleifen kann, muss es fest gehalten werden. Das heißt nicht nur, es an einer Vorrichtung, einem Anschlag oder Maschinentisch festzuspannen, sondern auch, es in einem genau definierten Abstand von einem Sägeblatt, Fräser, Bohrer oder Schleifband oder einer Schleifscheibe zu positionieren. Während Anlagen und Anschläge diese Aufgabe auf allgemeine Weise wahrnehmen, sind Positionsanschläge darauf spezialisiert und auf bestimmte Werkstücke oder Bearbeitungssituationen abgestimmt.

Solche Positionsanschläge sorgen dafür, dass Bauteile aneinander ausgerichtet werden, damit Löcher an den richtigen Stellen oder Schnitte mit der notwendigen Genauigkeit ausgeführt werden können, wie das in der unteren Abbildung zu sehen ist. Da bei allen Formen der Holzbearbeitung – ob mit der Hand oder maschinell – beträchtliche Kräfte entstehen, müssen die Werkstücke immer daran gehindert werden, sich auf Grund der Einspannkräfte zu bewegen, was sogleich näher erläutert wird. Bei leichteren Bearbeitungsgängen wie dem Bohren kleiner Löcher, Kantenschleifen oder Ablängen schmaler Leisten kann das Andrücken mit der Hand oft schon reichen, um das Werkstück zu halten.

Neben den käuflichen Zwingen gibt es viele Einspannhilfen, die man selbst herstellen kann und die hinreichend Spannkraft aufbringen, um das Werkstück auch bei schwereren Arbeiten zu halten. Selbst gefertigte Zwingen sind vor allem deswegen sehr nützlich, weil man sie direkt in die eigenen Vorrichtungen integrieren kann. Keile aus Holz, Zulagen und Exzenterklemmen (siehe Abb. oben auf S. 206) lassen sich leicht herstellen und bringen beeindruckende Kräfte ins Spiel, wenn es darum geht, Bauteile fest zu halten, so dass man sicherer und genauer arbeiten kann. Für die höheren Ansprüche gewerblicher Anwender gibt es Schnellspanner (siehe Abb. unten auf S. 206) und Druckluft- und Vakuumspannsysteme, mit denen sich die letzten Abschnitte dieses Kapitels beschäftigen.

**Ausrichten**

> Positionsanschläge (S. 207)
> Montagehilfen (S. 208)

**Einfache Zwingen**

> Mit der Hand gehalten (S. 209)
> Parallelzwingen (S. 211)
> Festschrauben! (S. 212)
> Keile und Halterungen (S. 213)
> Exzenterklemmen (S. 215)

**Zwingen für den gewerblichen Einsatz**

> Schnellspanner (S. 216)
> Drucklufteinspannsysteme (S. 217)
> Vakuumeinspannsysteme (S. 218)

Ein V-Block ist in Verbindung mit dem Gehrungsanschlag an der Tischkreissäge nützlich, um Zapfen, die um 90° versetzt sind, an quadratische Leisten zu schneiden.

205

Die Form der Exzenterklemme (ein Kreis mit einer Griffverlängerung) wird an der Bandsäge aus Sperrholz ausgeschnitten.

Um die Haltekraft von Schnellspannern zu erhöhen, kann man unter ihrem Kopf Antirutschbeläge anbringen.

## Die 12 Freiheitsgrade

Wenn ein Teil eingespannt wird, muss es in 12 verschiedenen Richtungen an Bewegungen gehindert werden.

1. Hoch
2. Hinab
3. & 4. Drehung in beiden Richtungen um die Z-Achse
5. Links
6. Rechts
7. & 8. Drehung in beiden Richtungen um die X-Achse
9. Vorwärts
10. Rückwärts
11. & 12. Drehung in beiden Richtungen um die Y-Achse

## Werkstücke halten

Wenn man all die verschiedenen Weisen bedenkt, auf die sich ein Werkstück während der Bearbeitung bewegen kann, dann wirkt die Aufgabe, es fest einzuspannen, vielleicht etwas überwältigend. Insgesamt gibt es 12 mögliche Bewegungen, die ein Werkstück ausführen kann, wie die Abbildung unten zeigt. Man spricht auch von den „12 Freiheitsgraden". Glücklicherweise muss man nicht für jede mögliche Bewegung eine eigene Zwinge anwenden: Die durchdachte Anwendung von Zwingen und Positionsanschlägen schränkt die Bewegung des Werkstücks sehr schnell ein. Ziel sollte es sein, möglichst wenige Zwingen für die gegebene Aufgabe einzusetzen, damit das Ansetzen und Abnehmen der Zwingen nicht zu einer lästigen Aufgabe wird.

Man kann die Zahl der notwendigen Zwingen reduzieren, indem man Stoppklötze, Anlagen und Endanschläge so anbringt, dass sie das Werkstück gegen die Bearbeitungskräfte halten. So kann die Drehbewegung des Sägeblatts, Fräsers oder Bohrers das Werkstück noch fester gegen die Positionierungsvorrichtung drücken, was es einem erspart, Zwingen oder die eigenen Finger zu dicht an den Ort des Geschehens zu bringen.

Man kann auch den Einsatz von Zwingen verringern, indem man die Kräfte, die von einem Bohrer, Fräser oder einem Sägeblatt während der Bearbeitung freigesetzt werden, dazu nutzt, eine Bewegungsmöglichkeit des Werkstücks einzuschränken. So drücken der Vorschub und die Drehbewegung eines Bohrers zum Beispiel ein Werkstück gegen die Werkbank oder den Arbeitstisch der Ständerbohrmaschine. Die Drehbewegung versucht auch, das Werkstück in eine Bewegung im Uhrzeigersinn zu versetzen, so dass eines seiner Enden immer fester gegen einen dort vorhandenen Anschlag gedrückt wird. In diesem Fall muss man das Werkstück durch Zwingen nur dagegen sichern, dass es von der Fläche abhebt oder dass das entgegengesetzte Ende sich vom Anschlag wegbewegt.

## VORRICHTUNGEN ZUM AUSRICHTEN

### Positionsanschläge

Bevor man ein Werkstück an einer Vorrichtung oder einem Maschinentisch festspannen kann, muss man es an einem Sägeblatt, Bohrer oder Fräser ausrichten. V-Klötze sind nützliche Hilfsmittel, um Werkstücke in unterschiedlichen Vorrichtungen zu positionieren, sie machen sich aber auch an der Ständerbohrmaschine nützlich, indem sie Rundstangen beim Bohren ruhig halten **(A)**.

> Siehe „Vorrichtung zum Anspitzen von Rundmaterial", S. 89

Eine andere nützliche Vorrichtung an der Ständerbohrmaschine besteht aus zwei Dübeln (10 x 50 mm), die als Anlagestifte dienen, um Bretter automatisch unter dem Bohrer zu zentrieren **(B)**. Bohren Sie im Abstand von 150 mm bis 300 mm zwei Löcher für die Dübel in eine Sperrholzplatte. Spannen Sie die Vorrichtung am Arbeitstisch der Ständerbohrmaschine fest, so dass der Bohrer sich auf einer Gerade zwischen den Dübeln und genau auf halber Strecke zwischen ihnen befindet. Um ein Loch zu zentrieren, wird das Werkstück zwischen die Positionsstifte gelegt und gedreht, bis es an beiden Stiften fest anliegt. Positionsanschläge sind auch nützlich, wenn es darum geht, ein nicht geradliniges Werkstück wie etwa ein geschwungenes Tischbein genau in eine bestimmte Lage zu bringen, um es bearbeiten zu können. Zwei oder mehr Anlagen, die das Ende des Werkstücks umschließen oder an seinen Kanten anliegen, hindern es daran, sich während der Bearbeitung zu bewegen. Schneiden Sie die Anlagen mit der Stich- oder Bandsäge aus **(C)**, richten Sie das Werkstück sorgfältig an der Vorrichtung aus, und befestigen Sie die Anlagen mit Schrauben um das Werkstück herum **(D)**. Es empfiehlt sich, einen der Anschläge in der Nähe der zu bearbeitenden Stelle zu platzieren, um zu verhindern, dass die vom Werkzeug ausgehenden Kräfte es verschieben. Oft reichen die Positionsanschläge schon aus, um das Werkstück so zu fixieren, so dass man es nur noch mit der Hand niederhalten muss. Andernfalls kann man Schnellspanner anbringen, um es niederzuhalten.

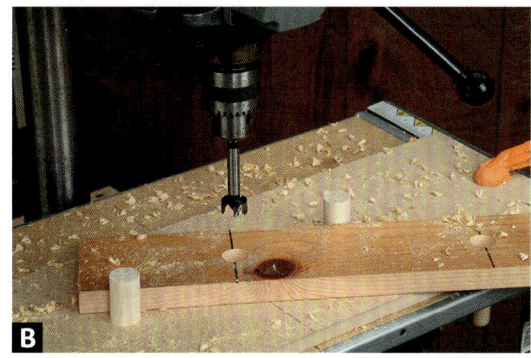

## Montagehilfen

Mit Positionsanschlägen kann man Werkstücke nicht nur während der Bearbeitung genau ausrichten. Auch beim Verleimen leisten sie Hilfe, wenn es darum geht, Wandteile senkecht und Kanten bündig zu halten, um einen Korpus zu montieren. Montagehilfen, die sicherstellen, das die Bauteil in jeder Situation richtig positioniert werden und es auch bleiben, bis man Nägel oder Schrauben eingetrieben bzw. Zwingen angesetzt hat, sind schnell herzustellen. In diesem Beispiel werden zwei Platten verwendet, um drei Bauteile als Teilmontage für ein kleines Möbelstück zusammenzufügen **(A)**. Die Platten werden aus MDF- oder Sperrholzresten zugeschnitten und jeweils mit zwei Nuten versehen **(B)**. Die Nuten sind etwas breiter als die Bauteile stark sind, sie sind so ausgerichtet und angelegt, dass die Bauteile bündig und senkrecht zueinander gehalten werden. Etwas Wachs in den Nuten sorgt dafür, dass die Teile nicht klemmen. Ein kleiner Klotz, der mit Leim und Nägeln unten an jeder Platte befestigt wird, sorgt dafür, dass die Montageplatte und das Bauteil, das sie hält, senkrecht auf dem Tisch stehen, auf dem montiert wird.

Montagehilfen sind oft auch ein Segen, wenn es darum geht, die auf Gehrung geschnittenen Ecken eines Kastens, einer Truhe, Schublade oder eines Rahmens zu verleimen. Die Montagehilfen sorgen nicht nur dafür, dass die Teile genau rechtwinklig zueinander stehen, sondern stellen auch sicher, dass die Spitzen der Gehrung während des Ansetzens und Anziehens der Zwingen aneinander ausgerichtet bleiben **(C)**. Stellen Sie die Montagehilfen her, indem Sie zwei senkrecht aufeinander stehende Nuten in die Nähe der Kanten schneiden. Bei einem schmalen Rahmen reichen vier Montagehilfen, bei einem breiteren Korpus sollten Sie acht Stück anfertigen (eine für oben und unten an jeder Ecke). Schneiden Sie die Ecken, wo die Nuten aufeinander treffen, im Winkel von 45° ab **(D)**. Dadurch wird verhindert, dass die verleimten Bauteile an der Montagehilfe festkleben, und es macht auch das Anbringen von Nägeln und Schrauben leichter.

# EINFACHE ZWINGEN

## Mit der Hand gehalten

Die menschliche Hand ist eine erstaunliche Vorrichtung. Sie kann Teile in jeder Form und in den meisten Größen halten, sogar solche, die zu unregelmäßig geformt sind oder zu ungewöhnliche Winkel aufweisen, um sie mit normalen Zwingen einzuspannen. Oft ist es auch schneller, ein Teil mit der Hand zu halten, als Zwingen anzusetzen und wieder abzunehmen. Problematisch wird es erst, wenn es um sehr kleine Teile geht: Wie hält man das Teil fest in der Hand, ohne die unschätzbaren Finger zu nahe an die blutdürstigen Schneiden des Sägeblattes oder Fräsers zu bringen? Um sicherzustellen, dass Teile, die man mit der Hand hält, während des Schnittes nicht verrutschen, kann man einfach an der Fläche der Anlage oder der Vorrichtung, gegen die das Teil gehalten wird, ein Stück selbstklebendes Schleifpapier oder rutschhemmende Folie für Treppenstufen (**A**) anbringen.

Falls Sie nicht eine besondere Vorrichtung zum Bearbeiten kleiner Teile verwenden, ist es sehr viel sicherer, kleine Leisten oder Brettchen abzulängen, wenn man eine Halteleiste dafür herstellt. Schneiden Sie eine Leiste aus kräftigem Laubholz zu, und bringen Sie auf einer Seite an jedem Ende selbstklebendes Schleifpapier an (**B**). Schneiden Sie eine kleine Zulage auf die gleiche Stärke wie das Werkstück, und drücken Sie mit der Halteleiste sowohl die Zulage als auch das Werkstück fest gegen die Anlage der Säge (**C**). Spannen Sie gegebenenfalls ein Stück MDF oder Sperrholz an der Anlage fest, um das Werkstück direkt neben dem Sägeblatt zu führen. Diese Methode funktioniert sowohl bei Kappsägen als auch an der Tischkreissäge mit dem Gehrungsanschlag sehr gut.

Bei der Arbeit an der Ständerbohrmaschine kann man ein Werkstück fixieren, indem man es daran hindert, sich zu drehen oder zu heben, wenn man den Bohrer herauszieht. Um es am Drehen zu hindern, ohne Zwingen zu verwenden, hält man eine oder mehrere Kanten des Werkstücks an eine Anlage. Drücken Sie das Werkstück sorgfältig in hinreichendem Sicherheitsabstand mit der Hand auf den Arbeitstisch der Ständerbohrmaschine.

*(Fortsetzung auf S. 210)*

## KAPITEL ELF: EINSPANNEN UND AUSRICHTEN

Wenn man mehrere gleichartige Teile bohrt, hat die Verwendung einer Anlage den zusätzlichen Vorteil, dass die Entfernung vom Werkstück zum Bohrer konstant bleibt indem man eine zweiteilige Anlage verwendet **(D)**, kann man ein quadratisches oder rechteckiges Werkstück so anlegen, dass die Löcher genau in den vier Ecken gebohrt werden.

Wie schon Archimedes gezeigt hat, kann man mit einem Hebel Kräfte vervielfachen. Das gilt auch, wenn man Werkstücke mit der Hand hält. Diese Haltevorrichtung für die Ständerbohrmaschine **(E)**, ist genau das Richtige, um kleine Teile unverrückbar zu halten, während man sie bohrt. Der Hebelarm wird aus einem Stück Laubholz mit den Maßen 40 x 450 x 100 mm hergestellt. Er hat an einem Ende einen Keilaufsatz, der an ein aufgeleimtes, 90 mm langes Stück Holz angeschnitten wird. Der Schlitz in der Mitte des Hebels wird hergestellt, indem man zuerst zwei 25-mm-Löcher im Abstand von 75 mm bohrt, und dann den Verschnitt zwischen ihnen mit der Stichsäge entfernt **(F)**. Der Griff kann bequemer gestaltet werden, indem man seine Kanten abrundet und schleift. Bringen Sie selbstklebendes Schleifpapier auf der Unterseite des Hebels neben dem Schlitz an, um die Einspannwirkung noch zu verstärken.

Der Hebel setzt an einer Vorrichtung an, die mit Zwingen oder Schrauben am Arbeitstisch der Ständerbohrmaschine befestigt wird. Sie besteht aus zwei L-förmigen Stützen (70 mm hoch, 20 mm stark), zwischen denen ein 100 mm langes Stück 10-mm-Dübelstange steckt **(G)**. Schieben Sie das Keilende des Hebelarms je nach Stärke des Werkstücks mehr oder weniger weit unter die Dübelstange, um das Werkstück zu halten.

⚠ Seien Sie beim Bohren von Teilen mit scharfen Ecken an der Ständerbohrmaschine besonders vorsichtig. Falls der Bohrer sich festfrisst und das Werkstück mitreißt, könnte nicht nur der Bohrer ruiniert sein, sondern auch Ihre Knöchel könnten Schaden davontragen.

# EINFACHE ZWINGEN

## Parallelzwingen

Die traditionellen hölzernen Parallelzwingen gibt es in vielen verschiedenen Größen. Sie eignen sich hervorragend, um Werkstücke an der Hobelbank oder Vorrichtungen am Arbeitstisch einer Maschine zu befestigen. Darüber hinaus sind sie auch schon allein großartige Haltevorrichtungen. Mit einer Parallelzwinge kann man Leisten, Klötze und sogar Scheiben halten, die zu klein oder unhandlich sind, um sie mit der Hand zu halten. Die Seitenflächen der Zwinge halten sogar Teile mit flachem Boden senkrecht zur Bohrrichtung, wenn man ein Loch in sie hineinbohrt **(A)**. Indem man den großen Korpus der Zwinge hält, sorgt man automatisch dafür, dass die Hände nicht in die Nähe des Bohrers geraten. Da sich die Backen der Zwinge einzeln verstellen lassen, kann man mit der Parallelzwinge auch verjüngte oder unregelmäßig geformte Werkstücke halten, um dann etwa Nuten in sie zu schneiden oder ihre Kanten am Handoberfräsentisch zu profilieren **(B)**. Da die Zwinge aus Holz ist, kommt es auch nicht zu wesentlichen Schäden, falls der Fräser einmal mit den Backen in Kontakt kommt.

Man kann Parallelzwingen auch verwenden, um kleine oder unregelmäßig geformte Teile fest in einer Vorrichtung oder auf der Werkbank zu halten. Um die Zwinge an einer Fläche zu befestigen, bohren Sie durch jede der Backen senkrecht ein übergroßes Loch (oder Sie fräsen einen Schlitz). Bringen Sie Gewinde- oder Holzschrauben in diesen Löchern an **(C)**. Eine praktische Haltevorrichtung lässt sich herstellen, indem man aus 20 mm starkem MDF eine Grundplatte (250 x 300 mm) ausschneidet und bündig mit der Oberfläche eine T-Nutprofilschiene einlässt.

> Siehe „Profilschienen", S. 29

Bringen Sie dann die Parallelzwinge mit zwei Hammerschrauben und Drehgriffen in der T-Nut an, und spannen Sie die Grundplatte in der Bankzange ein. Die Parallelzwinge hält kleine Teile sicher, während man sie schnitzt, hobelt, schleift oder sonstwie bearbeitet **(D)**, und die T-Nut sorgt für Verstellbarkeit der Zwinge.

**TIPP:** Kleine Teile wie Schrauben lassen sich zum Schleifen oder Feilen gut in einer Gripzange halten.

## KAPITEL ELF: EINSPANNEN UND AUSRICHTEN

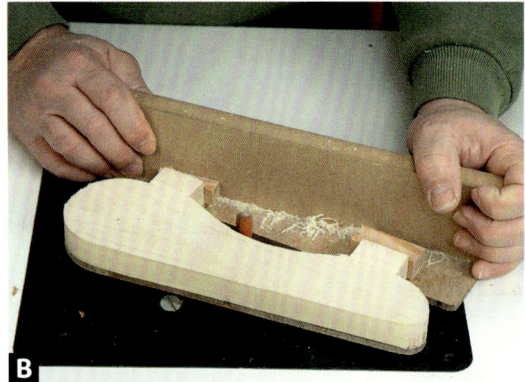

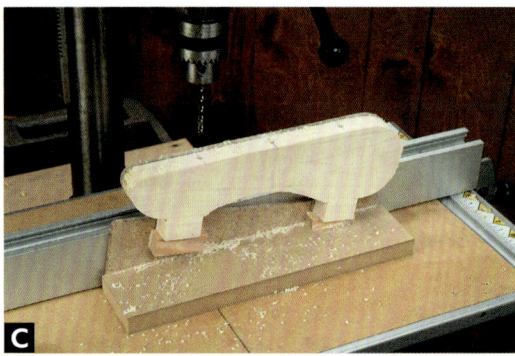

### Festschrauben!

Manchmal ist es nicht praktisch, ein Werkstück mit Zwingen in einer Vorrichtung zu halten. Das mag daran liegen, dass das Werkstück zu unregelmäßig geformt ist, um es sicher zu halten, oder dass die Zwingen bei der Bearbeitung im Weg sind. Eine Lösung ist es, das Werkstück direkt an der Vorrichtung festzuschrauben.

Falls sich Löcher im Werkstück befinden, kann man diese zur provisorischen Befestigung nutzen. Falls nicht, kann man das Stück so zuschneiden, dass Platz zur Befestigung bleibt. Rechteckige Teile schneidet man einfach länger zu als nötig und schraubt sie nahe den Enden fest. Bei unregelmäßigen Teilen und komplizierten Vorrichtungen schneidet man an den Umrissen entsprechende Nasen an, durch die dann die Schrauben getrieben werden können **(A)**.

Die hier gezeigte Vorrichtung hält ein unregelmäßig geformtes Teil für zwei unterschiedliche Arbeitsgänge. Zuerst wird das Werkstück von der Unterseite her mit Holzschrauben direkt auf einer Grundplatte festgeschraubt. Dabei wird die richtige Ausrichtung durch zwei Endanschläge sichergestellt. Die Grundplatte dient als Schablone, während die Außenkante des Werkstücks auf dem Handoberfräsentisch mit einem Bündigfräser und unten liegenden Anlaufring auf Endgröße gefräst wird **(B)**. Danach wird die Vorrichtung um 90° gedreht, so dass sie auf einem im rechten Winkel an der hinteren Kante angeleimten Streifen liegt (dieser Streifen dient auch während des Fräsens als Griff für die Vorrichtung). Der Streifen steht im Winkel zum Werkstück, so dass die schräg verlaufende Oberkante des Werkstücks waagerecht liegt und man an der Ständerbohrmaschine im Winkel von 90° mehrere Löcher in diese Kante bohren kann **(C)**. Nach der Bearbeitung wird das Werkstück von der Halterung abgeschraubt, die Nasen werden entfernt **(D)**, und die Oberfläche wird geschliffen.

## Keile und Halterungen

Man kann auf ein althergebrachtes Prinzip zurückgreifen, um mit einzeln oder als Paar verwendeten Keilen Anpressdruck zu entwickeln, der ausreicht, um ein Teil in einer Vorrichtung zu halten. Einfache Keile unterschiedlicher Größe lassen sich leicht aus rechteckigen Holzresten zuschneiden. Reißen Sie zwischen zwei gegenüberliegenden Ecken eine Diagonale an, und schneiden Sie dann an der Bandsäge zwei gleiche Keile aus **(A)**. Je länger und dünner der Keil ist, desto weiter muss er hineingetrieben werden, um ein Teil festzukeilen, desto größer ist jedoch auch die Kraft, die er entwickelt, und desto kleiner ist auch die Gefahr, dass er sich löst. Für die meisten Zwecke eignet sich ein Höhen-Längen-Verhältnis von 1 zu 5. Um einen einzelnen Keil zum Einspannen zu verwenden, wird er gegen das Werkstück getrieben, das zwischen zwei Anlagen liegt. Treiben Sie den Keil mit dem Klüpfel entweder direkt gegen das Werkstück oder gegen einen Positionierungsanschlag, der dem Umriss des Werkstücks entsprechend zugeschnitten worden ist **(B)**. Auf diese Weise kann man mit Dübeln, die in einer Trägerplatte eingesetzt wurden, auch unregelmäßig geformte Teile halten, während sie durch den Dickenhobel oder die Breitbandschleifmaschine laufen.

Anpressdruck kann man auch entwickeln, indem man zwei gleiche Keile gegeneinander treibt. So kann man mit zwei Keilpaaren eine Reihe von Streifen in einem Rahmen gegeneinander drücken **(C)**, um dann ein Stoffstück darauf festzuleimen und so die Tür für einen Rollschrank herzustellen. Wenn man ein Keilpaar eintreibt, wird es breiter, aber die Außenkanten bleiben parallel, so dass man auf die Kanten der Streifen gleichmäßig verteilten Druck ausüben kann.

Man kann ein Keilpaar auch verwenden, um eine Werkstück flach auf der Oberfläche einer Vorrichtung zu halten, entweder waagerecht auf der Grundplatte **(D)** oder senkrecht an einem Anschlag. Bei diesen Keilpaaren gibt es jeweils einen festen und einen losen Keil. Der feste Keil wird aus einem Laubholzklotz geschnitten, indem man ihn zuerst teilweise an der Tischkreissäge durchschneidet und dann am geneigten Arbeitstisch der Bandsäge den schrägen Teil freischneidet **(E)**. Schneiden Sie den losen Keil im gleichen Winkel zu.

*(Fortsetzung auf S. 214)*

## KAPITEL ELF: EINSPANNEN UND AUSRICHTEN

Schrauben Sie den festen Keil so an der Vorrichtung fest, dass er über der Kante des Werkstücks liegt. (Der feste Keil kann auch gleichzeitig als Anschlag dienen, um das Werkstück in der richtigen Stellung zu halten, und so eine doppelte Aufgabe erfüllen.) Um das Werkstück festzuspannen, wird der lose Keil in den festen hineingetrieben. Um das Werkstück aus dieser oder jeder anderen Vorrichtung mit Keilen zu lösen, werden die Keile einfach auseinandergezogen oder -getrieben.

Wie Keile sind auch Halterungen einfache Hilfsmittel, mit denen man ein Werkstück in einer Vorrichtung oder eine Vorrichtung an einer Maschine befestigen kann. Eine einfache Halterung besteht aus zwei Stückchen Sperrholz, die mit Leim und Schrauben L-förmig miteinander verbunden werden. Der kurze Schenkel des Ls sollte so lang sein wie das Werkstück stark ist. Drehen Sie eine Schraube durch den anderen Schenkel, um das Werkstück einzuspannen. Solche einfachen Halterungen sind nützlich, um einen Verlängerungstisch oder die Grundplatte einer Vorrichtung an einem Maschinentisch zu befestigen **(F)**. Einfache Halterungen funktionieren auch gut in Verbindung mit T-Nutprofilschienen. Bringen Sie einfach die Profilschiene auf der Grundplatte oder einer anderen Fläche der Vorrichtung an, und befestigen Sie die Halterung mit Hammerschrauben **(G)**. Sie können beliebig viele Halterungen in der Profilschiene anbringen, und diese in jeder beliebigen Position entlang der Schiene am Werkstück festziehen.

**TIPP:** Um Keile leichter wieder auseinandertreiben zu können, versieht man sie an einer Kante mit einer Bohrung. In diese kann man die Spitze eines Schraubendrehers einsetzen und den Keil mit leichten Hammerschlägen lösen.

## Exzenterklemmen

Eine einfache, aber vielseitige Einspannhilfe lässt sich nach dem Exzenterprinzip herstellen, indem man aus 20 mm starkem Sperrholz eine Scheibe mit griffartiger Verlängerung sägt. Bohren Sie ein Loch, das nicht in der Mitte liegt, und befestigen Sie die Klemme mit einer Schraube an einer Grundplatte oder anderen Vorrichtungsfläche **(A)**. Je weiter das Bohrloch von der Mitte entfernt liegt, desto größer ist die Spannbreite der möglichen Werkstückbreiten. Andererseits ist die Einspannkraft je höher, desto dichter das Loch am Mittelpunkt liegt. Mit dieser Art von Exzenterklemme kann man ein Werkstück an einer Anlage oder einem Anschlag halten. Drehen Sie einfach den Griff in die eine Richtung, um das Teil einzuspannen, und in die andere, um es wieder zu lösen.

Eine andere sehr nützliche Zwinge nutzt einen Feststellhebel, der an die traditionellen hölzernen Zwingen der Instrumentenbauer erinnert **(B)**. Stellen Sie den Kopf der Zwinge aus einem Laubholzabschnitt her, der mindestens 25 mm stark, 50 mm breit und lang genug für das Teil ist, das eingespannt werden soll (der hier gezeigte Zwingenkopf ist 195 mm lang).

Bohren Sie zuerst ein kleines Loch in halber Länge des Kopfes und 5 mm über dessen Unterkante. Schneiden Sie ihm dann mit der Bandsäge in 5 mm Abstand von der Unterkante bis zu dem Loch ein. Schneiden Sie als Aufnahme für den Feststellhebel einen 4 mm breiten, an einem Ende offenen Schlitz mittig in die Breite des Kopfes **(C)**. Die Tiefe des Schlitzes sollte bis zu der mit der Bandsäge zuerst geschnittenen Sägefuge reichen. Schneiden Sie den Exzenterhebel aus einem dichten Laubholz in der in **(D)** gezeigten Form zu, und bohren Sie ein nichtmittiges Loch hinein, durch das ein als Achse dienender Nagel gesteckt wird. Befestigen Sie die Exzenterklemme mit einer Schraube am anderen Ende an Ihrer Vorrichtung.

# KAPITEL ELF: EINSPANNEN UND AUSRICHTEN

## ZWINGEN FÜR DEN GEWERBLICHEN EINSATZ

### Schnellspanner

Schnellspanner wurden ursprünglich für industrielle und gewerbliche Zwecke hergestellt. Sie sind ausgesprochen nützlich, wenn es darum geht, Werkstücke in einer Vorrichtung zu halten oder eine Vorrichtung an einer Maschine zu befestigen. Durch einfaches Umlegen eines Hebels wird ein Mechanismus betätigt, der eine gummibewehrte Spitze auf eine Fläche drückt oder sie wieder löst **(A)**.

Schnellspanner gibt es in vielen verschiedenen Ausführungen und Größen **(B)**, die jeweils auf bestimmte Anwendungszwecke ausgerichtet sind. Schiebespanner haben eine waagerecht laufende Druckstange, die nützlich ist, wenn es darum geht, ein Werkstück gegen eine Anlage, einen Anschlag oder eine andere Fläche zu halten. Andere Schnellspanner haben Hebelarme, die von oben wirken und das Werkstück auf einer Fläche fixieren. Die Unterschiede liegen hier in der Art und Weise, in der der Griff geführt wird, und in seiner Lage, wenn der Schnellspanner gelöst oder angezogen ist. Je nach Anbringungsort wird man die eine oder andere Variante bevorzugen, weil vielleicht für den langen Arretierhebel eines anderen Modells einfach kein Platz ist.

Die meisten Schnellspanner werden mit vier Schrauben an der Vorrichtung befestigt **(C)**. Wenn man den Schnellspanner auf einem Holzklotz befestigt, kann man diesem mit einer Hammerschraube auch in einer T-Nut laufen lassen **(D)**. Um ein Werkstück mit einem Schnellspanner in einer Vorrichtung einzuspannen, sollte dieser möglichst nahe am Sägeblatt oder Fräser sitzen, damit sich das Werkstück während der Bearbeitung nicht bewegt und auch Ihre Hände nicht im Gefahrenbereich sind. Stellen Sie den Spannkopf mit dem Gummibelag so ein, dass er genug Druck ausübt, um das Werkstück sicher zu halten, aber es nicht zu schwer ist, den Hebel zu bedienen. Die Haltekraft des Schnellspanners kann vergrößert werden, indem man unter dem Spannkopf selbstklebendes Schleifpapier oder rutschhemmenden Belag für Treppenstufen anbringt (siehe S. 206).

---

**TIPP:** Dickere Werkstücke lassen sich einspannen, wenn man zwischen den Schnellspanner und die Vorrichtung eine Zulage legt.

---

## ZWINGEN FÜR DEN GEWERBLICHEN EINSATZ

### Drucklufteinspannsysteme

Drucklufteinspannsysteme sind normalerweise für Fertigungsbetriebe gedacht, sie können sich aber auch einer kleinen Werkstatt beim Bau von Vorrichtungen als außerordentlich nützlich erweisen. Solche Druckluftspanner haben fast unendlich viele Einsatzmöglichkeiten: Sie können Werkstücke auf der Hobelbank fixieren, um sie zu fräsen, zu hobeln oder zu schleifen **(A)**; sie können Werkstücke am Schiebetisch einer Tischkreissäge halten; oder Rahmenfriese fest am Anschlag einer Ständerbohrmaschine halten, um sie mit Bohrlöchern oder Schlitzen zu versehen **(B)**. Druckluftspanner sind auch gut geeignet, um Bauteile einzuspannen und sie bei der Endmontage oder beim Verleimen zu halten.

Druckluftspanner sind im Wesentlichen Hebelklemmen, die mit einem Druckluftzylinder versehen sind, der die Klemme anzieht oder löst. In einem Fuß- oder Handschalter befindet sich ein Vier-Wege-Ventil, dass den Zufluss von Druckluft in das eine oder andere Ende des Zylinders regelt (siehe nebenstehende Abbildung). Da die Druckluft nur entweichen kann, wenn der Spanner geöffnet oder geschlossen wird, genügen zum Betrieb schon relativ kleine Kompressoren (ab 0,4 kW).

Druckluftspanner sind in verschiedenen Größen lieferbar und sind entweder mit Hebelarm oder Druckstange ausgestattet, wie die im vorigen Abschnitt besprochenen Schnellspanner. Es gibt auch unterschiedliche Hublängen: Spanner mit längerem Hub können Werkstücke unterschiedlicher Stärken aufnehmen und lassen sich weiter zurückfahren als solche mit kurzem Hub, was das Ein- und Ausspannen der Werkstücke erleichtert. Manche Modelle halten den Druck auch aufrecht, wenn die Luftzufuhr abgestellt wird, was sie für das Einspannen von verleimten Baugruppen sehr geeignet macht, bei denen der Leim über Nacht trocknen soll.

Ein einfaches Druckluftspannsystem besteht aus einem Kompressor, einem Druckminderer, einem Schalter mit Vier-Wege-Ventil, den Schläuchen und Verbindungsstücken und den Druckluftspannern. Es gibt Systeme mit Schnellverbindern in Standardgrößen, die in der Verwendung sehr leicht und angenehm sind. Wenn man zwei oder mehr Spanner mit einem Schalter verwenden möchte, muss man Abzweigungen installieren, um die Druckluft entsprechend zu verteilen.

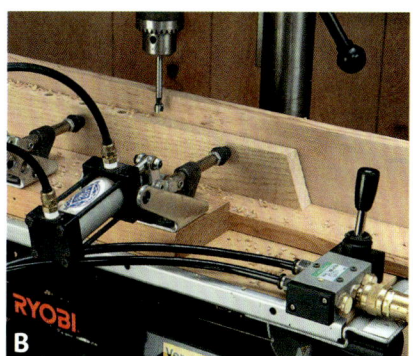
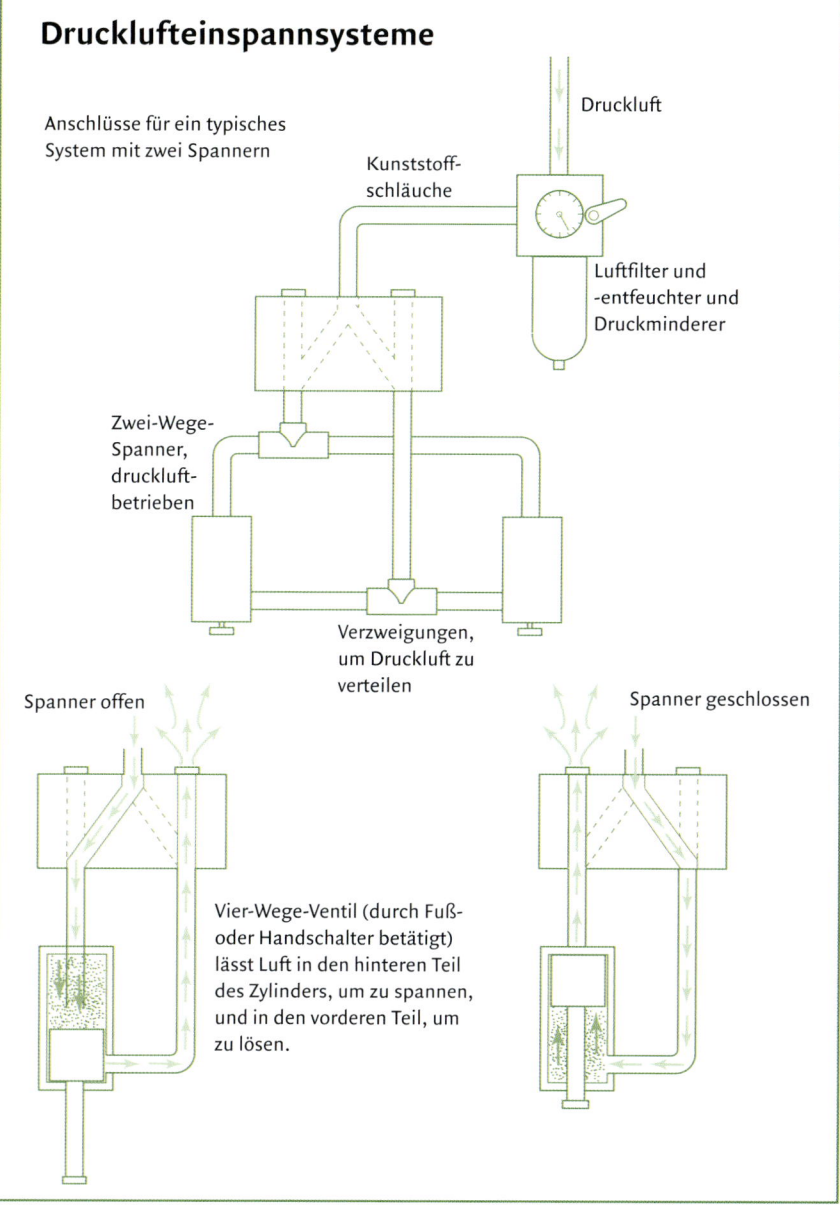

**Druckluftspannsysteme**

Anschlüsse für ein typisches System mit zwei Spannern

Druckluft

Kunststoffschläuche

Luftfilter und -entfeuchter und Druckminderer

Zwei-Wege-Spanner, druckluftbetrieben

Verzweigungen, um Druckluft zu verteilen

Spanner offen

Spanner geschlossen

Vier-Wege-Ventil (durch Fuß- oder Handschalter betätigt) lässt Luft in den hinteren Teil des Zylinders, um zu spannen, und in den vorderen Teil, um zu lösen.

## Vakuumeinspannsysteme

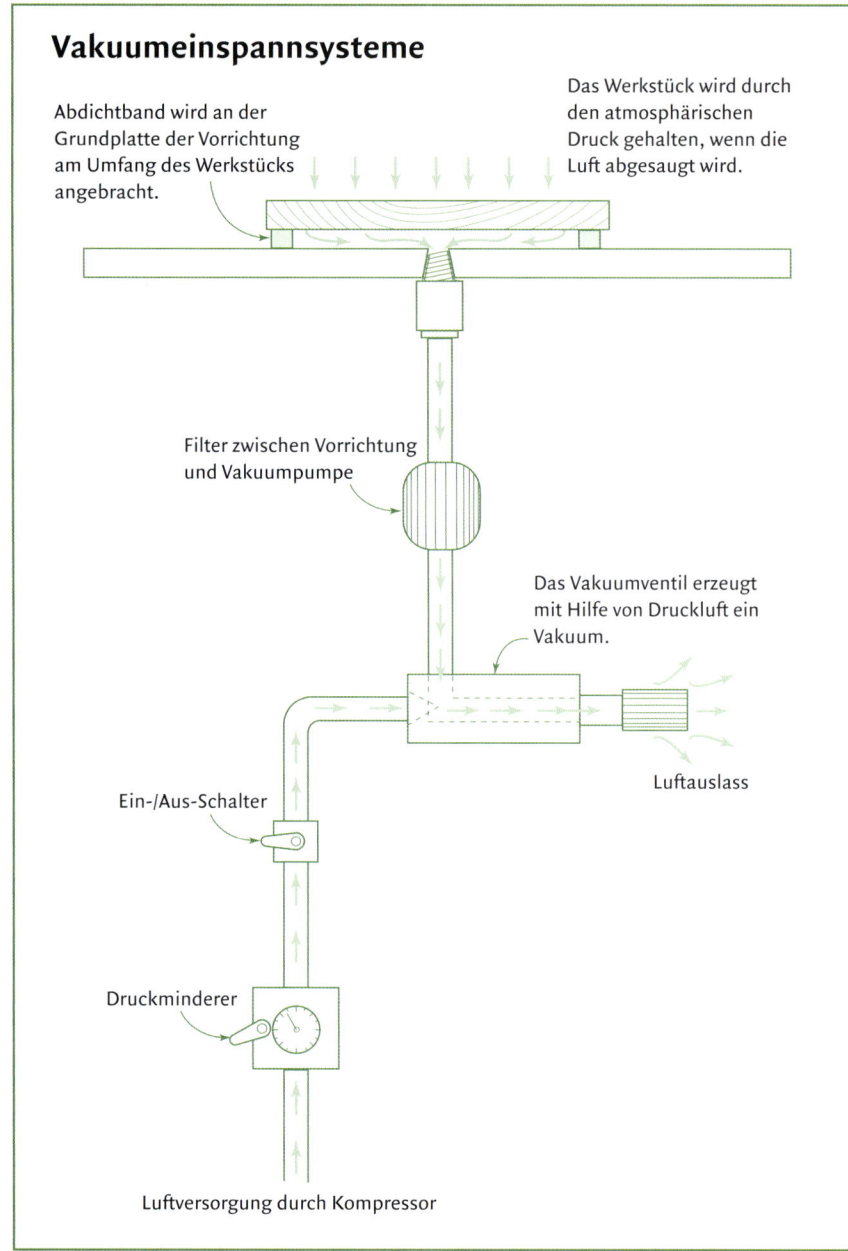

**Vakuumeinspannsysteme**

- Abdichtband wird an der Grundplatte der Vorrichtung am Umfang des Werkstücks angebracht.
- Das Werkstück wird durch den atmosphärischen Druck gehalten, wenn die Luft abgesaugt wird.
- Filter zwischen Vorrichtung und Vakuumpumpe
- Das Vakuumventil erzeugt mit Hilfe von Druckluft ein Vakuum.
- Luftauslass
- Ein-/Aus-Schalter
- Druckminderer
- Luftversorgung durch Kompressor

## Vakuumeinspannsysteme

Der Druck, der von der Atmosphäre der Erde ausgeübt wird (1013 Hektopascal), reicht bei bestimmten Arbeiten vollkommen aus, um Werkstücke zu fixieren. Vorausgesetzt, man macht sich diese Kraft durch ein Vakuum zu Nutze. Ein Vakuumeinspannsystem liefert und kontrolliert Ansaugluft, die ein Werkstück an einer ebenen Fläche – der Grundplatte einer Vorrichtung, einer Schablone (A) oder einem Anschlag o.Ä.

Man kann eine extra Vakuumpumpe verwenden, um die nötige Ansaugkraft zu erzeugen, aber eine platz- und geldsparende Lösung ist die Verwendung eines Vakuumventilsystems, wie es in der Abbildung links zu sehen ist. Hier wird Druckluft aus einem Kompressor durch einen Einsteller (auf einen Druck von 250-500 kPa eingestellt) und eine kleine Strahlpumpe geleitet, die ein Vakuum erzeugt. Mit einem Kunststoffschlauch wird das System an dem Vakuumspanner in der Vorrichtung verbunden.

Die Fläche des Vakuumspanners kann aus jedem nicht-porösen Material hergestellt werden – Kunststoff, Hartfaserplatte, melaminbeschichteter Spanplatte usw. Ein schmaler Streifen Abdichtschaumstoff, wie er zum Abdichten von Fenstern und Türen verwendet wird, wird um das Werkstück herum gelegt und schließt dieses luftdicht ab (B). Die einzige Bedingung, die erfüllt sein muss, ist eine Mindestfläche des zu bearbeitenden Werkstücks von 65 Quadratzentimetern, da kleinere Teile nicht ausreichend sicher gehalten werden.

Um dieses Vakuumeinspannsystem zu verwenden, stellen Sie die Druckluft ein, und drücken das Werkstück leicht an die Fläche des Einspanners, bis es angesaugt wird. Bei großen, dünnen Teilen wird auch in der Mitte des Werkstücks etwas von dem Abdichtstreifen eingelegt, um zu verhindern, dass sich das Werkstück durchbiegt. Wenn man nach dem Bearbeiten die Druckluft abstellt, lässt sich das Werkstück leicht wieder abnehmen.

**TIPP:** Kleine Teile kann man oft ausreichend für das maschinelle Schleifen fixieren, indem man sie mit dem Schlauch eines Staubsaugers ansaugt.

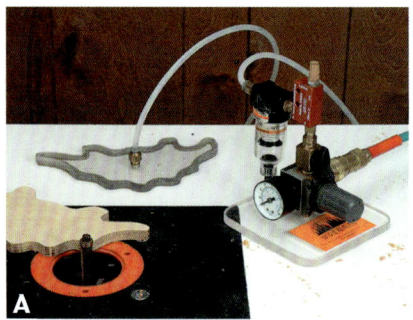

KAPITEL ZWÖLF: ÜBERBLICK

# Halterungen

Während der Großteil dieses Buches sich mit Vorrichtungen für das Sägen, Bohren, Fräsen, Hobeln und Schleifen mit stationären Maschinen, Elektrowerkzeugen und dem gelegentlichen Handwerkzeug beschäftigt, soll in diesem Abschnitt das Augenmerk auf Halterungen ruhen. Obwohl bei vielen der in früheren Abschnitten vorgestellten Vorrichtungen auch Halterungen schon im Entwurf vorgesehen sind, so sind die Halterungen in diesem Abschnitt doch vor allem dafür gedacht, ein Werkstück während der Bearbeitung zu halten und Baugruppen während des Verleimens auszurichten und zu stützen. Es gibt sogar Vorrichtungen darunter, die dem Biegen von Holz dienen.

Eine Hobelbank wäre ohne eine stabile Bankzange (oder zwei) nicht sehr nützlich. Aber die Vorder- und Hinterzange einer traditionellen Hobelbank sind nicht immer die besten Möglichkeit, Material während der Bearbeitung mit Hand- oder Elektrowerkzeugen zu fixieren. Halterungen für die Hobelbank sind leicht herzustellen und gut geeignet, eine Platte während des Fräsens oder ein schmales Brett während des Hobelns einer Kante zu halten, wie auf der Abbildung rechts zu sehen.

Die meisten dieser Halterungen setzen gekaufte oder selbst gefertigte Einspannvorrichtungen ein, wie sie im vorhergehenden Abschnitt besprochen wurden. Dazu gehören Exzenterklemmen und Schnellspanner ebenso wie Vakuumeinspannsysteme. Den Ansaugdruck, der von Druckluft erzeugt wird, die durch ein spezielles Vakuumventil strömt, zum Halten eines Werkstücks zu verwenden, ist eine besonders nützliche Technik, die in mehreren der hier vorgestellten Vorrichtungen genutzt wird, so auch in dem Vakuumtisch in der Abbildung auf S. 220 oben links.

**Halterungen für Werkstücke**

> Halterungen für die Hobelbank (S. 221)
> Halterungen für Fräsarbeiten (S. 222)
> Bohrhalterung (S. 224)

**Halterungen für die Montage**

> Platten verleimen (S. 226)
> Rahmenspanner (S. 228)
> Spannvorrichtung für gebogene Platten (S. 229)

**Holz biegen und laminieren**

> Biegeformen (S. 230)
> Laminierformen (S. 231)

Bei dieser Vorrichtung wird ein Brett mit einer Anlage, einem Keilanschlag und zwei Exzenterklemmen hochkant gehalten, um es zu hobeln, zu fräsen, zu profilieren oder zu schleifen.

219

# KAPITEL ZWÖLF: ÜBERBLICK — HALTERUNGEN

Dieser praktische Vakuumtisch wird von einem Vakuumventil und Druckluft betrieben, um Bretter und Platten beim Bohren sicher zu halten.

Diese Verleimhilfe für Rahmen übt mit Exzenterklemmen Druck auf die Gehrungen aus.

Diese einfache Montagehilfe hat konkave Querstücke, mit denen man angefaste Dauben stützen kann. Die Löcher nehmen Zwingen auf, mit denen man die Dauben beim Verleimen zusammenspannt.

## Verleimführung

Wenn sich bei Ihnen jemals Frustration breitgemacht hat, als Sie versucht haben, einen sauberen Leimfaden auf die Kante eines Brettes zu legen, um eine Platte zu verleimen, dann dürften Sie sich über diese Verleimführung freuen. Die Führung hat die Form eines kopfstehenden U und wird über die Spitze einer Leimflasche gestülpt. Die Seiten werden am Werkstück entlanggeführt und lassen den Leim mittig auf der Kante austreten, so dass Sie sich darauf konzentrieren können, genau die richtige Menge Leim aufzutragen. Schneiden Sie aus Laubholz mit

dem Querschnitt 100 x 100 mm einen kurzen Streifen zu, der etwa 10 mm breiter ist als das Material, das Sie verleimen wollen. Schneiden Sie einen Schlitz mittig in den Streifen, der eine Haaresbreite breiter ist als das Material. Zersägen Sie den Streifen zu mehreren Führungen (25-50 mm), die Sie jeweils mit einem schräg verlaufenden Loch als Aufnahme für die Leimflasche versehen.

Die Montage von Teilen – aus vier auf Gehrung geschnittenen Leisten einen Bilderrahmen oder aus Quer- und Längsfriesen den Sichtrahmen eines Möbelstücks herzustellen – ist ein anderes Gebiet der Tischlerei, auf dem Halterungen unverzichtbar sind. Selbst gefertigte Montagehalterungen sind außerordentlich nützlich, wenn es darum geht, häufige Aufgaben – wie die Längsverleimung von Brettern zu einer Tischplatte – sowohl schnell als auch leicht auszuführen. Solche Halterungen können sogar eingebaute Einspannhilfen aufweisen, wodurch die Notwendigkeit, mit Zwingen zu hantieren, zwar nicht eliminiert, so aber doch reduziert wird. Als Beispiel mag die Verleimhalterung in Abbildung C auf S. 228 dienen, bei der Exzenterklemmen auf der Grundplatte angebracht sind, um die Ecken des Rahmens zusammenzupressen.

Man kann auch eigene Halterungen herstellen, um besondere Werkstücke anfertigen zu können, etwa daubenähnlich gebogene Türrahmenfüllungen für eine formschöne Kommode (siehe Abbildung oben links). Zu den Halterungen zählen auch Formen, in denen Holz gebogen wird, und solche, in denen gebogene, laminierte Bauteile verleimt werden. Ohne solche Halterungen ließen sich keine Werkstücke aus frischem („grünem') Holz, gedämpftem Holz oder miteinander verleimten Furnieren herstellen.

## HALTERUNGEN FÜR WERKSTÜCKE

### Halterungen für die Hobelbank

Man kann keine gute Arbeit an der Hobelbank leisten, wenn man das Werkstück nicht vernünftig an ihr befestigen kann. Hier stellen wir zwei einfache Halterungen für die Hobelbank vor. Die erste hält Bretter und Platten flach auf der Arbeitsfläche. Die zweite hält lange Bretter und Leisten hochkant, um die Kanten abrichten, schleifen oder fräsen zu können. Die erste Halterung wird aus astreinem Vollholz mit geradem Faserverlauf hergestellt, der Querschnitt beträgt 50 x 100 mm, die Länge sollte die der Hobelbank nicht übersteigen. Schrauben Sie in gleichmäßigem Abstand auf der ganzen Länge an der breiteren Seite Schnellspanner fest (**A**). Die Halterung wird provisorisch mit Zwingen oder zwischen Bankhaken an der Hobelbank befestigt. Um schmale Werkstücke in der Halterung einzuspannen, kann man entweder die Gummispitzen der Schnellspanner entsprechend einstellen, oder Restholz als Zulage unter das Werkstück legen (**B**).

Um eine Halterung für die Bearbeitung von Kanten (**C**) herzustellen, geht man von 20 mm starkem MDF oder Sperrholz aus und schneidet eine Grundplatte mit einer Breite von 125 mm bis 150 mm und einer Länge von 900 mm bis 1200 mm zu. Befestigen Sie mit Leim und Nägeln eine 75 mm hohe Anschlagleiste in 25 mm Entfernung von einer Kante der Grundplatte. Verstärken Sie den Anschlag mit einigen dreieckigen Leimklötzen. Schneiden Sie einen 75 x 200 mm großen Keil zu, und befestigen Sie ihn mit Leim und Schrauben an der Grundplatte (**D**). Auch der Keil wird mit mehreren dreieckigen Leimklötzen gestützt. Verleimen Sie zwei Lagen 20 mm starkes Sperrholz, und schneiden Sie zwei oder mehr Exzenterklemmen mit den Maßen 95 x 140 mm daraus zu.

> Siehe „Exzenterklemmen", S. 215

Befestigen Sie die Exzenterklemmen mit Schlossschrauben durch versenkte Bohrlöcher in 60 mm Entfernung von der Anlage an der Grundplatte (**E**). Bringen Sie die Halterung mit Schrauben oder Zwingen an der Hobelbank an, schieben Sie das Ende des Werkstücks zwischen den Keil und die Anlage, und ziehen Sie die Klemmen an. Falls die Klemmen rutschen sollten, bringen Sie an den Kanten textiles Klebeband an.

# KAPITEL ZWÖLF: HALTERUNGEN

## Halterungen für Fräsarbeiten

Zur Vielseitigkeit der Handoberfräse tragen wesentlich die vielen Vorrichtungen bei, mit denen das Werkstück während des Fräsens eingespannt und fixiert werden kann. Eine einfache Halterung für Fräsarbeiten lässt sich mit vielen unterschiedlichen Schablonen verwenden, um Schlitze für Verbindungen oder Aussparungen und Aufnahmen für Beschläge oder Einlegearbeiten zu schneiden.

Die Grundplatte (300 x 450 mm) und die beiden Anlagen (100 x 450 mm) werden aus 20 mm starkem Sperrholz hergestellt. Befestigen Sie einen Anschlag mit Leim und Schrauben in 50 mm Entfernung von der Kante an der Grundplatte, und bringen Sie Leimklötze als Verstärkung an **(A)**. Der ‚lose' Anschlag spannt das Werkstück mit zwei Schnellspannern ein, die waagerechte Pressarme aufweisen (siehe Abschnitt elf). Die Schnellspanner werden mit zwei Schrauben durch versenkte Bohrlöcher im Abstand von 125 mm an einer Druckplatte aus Sperrholz (90 x 200 x 20 mm) angebracht, indem sie mit dem Gewinde des Pressarms an den Schrauben befestigt werden **(B)**. Die Grundplatten der Schnellspanner werden auf der Oberseite einer Zulage (300 x 100 x 50 mm) angeschraubt **(C)**. Indem man diese Zulage in unterschiedlichen Entfernungen von dem festen Anschlag an der Grundplatte der Vorrichtung befestigt, kann man Werkstücke unterschiedlicher Stärken einspannen. Befestigen Sie den ‚losen' Anschlag mit zwei versenkten Flachkopfschrauben an der Druckplatte.

> Siehe „Schablonen zum Schlitzen", S. 176

Bringen Sie die Frässchablone mit einigen Schrauben am festen Anschlag der Vorrichtung an **(D)**. Um sie in einer genau definierten Position im Verhältnis zum Anschlag anzubringen, befestigen Sie eine provisorische Anschlagleiste an der Schablone. Spannen Sie die Halterung an der Hobelbank fest, schieben Sie das Werkstück unter die Schablone, und sichern Sie es mit zwei Schnellspannern **(E)**. Falls die Griffe der Schnellspanner nicht an der Kante der Schablone vorbeipassen, bringen Sie eine Zulage zwischen dem ‚losen' Anschlag und der Druckplatte an. Schmale Werkstücke werden durch eine unter-

## HALTERUNGEN FÜR WERKSTÜCKE

gelegte Leiste angehoben **(F)**. Lassen Sie einen kleinen Freiraum zwischen dem Material und der Unterseite der Schablone, so dass die Späne beim Fräsen herausfallen können.

Falls Sie mehrere Teile nacheinander fräsen müssen, kann eine Vakuumeinspannanlage für echte Zeitersparnis sorgen. Diese Halterung wird auf einer kleinen Werkbank oder einem Klappständer angebracht und fixiert Platten und andere breite Werkstücke durch ein Vakuum, das mit einem Vakuumventil und Druckluft erzeugt wird.

> Siehe „Vakuumeinspannsysteme", S. 218

Stellen Sie die Platte aus 20 mm starker melaminbeschichteter Spanplatter oder aus MDF her. Die Maße sollten mindestens dem größten zu bearbeitenden Werkstück entsprechen. Bringen Sie eine Zarge an der Unterseite der Platte an, um sie flach und eben zu halten. Bohren Sie ein Loch in die Unterseite der Platte, und schneiden Sie ein Gewinde hinein, um den Vakuumschlauch anzuschließen **(G)**. Befestigen Sie einen 5 mm dicken Isolierstreifen aus Gummi oder Neopren am Umfang der Platte (die umschlossene Fläche muss mindestens 65 Quadratzentimeter betragen, damit sich ein Vakuum aufbauen kann).

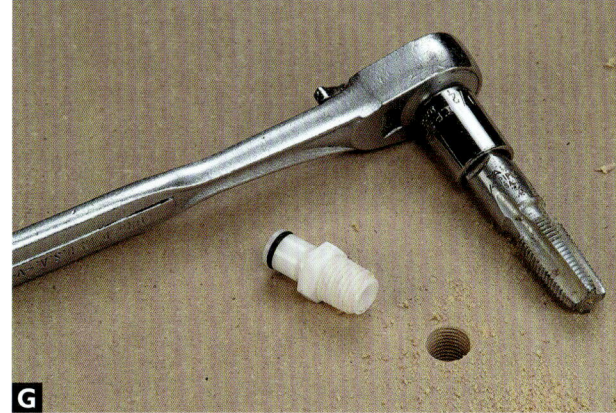

Befestigen Sie die Platte an einer Werkbank oder einem Klappständer, bringen Sie den Vakuumschlauch an der Platte und am Ventil an. Das kann ein einfaches An/Aus-Ventil oder ein entsprechender Fußschalter sein (falls man Kleinserien fräsen möchte) **(H)**. Das Anschlussverfahren ist der Zeichnung auf S. 218 zu entnehmen. Stellen Sie das Vakuum an, und drücken Sie das Werkstück vorsichtig an, um den luftdichten Verschluss durch den Isolierstreifen herzustellen.

Die Vorrichtung ist nicht nur beim Fräsen, sondern auch beim Hobeln, Schnitzen oder Schleifen nützlich **(I)**. Nach getaner Arbeit wird das Vakuum abgestellt, und das Werkstück kann abgehoben werden.

⚠ Stellen Sie sicher, dass der Fußschalter für Ihren Vakuumtisch nicht im Weg herumliegt, damit Sie ihn nicht während der Arbeit versehentlich betätigen und so das Werkstück freigeben.

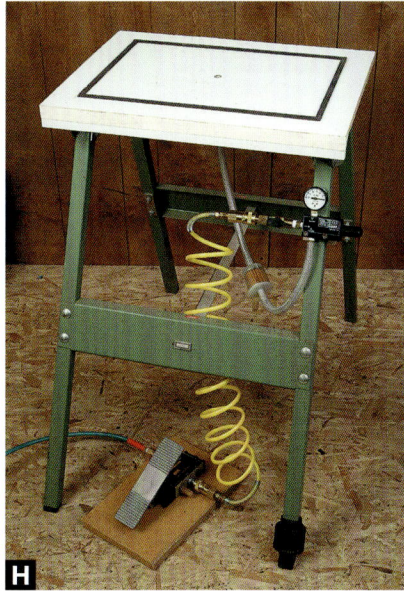

# KAPITEL ZWÖLF: HALTERUNGEN

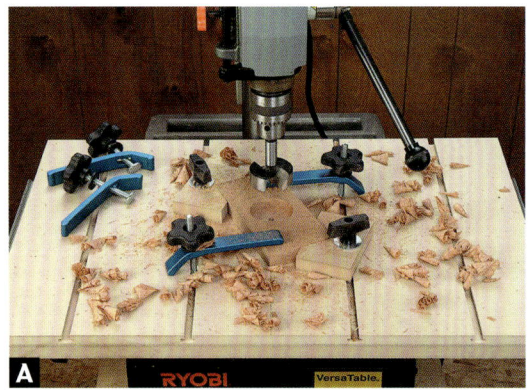

## Bohrhalterung

Wenn man Werkstücke an der Ständerbohrmaschine fest einspannt, wird das Bohren nicht nur sicherer, sondern auch präziser. Nicht zuletzt werden auch die Bohrlöcher sauberer. Die Halterung für die Ständerbohrmaschine **(A)** setzt Hammerschrauben und Niederhalter ein, um das Material während des Bohrens zu fixieren.

Der stabile Arbeitstisch der Vorrichtung wird aus zwei Lagen 20 mm starkem MDF verleimt. Die T-Nuten auf der Oberseite werden hergestellt, indem man zuerst mindestens vier Nuten quer über den Tisch fräst oder an der Tischkreissäge schneidet **(B)**. Stellen Sie die T-Nuten mit einem Spezialfräser fertig, mit dem Sie die Nuten nachschneiden **(C)**.

> Siehe „T-Nutschienen und Anschläge", S. 28

Der Fräserschaft wird durch die Wandungen der Nut geführt, Sie benötigen in diesem Fall also keinen Anschlag für die Handoberfräse. Befestigen Sie die Halterung mit Schrauben oder Halteleisten auf dem Arbeitstisch der Ständerbohrmaschine. Die T-Nuten in der Vorrichtung nehmen nicht nur käufliche Niederhalter auf, sondern man kann in ihnen auch mit normalen Hammerschrauben, Sechseckkopfschrauben oder Drehgriffen Anschläge aus Holz befestigen. Wenn Sie diese Anschläge mit einem Profil versehen, das dem Ihrer Werkstücke entspricht, dann eignen sie sich sehr gut, um Bohrungen in mehreren identischen Werkstücken anzubringen.

Die Vakuumhalterung für die Ständerbohrmaschine **(D)** macht Zwingen zum Einspannen überflüssig, da sie das Werkstück beim Bohren mit einem Vakuum festhält, das von einem Vakuumventil erzeugt wird. Stellen Sie die Arbeitsfläche der Vorrichtung aus 20 mm starkem MDF her. Die Breite sollte das Doppelte der Entfernung von der Säule bis zur Mitte des Bohrfutters betragen, die Länge liegt in Ihrem Ermessen (das hier gezeigte Exemplar ist 350 x 450 mm).

Um Werkstücke unterschiedlicher Form und Größe bearbeiten zu können, ist die Arbeitsfläche mit mehreren konzentrischen Luftkanälen versehen, die mit Vakuum-‚Dichtungen' ausgelegt sind. Reißen Sie zuerst in der Mitte der Platte ein Quadrat mit 50 mm Seitenlänge an, und

## HALTERUNGEN FÜR WERKSTÜCKE

dann darum herum drei weitere Rechtecke mit jeweils (um 25 mm bis 50 mm) zunehmender Größe. Diese Linien kennzeichnen die Lage der Dichtungen, die aus dünnem, selbstklebenden Isolierband bestehen **(E)**. Bevor Sie die Dichtungen anbringen, fräsen Sie flache Luftkanäle jeweils auf halber Strecke zwischen den Dichtungslinien. Rüsten Sie dazu die Handoberfräse mit einem Parallelanschlag und einem 5-mm-Nutfräser aus **(F)**.

Schneiden Sie zusätzlich zwischen den äußersten und innersten Luftkanälen eine 10 mm tiefe und 20 mm breite Nut entlang der Mittellinie quer über den Tisch. In diese Nut werden zwei 25 mm lange Laubholzleisten gelegt, die genau in die Nut passen **(G)**. Quer über jede Leiste wird ein Stück Isolierband gelegt, damit sie als verschiebbares ‚Ventil' dienen kann, mit dem das Vakuum je nach Größe des Werkstücks auf den größeren oder kleineren Teil des Tisches eingeschränkt werden kann. Die quadratische Fläche in der Mitte des Tisches verhindert Vakuumverlust, wenn der Bohrer durch das Werkstück dringt.

Bohren Sie irgendwo in den innersten Luftkanal ein Loch, und schneiden Sie ein Gewinde hinein, um den Vakuumschlauch am Tisch befestigen zu können.

> **Siehe „Halterungen für Fräsarbeiten",
> S. 222–223**

Befestigen Sie die Tischplatte auf zwei Stützen, so dass unter dem Tisch genug Platz für den Vakuumschlauch ist. Bringen Sie auch einen Stützklotz unter der Mitte der Platte an, damit sie sich unter dem Druck des Bohrers nicht durchbiegt. Bringen Sie die Vorrichtung an Ihrer Ständerbohrmaschine an, und befestigen Sie den Vakuumschlauch mit Schalter so, dass Sie ihn bequem erreichen können, um das Vakuum ein- und auszustellen **(H)**.

**TIPP:** Die von der Dichtung umschlossene Fläche auf dem Vakuumtisch muss mindestens 65 Quadratzentimeter betragen, damit der atmosphärische Druck ausreicht, um das Werkstück sicher zu halten.

KAPITEL ZWÖLF: HALTERUNGEN

## HALTERUNGEN FÜR DIE MONTAGE

### Platten verleimen

Geigen- und Gitarrenbauer verwenden oft eine Vorrichtung wie die hier gezeigte, um dünne Bodenbretter für ein Cello oder eine Gitarre zu verleimen. Die ist aber für den Möbeltischler genauso nützlich, der Rahmenfüllungen, Tischplatten, Seitenteile für Schmuckschatullen, Deckel für kleine Truhen und Ähnliches zusammenleimt.

Um die Vorrichtung herzustellen, schneiden Sie zuerst eine Grundplatte zu, die mindesten 125-150 mm breiter und einige Zentimeter länger ist als die größte Platte, die Sie herstellen wollen. Verwenden Sie melaminbeschichtete Spanplatte mit 20 mm Stärke, oder leimen Sie Kunststofflaminat auf eine MDF-Platte. Als Ergebnis erhalten Sie eine stabile, ebene Platte mit einer leimabweisenden Oberfläche. Bei einer Größe von mehr als etwa 900 x 1200 mm müssen Sie die Platte auf der Unterseite mit Streben versehen, damit sie sich nicht verzieht.

Schrauben Sie an einer Längskante der Grundplatte eine Anschlagleiste an **(A)**, die mindesten 40-50 mm breit und 5 mm stärker ist als die stärksten Platten, die Sie verleimen möchten. Sparen Sie nicht an den Schrauben, und versetzen Sie sie über die Breite der Leiste, damit diese sicher an der Grundplatte befestigt ist und sich auf Grund des Pressdrucks nicht löst oder verzieht. Der Pressdruck wird von einer Vielzahl von Exzenterklemmen erzeugt, die auf der anderen Seite der Grundplatte angebracht werden.

Die Form der Exzenterklemmen erinnert an Eiskremtüten **(B)**. Sie werden aus hochwertigem Sperrholz geschnitten, das mindestens so stark ist wie das stärkste Werkstück. Schleifen Sie die Kanten der Klemmen glatt, und bohren Sie ein Loch hindurch, das etwas neben dem Mittelpunkt des größeren abgerundeten Endes der Klemme liegt **(C)**. In unserem Beispiel liegt das Bohrloch bei einer Klemme mit den Maßen 100 x 50 mm etwa 3 mm neben dem Mittelpunkt. Für größere Klemmen sollte der Abstand entsprechend größer gewählt werden.

Bringen Sie die Klemmen in gleichmäßigen Abständen mit Holzschrauben so an der Kante der Grundplatte an, dass die Griffenden über die Platte hinausragen **(D)**. Verwenden Sie bei grö-

## HALTERUNGEN FÜR DIE MONTAGE

ßeren Klemmen 5-mm-Gewindeschrauben und Muttern. Befestigen Sie Klemmen nur so fest, dass sie sich noch mit mäßigem Druck der Finger drehen lassen.

Bringen Sie jetzt zwei oder mehr Querhölzer über die ganze Breite der Grundplatte an **(E)**. Ein Ende des Querholzes wird oben auf der Anschlagleiste befestigt, das andere Ende auf der gegenüberliegenden Seite zwischen den Exzenterklemmen, so dass deren Funktion nicht beeinträchtigt wird. Bringen Sie unter beiden Enden der Querhölzer Abstandshalter an, die dafür sorgen, dass unter den Querhölzern eine Lücke verbleibt, die mindestens 10 mm höher ist als die stärksten Werkstücke, die Sie bearbeiten möchten. Befestigen Sie die Querhölzer und Abstandshalter mit Gewindeschrauben und Muttern oder mit langen Holzschrauben an der Grundplatte. Schneiden Sie dann eine reichliche Anzahl von 100 mm bis 150 mm langen Keilen zu, die in Verbindung mit den Querhölzern während des Verleimens dafür sorgen, dass die Werkstücke sich nicht wölben.

Bevor Sie beginnen, eine Platte zu verleimen, legen Sie die Bretter, aus denen sie entstehen soll, in die Vorrichtung und messen die Lücke zwischen ihnen und den Exzenterklemmen aus. Schneiden Sie eine Zulage in dieser Breite zu. Bei sehr schmalen Platten kann es einfacher sein, die Exzenterklemmen zu versetzen. Markieren Sie die Anordnung und Orientierung der Bretter, geben Sie Leim an die Kanten, und legen Sie sie nacheinander in die Vorrichtung **(F)**. Ziehen Sie die Klemmen etwas an, und schieben Sie Keile unter die Querhölzer, wo das nötig ist, um die Bretter bündig und die Platte in sich flach zu halten **(G)**. Ziehen Sie die Exzenterklemmen **(H)** vollständig an, und legen Sie die Vorrichtung beiseite, um den Leim trocknen zu lassen. Nachdem Sie die Platte aus der Vorrichtung genommen haben, wird der angetrocknete Leim mit einem Kunststoffkratzer oder einem Schwamm und warmem Wasser von der Grundplatte entfernt **(I)**.

**TIPP:** Legen Sie die Bretter für eine Platte vor dem Verleimen trocken zusammen, um sicherzustellen, dass die Kanten gut zusammenpassen und das Ansetzen der Zwingen ohne Probleme verläuft.

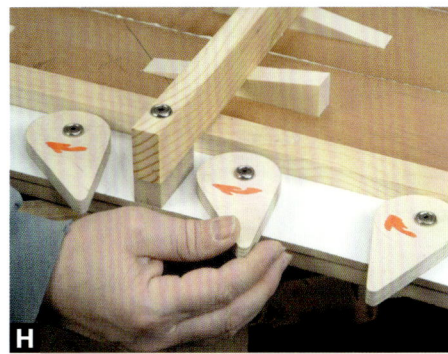

## Rahmenspanner

Ein spezieller Rahmenspanner macht die Herstellung einer Kleinserie von Bilderrahmen zu einem Kinderspiel. Schneiden Sie zuerst eine Grundplatte aus melaminbeschichteter Spanplatte zu. Die Beschichtung ist leimabweisend. Die Platte sollte in beiden Richtungen 150-200 mm breiter sein als die Rahmen, die verleimt werden sollen. Legen Sie den trocken zusammengesteckten und mit Klebeband gesicherten Rahmen in die Mitte der Platte, und nageln Sie in der Nähe der Ecken an gegenüberliegenden Seiten Stoppklötze auf die Platte (**A**). Schneiden Sie zwei Leisten auf die Länge der anderen Seiten zu und versehen Sie sie mit einer zum Viertelkreis auslaufenden Aussparung. Befestigen Sie die Leisten mit Schrauben an der Grundplatte (**B**). Schneiden Sie aus 20 mm starkem Sperrholz vier Exzenterklemmen zu, und befestigen Sie diese so mit Schrauben, dass sie in die Aussparungen der Leisten fassen.

Legen Sie den verleimten Rahmen in die Vorrichtung, ziehen Sie die Exzenterklemmen an, so dass die Gehrungen zusammengezogen werden (**C**). Die Anschläge können Sie als Positionierungshilfe für einen Druckluftnagler (**D**) nutzen, um die Ecken so zu sichern, dass Sie den Rahmen vorsichtig aus der Vorrichtung entnehmen und zum Trocknen beiseite stellen können, um in der Zwischenzeit das nächste Exemplar einzuspannen.

Sie können auch einen Rahmenspanner herstellen, mit dem sich aus vier gedübelten oder gezapften Friesen der Rahmen für eine Tür oder eine Möbelwand zusammenleimen lässt. Schneiden Sie die Grundplatte so zu, dass sie auf beiden Seiten 150 mm länger ist als das Endmaß des Rahmens. Falls Sie nicht auf melaminbeschichtete Spanplatte zurückgreifen können, tut es auch Sperrholz, bringen Sie aber leimabweisendes Klebeband an den Stellen auf, wo die Verbindungen zu liegen kommen werden. Reißen Sie den Umriss des Rahmens mit einem Zimmermannswinkel an. Bringen Sie mit Schrauben an der Ober- und Unterkante und an einer Seite Stoppklötze an, jeweils einen Klotz an jeder Ecke (**E**). Schrauben Sie an der gegenüberliegenden Seite jeweils einen längeren Klotz fest, der im Winkel eines Klemmkeils schräg steht. Nachdem Sie Leim an die Rahmenfriese gegeben und den Rahmen zusammengesteckt haben, legen Sie ihn in die Vorrichtung und treiben zwei Keile ein, um die Eckverbindungen fest zusammenzudrücken (**F**).

## Spannvorrichtung für gebogene Platten

Ein sonst wenig aufregendes Möbelstück kann durch gebogene Türen das gewisse Etwas bekommen. Mit einer entsprechenden Vorrichtung ist es sehr viel leichter, aus angefasten Dauben eine perfekt gebogene Tür, einen Deckel oder eine Platte herzustellen.

Berechnen Sie zuerst die Anzahl von Dauben, die Sie benötigen werden, ihre Breite und den Fasenwinkel. Der gewünschte Radius der Sichtseite ist auch für den Radius der konkaven Verleimform maßgeblich. Schneiden Sie die Formen aus 20 mm starkem Material zu, und machen Sie sie mindestens 150 mm breiter und einige Zentimeter länger als das Werkstück. Schneiden Sie genug Formen zu, um die gebogene Platte wenigstens alle 200-300 mm zu stützen. Die Formen werden mit der Stichsäge oder einer Bogensägevorrichtung geschnitten **(A)**.

> Siehe „Kreisbögen sägen", S. 118

Bohren Sie in jede Form zwei Löcher, die groß genug sind, den Kopf einer Schraubzwinge aufzunehmen **(B)**. Die Löcher sollten auf beiden Seiten der Mittellinie der Form liegen und nicht mehr als 25 mm unterhalb der gebogenen Kante. Schneiden Sie aus 20 mm starkem Material zwei Seitenteile mit 100-150 mm Breite für die Vorrichtung zu, und reißen Sie die richtigen Abstände für die Formen an. Spannen Sie die Seitenteile provisorisch an den Formen fest und befestigen Sie sie dann mit Nägeln oder Schrauben **(C)**. Damit die verleimte gebogene Platte nicht an der Vorrichtung haftet, werden die Kanten der Vorrichtung mit leimabweisendem Klebeband belegt **(D)**.

Stecken Sie die Platte trocken zusammen, um zu überprüfen, ob sie sich problemlos verleimen lassen wird. Geben Sie dann Leim an die Dauben, und legen Sie sie auf die Formen. Legen Sie an den Außenkanten Zulagen an. Bringen Sie zuerst alle Zwingen an, und ziehen Sie dann jeweils ein Paar stückweise von gegenüberliegenden Seiten an. Stellen Sie dabei sicher, dass die Kanten der Dauben bündig bleiben und die gebogene Platte sich nicht von den Formen abhebt **(E)**.

**TIPP:** Es ist leichter, überschüssigen Leim von einem Werkstück zu entfernen, wenn seine Konsistenz noch gummiartig ist, als wenn er vollkommen durchgetrocknet ist.

## HOLZ BIEGEN UND LAMINIEREN

### Biegeformen

'Grünes', noch nicht getrocknetes Holz, oder solches, das mit Heißdampf behandelt worden ist, lässt sich überraschend leicht biegen. Danach muss es jedoch in dieser Form gehalten werden, bis es getrocknet oder abgekühlt ist, damit die Biegung nicht zurückfedert. Dabei helfen Biegeformen, mit denen man die gewünschte Form erreicht und bis zum Abkühlen hält.

Schneiden Sie aus Sperrholz eine Grundplatte für die Form zu, die in beiden Richtungen einige Zentimeter größer ist als das fertig gebogene Werkstück. Reißen Sie die gewünschte Kurve auf der Grundplatte an, und zeichnen Sie sie dann nochmals mit einem etwas geringeren Radius an (gebogenes Holz federt immer etwas zurück, nachdem es abgekühlt ist). Fertigen Sie je nach Stärke des Werkstücks die Biegeform aus so vielen verleimten Lagen an, dass sie mindestens so stark ist wie das Werkstück. Sägen Sie den äußeren Umriss der Form aus (in diesem Fall ein Stuhlrücken), und nageln Sie die Form auf der Mitte der Grundplatte fest **(A)**. Schneiden Sie dann aus Restholz einige Stoppklötze zu, und schrauben Sie sie auf die Grundplatte, wo die Biegung des Werkstücks beginnt, wo sie aufhört, und etwa in der Mitte dazwischen **(B)**. Die Stoppklötze halten das Werkstück in der Form, nicht nur, während Sie es biegen, sondern auch danach. Verwenden Sie kleine Zulagen aus Restholz, die etwas stärker sind als das Werkstück, um die Stoppklötze in der richtigen Entfernung von der Biegeform anzubringen.

Nachdem Sie das Werkstück aus 'Grünholz' zugeschnitten oder das Holz gedämpft haben, um es biegsam zu machen, legen Sie ein Ende zwischen die Form und einen der Stoppklötze und biegen es vorsichtig um die Form herum **(C)**. Führen Sie die Biegung ganz um die Form herum, und legen Sie das Holz jeweils zwischen die Stoppklötze und die Form. Wenn das Werkstück ganz in die Form eingelegt ist, bringen Sie gegebenenfalls Zwingen an **(D)**, um widerspenstige Stellen an die Form anzudrücken.

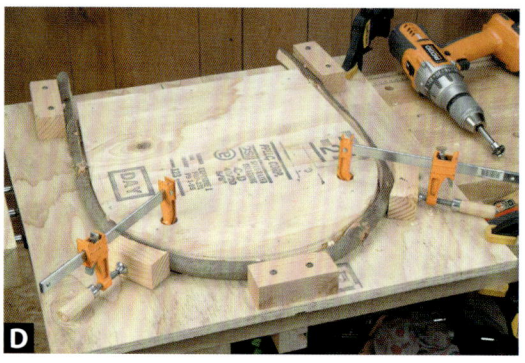

## Laminierformen

Indem man mehrere Lagen Furnier oder anderes dünnes Holz miteinander verleimt, kann man gebogene Beine für Tische und Stühle, Kufen für Schaukelstühle, Griffe für Körbe und Tabletts und vieles anderes mehr herstellen. Eine sichere Methode, um einen Stapel dünner verleimter Holzstreifen in eine genau vorgegebene Form zu biegen, ist die Verwendung einer zweiteiligen Laminierform.

Stellen Sie zuerst aus Karton eine Schablone der inneren (oder äußeren) Form des gebogenen Fertigteiles her. Die Kurven sollten berücksichtigen, dass das Holz nach dem Entnehmen aus der Form noch zurückfedert. Stellen Sie aus mehreren Lagen 20 mm starkem MDF oder Spanplatte einen Block her, der etwas stärker und länger als das Werkstück ist und so breit, dass mindestens 100-150 mm auf beiden Seiten der Kurve stehen bleiben, nachdem man diese ausgesägt hat. Zeichnen Sie mit der Schablone die Kurve auf den Block, und zeichnen Sie dann mit einem Zirkel, der auf die Endstärke des Werkstücks eingestellt ist, eine parallele Linie dazu **(A)**. Sägen Sie an der Bandsäge das Stück zwischen den beiden Linien sorgfältig aus, um die beiden Hälften der Laminierform zu erhalten **(B)**. Schleifen Sie die Sägeflächen mit einem Trommel- oder Exzenterschleifer glatt. Bringen Sie eine Lage Klar- oder Polyurethanlack auf, damit die Form nicht am Werkstück haftet **(C)**.

Legen Sie den Stapel Holzstreifen oder Furniere zwischen die beiden Hälften der Form, und pressen Sie die Form mit so vielen Zwingen zusammen, wie nötig sind. Falls dann Lücken zu sehen sind, polstern Sie diese mit Klebeband aus, zu hohe Stellen schleifen Sie ab. Entnehmen Sie das Material wieder, und beschichten Sie es mit einem Roller oder Pinsel gleichmäßig mit Leim **(D)**.

*(Fortsetzung auf S. 232)*

Richten Sie die Kanten des Holzes sorgfältig bündig aus, und legen Sie den Stapel zwischen die Formen **(E)**. Ziehen Sie die Zwingen unter der Form etwas an, setzen Sie dann Zwingen über der Form an, und ziehen Sie sie alle Stück um Stück an **(F)**, bis die Formen dicht am Werkstück anliegen. Vergewissern Sie sich, dass die beiden Teile der Form eben liegen und bündig aneinander ausgerichtet sind, bevor Sie über Nacht den Leim trocknen lassen.

Man kann eine gebogene Form auch laminieren, indem man die verleimten Teile an einer einteiligen Form festspannt. Für dieses Verfahren benötigt man normalerweise viel mehr Zwingen als bei einer zweiteiligen Form. In unserem Beispiel verwenden wir allerdings preiswerte 5-mm-Gewindeschrauben, um den notwendigen Pressdruck zu erzeugen.

Reißen Sie die gewünschte Kurve unter Berücksichtigung des Zurückfederns an, und zeichnen Sie dann eine um 20 mm von der Innenseite versetzte Linie parallel dazu. Dies ist die Schablone, die verwendet wird, um mehrere Lagen Sperrholz oder Spanplatte für die eigentliche Form zuzuschneiden. Schneiden Sie genügend Schichten zu, um eine Form herzustellen, die etwas so stark ist wie das Werkstück. Verwenden Sie die Schablone, um das Profil der Form vorsichtig mit der stationären Band- oder Scheibenschleifmaschine zu schleifen, bis die Kante gleichmäßig und präzise gekrümmt ist **(G)**. An dieser Kante werden die Querleisten befestigt, auf die die Laminatstreifen gelegt werden.

Schneiden Sie die Streifen aus 20 mm starkem Material zu, das einige Zentimeter breiter als Ihre Form stark ist. Machen Sie die Streifen für engere Teile der Kurve 20 mm breit, für weitere können es 35 mm oder mehr sein. Schneiden Sie genug Querleisten, um das Werkstück alle paar Zentimeter einspannen zu können. An engen Kurven sollten sie dichter sitzen.

Stellen Sie jetzt für jede der Querleisten ein oberes Gegenstück her. Bohren Sie an der Ständerbohrmaschine in jede Querleiste und in jedes Gegenstück an einem Ende ein 5-mm-Loch. Treiben Sie in die Löcher der Querleisten jeweils eine Einschlagmutter ein **(H)**.

# HOLZ BIEGEN UND LAMINIEREN

Verwenden Sie einen kleinen Tischlerwinkel als Führung, und befestigen Sie die Querleisten mit Leim und Schrauben so an der Form, dass die Einschlagmuttern nach unten weisen **(I)**. Führen Sie jetzt eine 5-mm-Gewindeschraube mit Unterlegscheibe in die Löcher der Gegenstücke ein.

Legen Sie die Laminatstreifen trocken in die Form, und ziehen Sie die Einspannleisten an, um zu überprüfen, ob alles gut aufeinanderpasst. Entfernen Sie die Gegenleisten, geben Sie Leim an die Laminatstreifen, und umwickeln Sie die Enden des Bündels mit Klebestreifen, um die Kanten bündig zu halten.

Legen Sie das Laminatbündel zwischen zwei 3 mm starke Streifen Sperrholz oder Hartfaserplatte, um den Pressdruck zu verteilen. Legen Sie ein Ende des Bündels zwischen zwei Einspannleisten am enger gekrümmten Ende der Form (falls es ein engeres hat) **(J)**, und ziehen Sie die Streifen an. Biegen Sie das Bündel vorsichtig über die Form, und bringen Sie über jeder zweiten Querleiste eine Gegenleiste an **(K)**, die Sie jedoch nur teilweise anziehen. Wenn das Bündel so über die ganze Länge gebogen ist, bringen Sie die übrigen Gegenleisten an und ziehen Sie mit einem Akkuschrauber alle an **(L)**. Mit diesem Elektrowerkzeug können Sie die Schrauben sehr viel schneller anziehen oder lösen, als Sie mit der Hand Schraubzwingen anziehen könnten. Die Rutschkupplung des Akkuschrauber sorgt außerdem dafür, dass die Schrauben alle gleichmäßig angezogen werden, wodurch das Werkstück auch gleichmäßiger und sauberer eingespannt wird.

**TIPP:** Bei laminierten Teilen, die eine genau vorgegebene Krümmung haben sollen, sollte man unbedingt eine Probeverleimung vornehmen, um das Zurückfedern des Holzes nach dem Trocknen einplanen zu können.

TEIL VIER

# Sicherheit und Staubabsaugung

Die Arbeit mit Holz ist eine so befriedigende und faszinierende Beschäftigung, dass es leicht fällt, dabei Fragen der Sicherheit zu übersehen. Wer jedoch mit stationären Maschinen und Elektrowerkzeugen arbeitet – und wer tut das heute nicht, – der setzt sich auch den Gefahren aus, die von schnell rotierenden Sägeblättern, Fräsern und Schleifmitteln ausgehen. Aber auch wenn Sie die serienmäßigen Sicherheitseinrichtungen Ihrer Maschinen und Elektrowerkzeuge benutzen, können Sie doch Risiken ausgesetzt sein, da viele von diesen Standardausrüstungen nicht sehr gut mit selbst angefertigten Vorrichtungen zusammenarbeiten. Um Ihrer eigenen Sicherheit willen müssen Sie direkt an Ihren Vorrichtungen und Hilfsmitteln eigene Sicherheitseinrichtungen anbringen und gegebenenfalls spezielle Einspannvorrichtungen und Schiebestöcke und -platten verwenden. Eine weitere Gefahr, die in der Werkstatt beachtet werden muss, ist der Feinstaub, der Lungen und Nebenhöhlen schädigen kann. Mit ein wenig Tüftelei können Sie viele Ihrer Vorrichtungen mit Absauganlagen ausstatten, die den Staub schon dort abfangen, wo er entsteht, und bevor er zum Gesundheitsrisiko werden kann.

Sicherheitszubehör
S. 236

Staubkontrolle
bei Hilfsvorrichtungen
S. 248

KAPITEL DREIZEHN: ÜBERBLICK

# Sicherheitszubehör

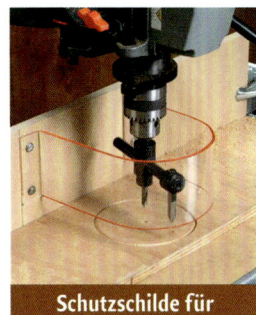

**Niederhalter**

> Druckkämme (S. 238)
> Niederhalter mit Federn (S. 240)
> Niederhalter mit Rollen (S. 241)

**Schutzschilde für Sägeblätter und Fräser**

> Eingebaute Schutzschilde für Vorrichtungen (S. 243)
> Schutzschilde am Fräser (S. 245)
> Schutzgehäuse (S. 246)
> Austrittsschutz (S. 247)

Nur allzu leicht wird man nachlässig, wenn es darum geht, Schutzvorrichtungen an den Elektrowerkzeugen und Maschinen zu verwenden, vor allem dann, wenn alles gut läuft. Wenn man jedoch bedenkt, wie sehr die verschiedenen Schutzschilde, Schiebestöcke, Niederhalter und andere Schutzvorrichtungen zur eigenen Sicherheit beitragen und wie einfach es ist, sie zu benutzen, dann gibt es keine Ausrede dafür, auf sie zu verzichten.

Schiebestöcke und -blöcke sind wichtige Hilfsmittel, mit denen man die eigenen, verletzlichen Finger von der unmittelbaren Nähe (20-25 cm) der Schneiden fernhalten kann. Die Kerbe am unteren Ende eines Schiebestocks wird gegen die hintere Kante des Werkstücks gedrückt, um dieses nach vorne zu bewegen (siehe Abbildung unten links). Wenn Sie die Schiebestöcke aus Vollholz oder Sperrholz selbst herstellen, können Sie sie auf die Größe Ihrer Hände und des Werkstücks abstimmen. Mit Schiebeblöcken kann man das Material auf dem Arbeitstisch flach andrücken, sie sind bei verschiedenen Maschinen sehr nützlich, unter anderem an der Tischfräse, der Abrichthobelmaschine und der Tischkreissäge. Um die Kontrolle über das Werkstück noch zu erhöhen, kann man an der Unterseite des Schiebestocks oder -blocks noch einen selbstklebenden rutschhemmenden Streifen anbringen, wie er für Treppenstufen angeboten wird (siehe Abbildung oben links auf der gegenüberliegenden Seite). Diese Hilfsmittel sollten immer zur Hand sein, am besten bewahrt man sie deshalb leicht zugänglich in der Nähe der Abrichte, Tischkreissäge, Tischfräse oder anderer Maschinen auf.

Zu einer anderen Kategorie von Sicherheitsvorrichtungen zählen die verschiedenen Niederhalter, ob sie nun mit Federn oder Rollen ausgestattet oder als Druckkamm gestaltet sind. Da sie oft sehr nahe an den Werkzeugschneiden angebracht werden, dienen sie häufig auch als Schutzschild, der den gefährlichen Kontakt mit den Händen

Halten Sie bei der Arbeit an der Tischkreissäge, der Tischfräse oder anderen gefährlichen Maschinen einen Mindestabstand von 300 mm zu den Schneiden ein, und verwenden Sie einen Schiebestock.

## SICHERHEITSZUBEHÖR

Rutschhemmender Belag, wie er für Treppenstufen verwendet wird, kann auf der Unterkante eines Schiebestocks aufgetragen werden, um die Kontrolle über das Werkstück zu vergrößern.

Niederhalter wie dieses selbstgefertigte Exemplar mit Skateboardrädern helfen dabei, Material flach auf dem Arbeitstisch oder an einer Anlage zu halten, und schützen zugleich Ihre Hände.

verhindert. Niederhalter sorgen dafür, dass das Material eben auf dem Arbeitstisch oder an einer Anlage anliegt und verringern so das Risiko gefährlichen Zurückschlagens.

Leider macht die Verwendung einer Vorrichtung an einer Maschine es oft notwendig, die serienmäßigen Schutzvorrichtungen zu entfernen. In einem solchen Fall ist die praktischste Methode, Unfälle zu verhindern, die Verwendung von zusätzlichen Schutzschilden, -käfigen und -abdeckungen aus durchsichtigem Kunststoff. Das Material lässt sich leicht mit normalen Holzwerkzeugen bearbeiten. Die Schutzvorrichtungen können an stationären Anschlägen oder an Schiebeschlitten festgeschraubt werden oder sogar direkt an Fräsern befestigt werden, wie auf der Abbildung unten rechts zu sehen. Einfache, praktische Schutzeinrichtungen können mit geringem Aufwand an fast allen selbst hergestellten Vorrichtungen angebracht werden. Sie werden feststellen, dass es auch nicht schwierig ist, bereits vorhandene Vorrichtungen nachträglich mit Schutzmaßnahmen zu versehen, die wesentlich zur Sicherheit beitragen, ohne bei der Arbeit hinderlich zu sein.

Die Kunststoffscheibe am Ende des Fräsers schützt die Finger vor Verletzungen.

## NIEDERHALTER

### Druckkämme

Der Druckkamm gehört zu den beliebtesten und vielseitigsten Hilfsmitteln zum sicheren Führen des Werkstücks. Die biegsamen Zinken üben in einem Winkel Druck gegen das Werkstück aus, halten es so gegen einen Anschlag oder den Arbeitstisch und verhindert das Zurückschlagen. Man kann Druckkämme aus Kunststoff kaufen, die sich an verschiedenen Maschinen verwenden lassen **(A)**, man kann sie jedoch auch nach einem eigenen Entwurf aus Holz herstellen.

Als Material ist ein Vollholz mit geradem Faserverlauf geeignet. Douglasie mit stehenden Jahresringen ist gut geeignet, da das Holz zäh und federnd ist. Schneiden Sie aus 20 mm starkem Holz Rohlinge mit einer Breite von 60 mm bis 90 mm und einer Länge von mindestens 225 mm. Sägen Sie ein Ende jedes Druckkamms im Winkel von 45° ab, und reißen Sie dann in etwa 75 mm Entfernung eine Linie an, mit der die Grundlinie der Zinken markiert wird.

Die ersten Schnitte für die Zinken werden mit schmalen Zulagen ausgeführt. Die Zinken sollten gleichmäßig angeordnet sein und nicht zu dick ausfallen – je nach gewünschtem Druck sind sie meist zwischen 2,5 mm und 4 mm dick. Dickere Finger üben mehr Druck aus, dünnere sind flexibler und drücken nicht so stark. Schneiden Sie die Zulagen auf die gewünschte Stärke eines Zinkens zuzüglich der Stärke des Sägeblatts zu **(B)**. Die Beispiele in den Abbildungen sind 4 mm dick und so lang wie der Druckkamm. Schneiden Sie so viele Zulagen zu, wie der Kamm Zinken haben soll.

Legen Sie die Zulagen hochkant in einem Stapel an die Anlage der Bandsäge, und schneiden Sie den ersten Zinken frei, indem Sie den Druckkamm an den gestapelten Zulagen entlang schieben **(C)**. Nehmen Sie dann eine Zulage vom Stapel, und schneiden Sie den nächsten Zinken frei. Wiederholen Sie den Vorgang, und achten Sie bei jedem Schnitt darauf, nicht weiter als bis zum angerissenen Strich zu schneiden **(D)**.

Der Federkamm kann direkt am Anschlag einer Maschine befestigt werden, um mit ihm zu sägen

# NIEDERHALTER

oder zu fräsen. Man kann ihn aber auch mittels zweier abgesetzter Schlitze anbringen, die man mit der Handoberfräse oder der Tischkreissäge **(E)** in den Kammkörper schneidet. Die Befestigung mit den Schlitzen erleichtert es, den Druckkamm richtig zu positionieren und den ausgeübten Druck einzustellen.

Um einen Druckkamm aus Holz flach auf dem Arbeitstisch einer Maschine anzubringen, können Sie entweder seinen Korpus so lang machen, dass er bis an die Kante des Arbeitstischs reicht, oder sie können ihn mit Magneten befestigen. Auch die Befestigung mit Hammerschrauben in den T-Nuten des Arbeitstisches oder mit einem Stück Restholz, das mit Schrauben am Druckkamm und mit Zwingen am Tisch angebracht wird, ist denkbar. Vielseitig ist auch die Befestigung an einer Holzleiste, die mit Zwingen in der T-Nut des Arbeitstisches gehalten wird **(F)**.

Für bestimmte Schnitte werden Druckkämme oft paarweise verwendet. Einer der Kämme oder ein Niederhalter wird auf dem Anschlag angebracht und hält das Material flach auf dem Tisch, während ein weiterer auf dem Maschinentisch angebracht wird und das Werkstück fest gegen den Anschlag drückt **(G)**. Dieses Verfahren ist besonders zur Bearbeitung von Werkstücken aller Art mit geraden Kanten geeignet. Meist ist es am besten, wenn der Druckkamm das Material in der Nähe des Schnittpunktes hält. Bei unregelmäßig oder geschwungen geformten Werkstücken setzt man zwei Druckkämme ein, von denen man einen freihändig **(H)** gegen das Stück hält.

**TIPP:** Um einen Druckkamm schnell und leicht an Arbeitstischen aus Eisen oder Stahl befestigen zu können, leimt man mit Epoxid- oder Cyanacrylatkleber zwei oder mehr Magneten aus einer Seltene-Erden-Legierung in ihn ein.

⚠ Ein Druckkamm sollte das Material nie direkt gegen die Seite eines Sägeblatts oder Fräsers pressen, weil das zum Verklemmen und Zurückschlagen des Materials führen kann.

## Niederhalter mit Federn

Man kann einfache Niederhalter herstellen, bei denen ein federnder Holz- oder Stahlstreifen das Werkstück während des Schnitts gegen den Anschlag oder Maschinentisch drückt. Käufliche Modelle weisen meist ein oder zwei verstellbare, flexible Stahlarme auf **(A)**. Aus Holzleisten lässt sich aber auch leicht ein Niederhalter selbst anfertigen. Schneiden Sie zuerst aus einem zähen Holz wie Eiche, Esche oder Douglasie mit stehenden Jahresringen einige 3 mm starke Streifen zu. Die Streifen für meinen Vielzweckniederhalter habe ich auf 3 mm Stärke und 110 mm Länge zugeschnitten, aber man sollte die Abmessungen sowohl nach der Holzart wählen (die Elastizität der Holzarten unterscheidet sich), als auch danach, wie viel Druck Sie ausüben möchten. Leichte Schnitte in dünnem Material erfordern weniger Druck als starke Schnitte in dicken Werkstücken.

Der Halter für die Federstreifen ist 450 x 50 x 50 mm groß. Neigen Sie das Sägeblatt Ihrer Tischkreissäge auf 45°, und schneiden Sie mit einem Standardsägeblatt 2 mm breite Sägefugen in gleichmäßigem Abstand **(B)**. Bevor Sie die Federstreifen mit Leim und Drahtstiften in diesen Schlitzen befestigen, fasen Sie die Unterkante jedes Streifens mit dem Handhobel leicht an **(C)**. Die angefasten Kanten sollten parallel zum Halter verlaufen. Sichern Sie jeden Federstreifen mit einigen hineingetriebenen Nägeln ab.

Befestigen Sie den Niederhalter mit Zwingen **(D)** am Anschlag oder Maschinentisch oder mit Hammerschrauben in der T-Nut des Arbeitstischs, falls vorhanden. Der Niederhalter sollte am besten so angebracht werden, dass der mittlere Federstreifen etwas vor dem Sägeblatt oder Fräser liegt, einer vor und einer hinter dem Schnitt. Um den Niederhalter für einen Schnitt einzustellen, wird er mit leichtem Druck auf das Werkstück gelegt, so dass die Federstreifen sich etwas durchbiegen.

# NIEDERHALTER

## Niederhalter mit Rollen

Käufliche Niederhalter mit Rollen weisen einen Federarm auf, der eine Rolle gegen das Werkstück drückt, um es auf dem Arbeitstisch zu halten. Diese Vorrichtungen werden meist paarweise verkauft und verwendet. Ein Niederhalter wird kurz vor dem Fräser oder Sägeblatt angebracht, einer dahinter. Die Rollen stehen im leichten Winkel zur Schnittrichtung, so dass das Material während des Schnitts an den Anschlag gezogen wird. Meist erlaubt ein Ratschenmechanismus nur die Vorwärtsbewegung des Materials, so dass verklemmtes Material nicht zurückschlagen kann. Manche Vorrichtungen werden oben auf dem Anschlag befestigt **(A)**, während sich andere in den T-Nuten anbringen lassen, mit denen manche Anschläge ausgestattet sind.

Einen vielseitigen Niederhalter kann man sich jedoch aus einigen Reststücken Sperrholz, einigen Federn oder Gummibändern, Schrauben und Muttern und Skateboardrädern aus Polyurethan auch selbst herstellen. Zwar bietet er keinen Schutz vor dem Zurückschlagen des Werkstücks, aber mit seinem schwenkbaren Arm ist dieser Niederhalter in Verbindung mit vielen verschiedenen Maschinen und Vorrichtungen nützlich. Wenn man den Arm auf einer Grundplatte anbringt, die am Parallelanschlag der Tischkreissäge festgespannt wird, dann kann man mit dem Niederhalter das Material während des Abbreitens auf der Tischkreissäge gegen den Anschlag drücken **(B)**. Der schwenkbare Arm lässt sich auch an einer magnetischen Platte befestigen, um beim Auftrennen von Material an der Bandsäge dieses am Anschlag zu halten.

Um den Niederhalter mit schwenkbarem Arm herzustellen, werden zuerst der Arm und die Grundplatte aus 10 mm starkem Sperrholz so zugeschnitten, wie auf der Abbildung (rechts) zu sehen. Bohren Sie durch den Arm und die Grundplatte Löcher, und befestigen Sie den Arm

*(Fortsetzung auf S. 242)*

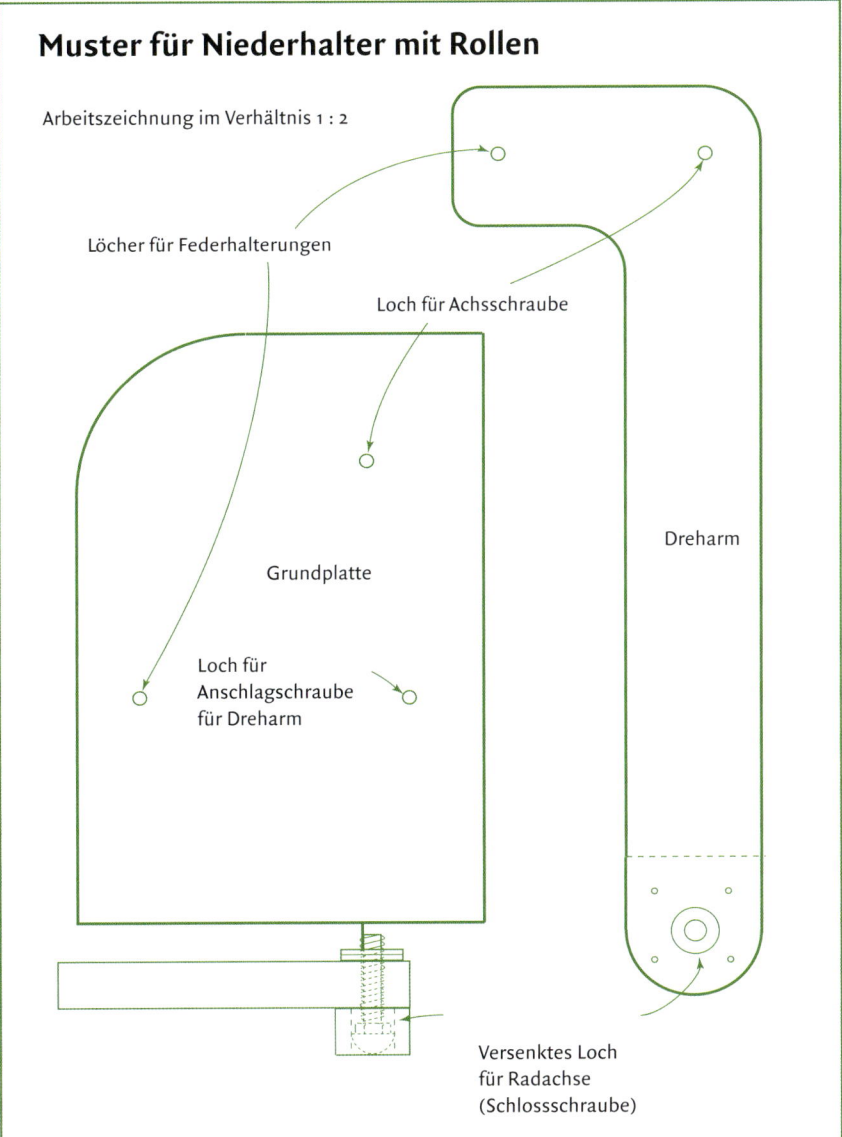

### Muster für Niederhalter mit Rollen

Arbeitszeichnung im Verhältnis 1 : 2

Löcher für Federhalterungen

Loch für Achsschraube

Grundplatte

Dreharm

Loch für Anschlagschraube für Dreharm

Versenktes Loch für Radachse (Schlossschraube)

## Niederhalter mit Rollen

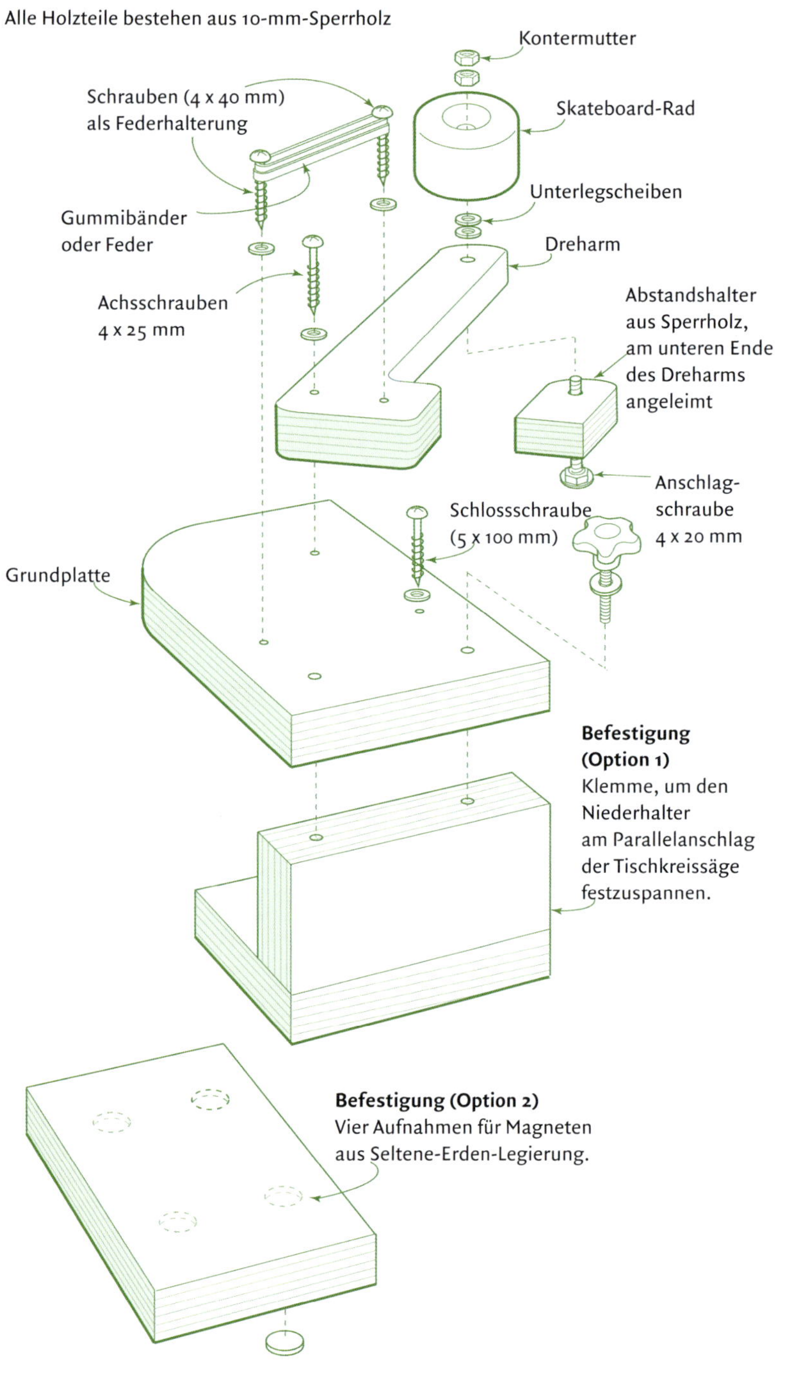

Alle Holzteile bestehen aus 10-mm-Sperrholz

- Kontermutter
- Schrauben (4 x 40 mm) als Federhalterung
- Skateboard-Rad
- Gummibänder oder Feder
- Unterlegscheiben
- Achsschrauben 4 x 25 mm
- Dreharm
- Abstandshalter aus Sperrholz, am unteren Ende des Dreharms angeleimt
- Anschlagschraube 4 x 20 mm
- Schlossschraube (5 x 100 mm)
- Grundplatte

**Befestigung (Option 1)** Klemme, um den Niederhalter am Parallelanschlag der Tischkreissäge festzuspannen.

**Befestigung (Option 2)** Vier Aufnahmen für Magneten aus Seltene-Erden-Legierung.

mit einer Rundkopf-Holzschraube (4 x 25 mm), die mit Unterlegscheibe als Drehachse für den Arm dient. Wie in der Abbildung links zu sehen, wird eine weitere Schraube der gleichen Größe in die Grundplatte gedreht, um als Stoppanschlag zu dienen. Zwei weitere Schrauben – eine auf der Grundplatte und eine an der abgewinkelten Ecke des Arms – dienen als Befestigung für die Federn oder Bänder, die den Arm unter Spannung halten.

Räder für Skateboards sind in Sätzen zu zwei oder vier Stück im entsprechenden Fachhandel erhältlich. In jedem Rad müssen zwei versiegelte Kugellager angebracht werden, die vom Händler (meist kostenfrei) eingepresst werden. Der innere Achsdurchmesser der Räder beträgt 8 mm, mit einer Schlossschraube des gleichen Durchmessers kann man das Rad (oder die Räder) deshalb gut am Ende des Arms anbringen **(C)**.

Beim Schneiden von dünneren Streifen oder wenn sonst ein geringerer Anpressdruck ausreicht, können mehrere breite Gummibänder schon hinreichenden Druck auf den schwenkbaren Arm ausüben **(D)**. Bei schwereren Arbeiten sollte man allerdings auf entsprechend dimensionierte Rückholfedern zurückgreifen.

# SCHUTZSCHILDE FÜR SÄGEBLÄTTER UND FRÄSER

## Eingebaute Schutzschilde für Vorrichtungen

Um höchstmögliche Sicherheit im Umgang mit Vorrichtungen zu erreichen, sollte man diese mit Schutzschilden oder -käfigen aus durchsichtigem Polycarbonatkunststoff ausstatten. Dieser Kunststoff ist im Baumarkt in 3 mm starken Platten unter dem Handelsnamen Lexan zu erhalten, er ist schlagfest, leicht zu verarbeiten und durchsichtig genug, um während der Arbeit gute Sicht auf das Werkstück zu gewährleisten. Polycarbonat lässt sich mit einem feinzahnigen Sägeblatt oder jedem anderen Sägeblatt für laminierte Materialien wie Sperrholz leicht auf der Tischkreissäge schneiden **(A)**.

> Siehe „Durchsichtige Kunststoffe", S. 19

Lexan lässt sich relativ leicht biegen, wenn man es erwärmt **(B)**. Verwenden Sie eine Heißluftpistole, wie sie zum Entfernen von Lack eingesetzt wird, um das dünne Plattenmaterial weich zu machen. Eine saubere Biegung von 90° oder mehr erreichen Sie, indem Sie kleine Holzzulagen am Material festspannen **(C)**. Bewegen Sie die Heißluftpistole langsam über die nicht bedeckte Stelle, bis der Kunststoff so weich wird, dass er sich leicht biegen lässt. Belassen Sie das Material in der gebogenen Stellung, bis es abgekühlt ist. Wie wir noch zeigen werden, kann man Polycarbonat sogar in geschwungene Formen biegen, um aufwändigere Schutzvorrichtungen daraus herzustellen.

Die meisten Vorrichtungen lassen sich mit einer Schutzvorrichtung ausstatten, die verhindert, dass man in das Sägeblatt oder den Fräser fassen kann. Bei einigen ist das jedoch einfacher als bei anderen. Um einen Schiebeschlitten zum Schneiden von Vorrichtungen mit einem Schutzschild auszustatten, wird ein Streifen Polycarbonat direkt über der Schnittlinie an der Vorrichtung befestigt **(D)**.

*(Fortsetzung auf S. 244)*

Für eine verschiebbare Vorrichtung zum Schneiden von Zapfen kann man ein Schutzschild aus Lexan herstellen, das man an der Seite der Vorrichtung über dem Sägeblatt befestigt **(E)**.

Die meisten käuflich zu erwerbenden Handoberfräsentische sind serienmäßig mit einem Schutzschild am Anschlag ausgestattet **(F)**. Um einen ähnlichen Schild selbst herzustellen, schneidet man mit einer Stichsäge mit feinem Blatt ein Ende eines rechteckigen Polycarbonatstreifens zu einem Halbkreis zu. Fräsen Sie in das rechteckige Ende zwei Schlitze, um den Schild in der Höhe verstellen zu können, und befestigen Sie den Schutzschild in einer T-Nut im Anschlag, um ihn waagerecht verstellen zu können.

Wenn eine Vorrichtung zum Schneiden von Fingerzinken an der Tischkreissäge mit einem Schutzschild versehen werden soll, muss die Vorrichtung mit einem Rahmen ausgestattet werden, der die dünne Platte aus Lexan über dem Sägeblatt hält **(G)**. Der Rahmen aus Vollholz wird an der Rückseite der Vorrichtung befestigt und die Lexanplatte an der Oberkante des Rahmens festgeschraubt. In der Abbildung ist zu sehen, wie die Kante des Polycarbonats mit einem Filzstift eingefärbt wird, damit sie besser sichtbar ist. Eine Lücke zwischen der Hinterkante der Lexanplatte und dem Anschlag der Vorrichtung erlaubt es, das Werkstück zum Schneiden einzuschieben. Der Schutzschild verhindert nicht nur versehentliches Berühren des Sägeblattes, er stoppt auch nach oben ausgeworfene Späne.

Einen Ablängschlitten kann man sicherer machen, indem man ihn mit einem tunnelähnlichen Schutzkasten direkt über der Schnittlinie versieht **(H)**. Stellen Sie die dreiseitige Schutzvorrichtung aus zwei dünnen Holzstreifen her, an denen oben ein langer, schmaler Lexanstreifen festgeschraubt wird. Entsprechende Schlitze und Anschlagleisten ermöglichen es, den Schutzkasten leicht hoch und runter zu schieben. Bei der Anwendung wird das Werkstück in den Schlitten gelegt, und dann wird der Schutzkasten darüber geschoben, bevor man den Schnitt ausführt.

⚠ Acrylglas ist nicht für Schutzschilde in der Holzwerkstatt geeignet, da das Material nicht schlagfest ist. Verwenden Sie deshalb, wie auf S. 19 vorgeschlagen, durchsichtigen Polycarbonatkunststoff.

## Schutzschilde am Fräser

Polycarbonat ist auch ein gutes Material, um Schutzschilde herzustellen, die direkt am Fräser befestigt werden. Ein runder Schutzschild am Fräser ist nicht nur leicht herzustellen und anzuwenden, er ist auch fast das einzige Mittel, mit dem man sich beim freihändigen Profilieren und Fräsen an der Schablone vor ernsthaften Verletzungen schützen kann **(A)**. Bei schweren Fräsarbeiten an der Tischfräse sind durchsichtige Schilde mit eingebauten Lagern, die an der Spindel angebracht werden, unerlässlich **(B)**. Es ist leichtsinnig, ohne eine solche Vorrichtung zu fräsen, wenn bei bestimmten Arbeitsgängen die üblichen Anschläge und Schutzeinrichtungen der Tischfräse entfernt werden müssen.

Käuflich sind derartige Schutzvorrichtungen für Fräser, die in der Handoberfräse eingesetzt werden, kaum zu bekommen. Sie sind jedoch aus 3 mm oder 5 mm starkem Lexan leicht selbst herzustellen. Man muss dazu nur mit der Lochsäge in der Ständerbohrmaschine eine entsprechende Scheibe ausschneiden **(C)**. Die Lochsäge sollte mindestens so groß sein, dass der Durchmesser der Schutzscheibe mindestens 10 mm bis 15 mm größer ist als der des Fräsers, mit dem er eingesetzt werden soll. Verwenden Sie eine Lochsäge mit einem Führungsbohrer, dessen Durchmesser dem der Lagerschraube am Fräser entspricht, oder einer Schraube, die sich an der Spindel eines entsprechenden Fräswerkzeugs befestigen lässt **(D)**. Da dieser Schild sich nicht unabhängig vom Fräser dreht, wie das bei den gelagerten Schilden für die Tischfräse der Fall ist, muss hier auf jeden Fall die Außenkante des Schilds rund und glatt geschliffen werden. So ist die schlimmste Folge einer versehentlichen Berührung eine Verbrennung. Um den durchsichtigen Schild besser sichtbar zu machen, wird seine Kante mit Filzstift auffällig rot eingefärbt.

⚠ Auch mit angebrachtem Schutzschild sollten Ihre Hände nie in die Nähe von großen Fräsern oder Fräswerkzeugen kommen. Falls das Material plötzlich vom Werkzeug verrissen wird, könnten Ihre Finger in die Schneiden geraten.

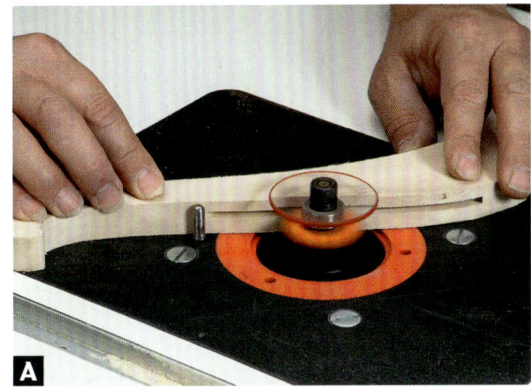

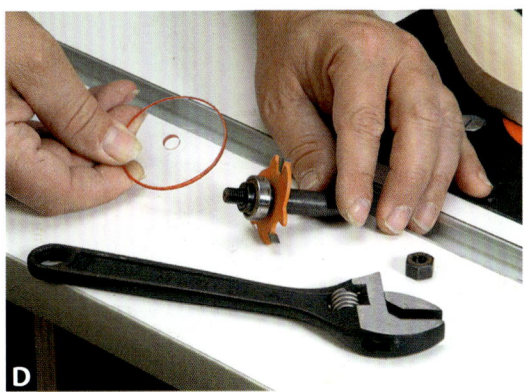

KAPITEL DREIZEHN: SICHERHEITSZUBEHÖR

## Schutzgehäuse

Niederhalter und Druckkämme können bei der Arbeit mit Anschlägen und Schiebeschlitten deutlich zum Schutz des Anwenders beitragen, da sie das Sägeblatt vollkommen abdecken **(A)**. Man kann jedoch aus Lexan (durchsichtigem Polycarbonatkunststoff) auch spezielle Schutzgehäuse herstellen, die einen guten Schutz vor Sägeblättern, Fräsern und Schleifmitteln bieten.

Ein gutes Beispiel für ein solches Schutzgehäuse ist das in Abbildung **(B)** gezeigte Exemplar für die Ständerbohrmaschine. Das Gehäuse hindert den großen verstellbaren Lochschneider daran, auch in die Knöchel des Benutzers Löcher zu schlagen. Diese Lochschneider werden bei relativ geringen Geschwindigkeiten dazu verwendet, große Löcher in Plattenmaterial zu schneiden. Das Schutzgehäuse wird aus einem einzigen Stück 3 mm starken durchsichtigen Lexans hergestellt, dass man erhitzt und dann zu einem Halbkreis biegt, bevor man es an einem Hilfsanschlag am Anschlag der Ständerbohrmaschine anbringt.

Um eine gleichmäßige Krümmung zu erreichen, schneidet man zuerst eine halbrunde Form aus einem Kantholz (100 x 150 mm). Als Alternative kann man auch eine Blechdose, ein Kunststoffrohr oder jeden anderen stabilen Gegenstand verwenden. Schneiden Sie zuerst einen Streifen Lexan in der gewünschten Länge zu (das abgebildete Beispiel ist 450 mm lang), und bohren Sie in jedes Ende zwei Montagelöcher. Spannen Sie ein Ende des Streifens an der Seite der Form fest, und erhitzen Sie den Kunststoff mit einer Heißluftpistole, bis es sich mit der Hand um die Form biegen lässt **(C)**. Halten Sie den gebogenen Streifen um die Form, bis er abgekühlt ist und seine Krümmung behält. Biegen Sie dann mit der auf S. 243 beschriebenen Methode den Streifen an den Enden rechtwinklig ab. Befestigen Sie das Schutzgehäuse schließlich mit Schrauben am Anschlag der Ständerbohrmaschine (oder einem hölzernen Hilfsanschlag, wie hier zu sehen) **(D)**.

> Siehe „Eingebaute Schutzschilde für Vorrichtungen", S. 243

⚠ Tragen Sie beim Biegen von Kunststoff mit der Heißluftpistole immer dicke Arbeitshandschuhe, um Ihre Hände vor Verbrennungen zu schützen.

## Austrittsschutz

Die liebgewonnenen eigenen Finger kann man auch schützen, indem man an verschiebbaren Vorrichtungen einen Austrittsschutz anbringt. Bei den meisten Vorrichtungen dieser Art liegt das Sägeblatt oder der Fräser am Schluss des Schnitts frei – oft ist dies auch der Augenblick, in dem man darüber hinweggreift. Ein Austrittsschutz ist lediglich ein Block, der das Sägeblatt oder den Fräser am Ende des Schnitts vollkommen umschließt **(A)**.

Bei den meisten Vorrichtungen ist es nicht sehr schwierig, einen Austrittsschutz anzubringen: Man befestigt einfach mit Leim und Schrauben einen starken Holzklotz an der Grundplatte oder dem hinteren Anschlag. So etwas lässt sich aus jedem Holzrest oder Stück Bauholz herstellen. Am besten wird der Austrittsschutz knapp hinter dem Schnittende an der Vorrichtung angebracht. Bei einem Schiebeschlitten für Gehrungsschnitte wird so zum Beispiel ein dreieckiger Austrittsschutz hinter der Stelle angebracht, wo die beiden Anlagen aufeinander treffen **(B)**. Bei einem Ablängschlitten wird der Holzklotz einfach direkt am hinteren Anschlag der Vorrichtung festgeschraubt, so dass er das Sägeblatt mittig umschließt **(C)**. Der Block sollte so breit sein, dass das Sägeblatt auch dann noch umschlossen ist, wenn man die Vorrichtung so weit nach vorne geschoben hat, wie es nötig ist, um den Schnitt zu vollenden. Eine Alternative ist ein Austrittsschutz, der aus Sperrholz in Form eines hohlen Kastens hergestellt wird. Er wird so groß gestaltet, dass er Sägeblatt oder Fräser vollkommen umfasst und dient so gleichzeitig als Staubschutz **(D)**. Bringen Sie einen Stoppklotz an Ihrer Maschine an, bevor Sie mit der Arbeit beginnen, um zu verhindern, dass die Vorrichtung sich zu weit verschieben lässt und das Sägeblatt oder der Fräser hinten aus dem Schutzkasten wieder austreten.

# Staubkontrolle bei Hilfsvorrichtungen

**Staubabsaugung an Vorrichtungen**

> Verschiebbare Staubabsaugung (S. 251)

> Austrittsschutz mit Staubabsaugung (S. 252)

> Integrierte Abzugshaube (S. 253)

> Anschlag mit Staubabsaugung (S. 254)

> Absauganlage für den Schleifzylinder (S. 255)

**Staubabsaugung für Elektrowerkzeuge**

> Frässchablone mit Staubabsaugung (S. 256)

> Staubabsaugung für die Handoberfräse (S. 258)

> Schlauchhalterung (S. 259)

Die scharfen Schneiden der Werkzeuge sind nicht die einzige Gefahr, die in der Werkstatt auf den Holzhandwerker lauert. Sägestaub ist auch eine Bedrohung. Sägestaub und -späne, die in Haufen auf dem Boden liegen, sind eine Brandgefahr, und feine Holzbestandteile, die in der Luft schweben, können zu allergischen Reaktionen, Lungenschäden und sogar Krebserkrankungen führen. Auch wenn die meisten Maschinen in Ihrer Werkstatt an eine zentrale Staubabsauganlage angeschlossen sind, kann es doch zu unkontrolliertem Staubaustritt kommen, da die Verwendung von Hilfsvorrichtungen oft nur möglich ist, wenn die serienmäßigen Anschlüsse für die Staubabsaugung an Tischkreissägen, Tischfräsen und anderen Maschinen deaktiviert werden. Bei Elektrowerkzeugen kann die eingebaute Staubabsaugung ebenfalls durch Hilfsvorrichtungen beeinträchtigt werden. Glücklicherweise gibt es Verfahren, mit denen man auch über die selbst gebauten Vorrichtungen zu einer funktionierenden Staubabsaugung gelangen kann.

Die einfachste Methode, um Holzstaub unter Kontrolle zu behalten, wenn man eine Vorrichtung verwendet, ist ein Staubsaugerschlauch, der in der Nähe des Sägeblatts, Fräsers, Schleifbandes oder der Schleifscheibe den Staub absaugt. In manchen Fällen reicht es schon, den Schlauch provisorisch mit Zwingen, einem Spanngurt oder Klebestreifen am Arbeitstisch oder der Vorrichtung zu befestigen. Um die Absaugung von Spänen und Staub in einem größeren Gebiet zu erreichen, ist es besser, am Ende des Schlauches eine Absaughaube anzubringen. Eine solche Haube ist meist wie ein Trichter oder Kasten geformt und sollte Späne in Richtung Schlauchende lenken, wie das in der Abbildung oben auf der gegenüberliegenden Seite zu sehen ist.

Noch besser ist es allerdings, den Sägestaub direkt in der Vorrichtung abzusaugen, die man herstellt. Mit einer Absaughaube kann man nicht nur

# STAUBKONTROLLE BEI HILFSVORRICHTUNGEN

die Späne absaugen, sie bietet auch die Möglichkeit, an ihr einen Niederhalter, ein durchsichtiges Schutzgehäuse oder andere Sicherheitsvorrichtungen anzubringen, und sie kann auch noch andere Vorteile bieten (siehe untenstehenden Kastentext).

Staubabsauganlagen kann man auch in die Arbeitstische von Hilfsvorrichtungen einbauen, indem man diese Tische zu hohlen Kästen umgestaltet, die an einen Staubsauger oder eine Absauganlage angeschlossen werden. Solche Absaugtische sind bei vielen verschiedenen staubträchtigen Arbeiten einzusetzen, unter anderem beim Fräsen und Schleifen wie in der oberen Abbildung auf Seite 250 zu sehen.

Viele moderne Elektrowerkzeuge weisen serienmäßig Anschlüsse für Staubabsauganlagen auf. Allerdings wird die Absaugung oft bein-

Schleifmaschinen verursachen Unmengen sehr feinen Staubs, der am besten schon an der Quelle eingefangen werden sollte. In diesem Fall sorgt eine Absaughaube dicht an der Schleifscheibe dafür.

## Integrierte Abzugshauben

Mit einer Abzugshaube, die in eine Vorrichtung eingebaut ist, können Sie die Luft in der Werkstatt (und in Ihren Lungen) sauber halten. Aber sie bietet auch noch andere Vorteile. Die Sicherheit wird erhöht, da die Haube das Sägeblatt oder den Fräser umschließt und Späne zurückweist, die Ihnen sonst vielleicht in das Gesicht flögen. Das Absaugen von Staub und Spänen kann auch die Qualität der Schnitte und die Lebensdauer der Werkzeuge erhöhen: Späne, die nicht

nach dem ersten Schnitt abgesaugt werden, können unter Umständen wieder und wieder geschnitten werden und so die Standzeit der Werkzeuge verringern. Und schließlich kann das Absaugen der Späne und des Staubs auch die Lebenszeit der Maschinen erhöhen, da sie nicht mehr in den Motor oder andere bewegliche Teile geraten können. Dieser Gesichtspunkt ist vor allem bei Handoberfräsentischen wichtig, da Handoberfräsen nicht für den Gebrauch in Kopfüberstellung entworfen werden und durch Späne Schaden nehmen können, die in das untere Motorgehäuse geraten.

# KAPITEL VIERZEHN: ÜBERBLICK — STAUBKONTROLLE BEI HILFSVORRICHTUNGEN

Der Arbeitstisch für diesen Trommelschleiftisch ist als hohler Kasten ausgeführt, der Schleifstaub kann durch einen Staubsaugerschlauch abgeführt werden.

trächtigt, wenn man diese Maschinen mit Vorrichtungen verwendet. So ist es bekanntermaßen schwierig, eine Handoberfräse mit einer Staubabsaugung auszustatten, auch wenn es nur um relativ einfache Arbeiten wie das Profilieren einer Kante oder das Schneiden eines Schlitzes geht. Man kann dennoch eine Absauganlage bauen und an der Handoberfräse anbringen, mit der sich der Großteil der beim Fräsen entstehenden Späne einfangen lässt.

> Siehe „Staubabsaugung für die Handoberfräse", S. 258

Eine Staubabsaugung lässt sich auch in die meisten Vorrichtungen einbauen, die mit der Handoberfräse verwendet werden. Ein gutes Beispiel ist die einfache Schablone, mit der man die Gräben für Einlegearbeiten, Vertiefungen für Beschläge und gar Teile von Holzverbindungen schneidet. Eine besondere, hohe Schablone mit Luftgängen saugt den Frässtaub an der Öffnung der Schablone ab und führt ihn durch einen Staubsaugerschlauch ab (siehe Abbildung unten).

Wenn man eine Schablone mit einer Staubabsaugung versieht, ist die Arbeit nicht nur sauberer, sondern es wird auch die Gefahr verringert, dass Späne zu ungenauem Arbeiten führen.

## STAUBABSAUGUNG AN VORRICHTUNGEN

### Verschiebbare Staubabsaugung

Da die meisten Schiebeschlittenvorrichtungen für die Tischkreissäge (Ablängschlitten, Gehrungsschlitten, Zapfenschneideschlitten usw.) genau über das Sägeblatt geführt werden, muss meist die serienmäßige Schutzhaube über dem Sägeblatt entfernt werden. In diesen Fällen ist es am besten, die Vorrichtung selbst mit einem eigenen Blattschutz zu versehen. Diese Zusatzeinrichtung kann man dann auch gleich mit einer Staubabsaugung versehen.

Es ist nicht schwierig, zum Beispiel einen Gehrunggschlitten wie den gezeigten **(A)** mit einer Staubabsaugung zu versehen. Zuerst wird der dünne Kunststoffschutzschild so verstärkt, dass er einen Anschlussstutzen für einen Absaugschlauch tragen kann. Befestigen Sie eine Holzleiste (10 x 10 mm) an den beiden Längskanten des Kunststoffs **(B)**. Sie können entweder eine Nut in die Leisten schneiden und sie dann auf den Schild aufstecken, oder die Leisten ausfälzen und sie dann an dem Schild festschrauben **(C)**. Am leichtesten lässt sich ein Staubsaugerschlauch mit einem Stutzen befestigen, wie er im Werkzeug- und Zubehörhandel zu erhalten ist. Die Bohrung im Schutzschild muss im Durchmesser an den Stutzen angepasst werden. Der Stutzen wird mit vier kleinen Gewindeschrauben, Muttern und Unterlegscheiben befestigt **(D)**. Die Absaugstelle sollte nahe der Mitte des Schutzschildes angebracht werden, so dass auch gröbere Späne eingefangen werden, die vom Sägeblatt hochgeschleudert werden.

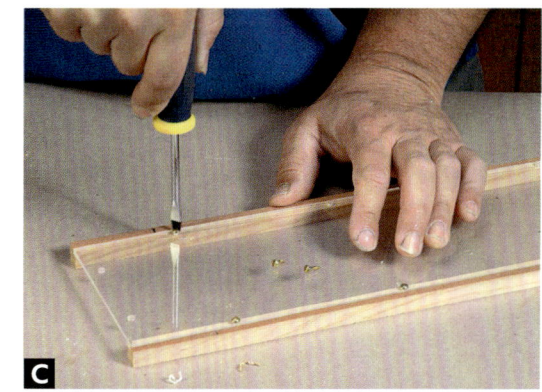

Um eine Zapfenschneidvorrichtung für die Tischkreissäge mit einer Staubabsaugung zu versehen, wird ein Loch durch den Schutzschild gebohrt **(E)**, an dem ein dünner Staubsaugerschlauch befestigt wird. Bohren Sie das Loch mit einer Lochsäge, einem Lochschneider oder einem Forstnerbohrer an der Ständerbohrmaschine nahe dem hinteren Ende des Schildes. Damit der Schlauch bei der Arbeit nicht stört, wird er mit Kabelbindern oder Spanngurten an der Vorrichtung befestigt.

**TIPP:** Die Funktion der Staubabsaugung wird verbessert, wenn in Richtung des Spanauswurfs abgesaugt wird. Beachten Sie, in welche Richtung Späne vom Werkzeug geworfen werden, und bringen Sie dort die Absaugung an.

## Austrittsschutz mit Staubabsaugung

Der Austrittsschutz dient der Sicherheit des Handwerkers, indem er das Sägeblatt oder den Fräser am Ende eines Schnittes umschließt. Er kann aber noch einen weiteren Schutz bieten, wenn man ihn wie hier zu sehen **(A)** gleichzeitig als Absaugkasten für die Staubabsaugung ausarbeitet. Der Kasten besteht aus dünnem Sperrholz und wird an der Rückwand der Vorrichtung befestigt. Der Anschluss wird seitlich herausgeführt, damit der Schlauch bei der Arbeit nicht im Weg ist.

Schneiden Sie zuerst vier Seiten für den Kasten zu – der Boden und die Vorderseite bleiben offen. Bohren Sie mit der Lochsäge oder einem Forstnerbohrer ein Loch in eines der Seitenteile **(B)**. Leimen Sie den Kasten mit Verbindungen auf Stoß zusammen, die Sie mit Drahtstiften verstärken. Das Verleimen lässt sich erleichtern, indem man Leim an die Kanten gibt und den Kasten mit Klebeband zusammenhält **(C)**, bevor man die Drahtstifte eintreibt.

Bringen Sie den Kasten an der Rückseite der Vorrichtung so an, dass er mittig über dem Sägeblatt liegt. Da der Kastenboden direkt auf dem Arbeitstisch der Säge aufliegt, lässt er sich am leichtesten befestigen, wenn die Vorrichtung an der Säge angebracht ist. Eine Zulage aus Restholz wird an der Kante der Säge festgespannt, um zu verhindern, dass sich die Vorrichtung bewegt, während man den Kasten mit vier 3,5-mm-Messingschrauben befestigt **(D)**.

⚠ Verwenden Sie eine verschiebbare Vorrichtung nie ohne einen Endanschlag, der verhindert, dass die Vorrichtung sich so weit bewegt, dass der Fräser oder das Sägeblatt freigegeben wird.

## Integrierte Abzugshaube

Vorrichtungen zum Profilieren am Handoberfräsentisch erfordern oft, dass der serienmäßige Anschlag und Anschluss für die Staubabsaugung abgenommen werden. Glücklicherweise ist es meist nicht sehr aufwändig, eine neue Absaughaube direkt in die Vorrichtung zu integrieren. Ein gutes Beispiel ist die auf S. 148 vorgestellte Führung für die Formfederfräse. In diesem Fall dient ein einfacher Sperrholzkasten als Absaughaube und Anschlussmöglichkeit für den Schlauch. Die Haube erlaubt es nicht nur, beim Fräsen von Schlitzen für Formfedern die Späne einzufangen, sie ist zugleich auch eine ideale Befestigungsstelle für einen Schutzschild aus durchsichtigem Kunststoff, der den Benutzer vor Verletzungen durch den Fräser schützt.

Wie die anderen Absaughauben in diesem Abschnitt wird auch dieser für die Formfederfräse aus 10 mm starkem Sperrholz mit Leim und Nägeln zusammengebaut. Die Breite der Haube ist auf einen ‚Ritzenaufsatz' abgestimmt, wie er als Zubehör für Staubsauger erhältlich ist **(A)**. Die Höhe der dreiseitigen Haube wird durch die Schnitthöhe des Fräswerkzeugs bestimmt. In diesem Fall sind die Seiten etwa 40 mm hoch.

Nachdem die Haube zusammengebaut worden ist, wird an der Unterseite ihres Deckels ein Schutzschild aus durchsichtigem Lexan angeschraubt **(B)**. Um das Herausrutschen des ‚Ritzenaufsatzes' aus der Haube zu verhindern, werden an der Innenseite der Öffnung des Kastens Streifen von Isolierband aus dichtem Schaumstoff angebracht, mit denen die Reibung erhöht wird **(C)**. Nachdem die Haube so auf der Grundplatte der Vorrichtung ausgerichtet worden ist, dass sie weder vom Fräser noch vom Schwenkarm berührt wird, kann man sie mit zwei 4 x 45 mm-Schrauben befestigen **(D)**.

## Anschlag mit Staubabsaugung

Wenn man an der Ständerbohrmaschine Löcher bohrt oder Rahmenfriese mit Schlitzen versieht, können Späne zwischen Werkstück und Anschlag für ungenaue Arbeitsergebnisse sorgen. Ein Anschlag mit eingebauter Absaugung kann das verhindern. Der Anschlag ist im Wesentlichen ein hohler, L-förmiger Kasten aus 10 mm starkem MDF. Löcher im Arbeitstisch und im Anschlag erlauben das Absaugen der Späne durch einen Schlauch, der an der Seite des Kastens befestigt ist. Wenn man die 15-mm-Löcher wie gezeigt gegeneinander versetzt, kann man eine größere Anzahl unterbringen, ohne die Bauteile zu sehr zu schwächen (A).

Um zu verhindern, dass sich am Zusammentreffen von Anschlag und Arbeitstisch Späne ansammeln, werden in die Unterkante des Anschlags Schlitze gefräst. Dazu wird am Handoberfräsentisch ein 10-mm-Nutfräser verwendet, der 5 mm aus dem Anschlag des Tisches herausragt (B).

Der Anschlag wird zusammengebaut, indem man die Vorderseite und einen Stützklotz mit Leim und Nägeln an der Grundplatte befestigt (C). Der Stützklotz verhindert das Durchbiegen des Arbeitstisches während der Arbeit. Bringen Sie den Anschlag mit Nägeln und Leim an der hinteren Kante des Tisches an, und befestigen Sie dann diese Teilmontage an der vorderen Kantenleiste und dem Stützklotz, so dass alle Kanten bündig abschließen. Dann werden die Rückwand und der Deckel angeleimt, und schließlich auch die beiden Endstücke, von denen eines mit einer Öffnung für den Absaugschlauch versehen ist (D). Um eine gute Absaugleistung zu gewährleisten, sollten alle Verbindungen gut passen und mit einer großzügigen Leimzugabe abgedichtet werden.

Spannen Sie den Anschlag am Tisch Ihrer Ständerbohrmaschine oder Ihres Schlitzstemmers fest (E). Beim Schneiden von Schlitzen muss das Werkstück mit einem Niederhalter gehalten werden, damit es beim Zurückziehen des Werkzeugs nicht angehoben wird.

## Absauganlage für den Schleifzylinder

Eine in die Ständerbohrmaschine eingespannte Schleifspindel ist ein wirklich nützliches Werkzeug, vor allem, wenn man mehrere Werkstücke mit geschwungenen Kanten schleifen muss. Noch besser ist die Kombination jedoch, wenn man einen Absaugtisch baut, der den feinen Schleifstaub auffängt und abtransportiert, bevor er in die Lungen gerät oder Maschinen und Hobelbank mit einer Schicht bedeckt.

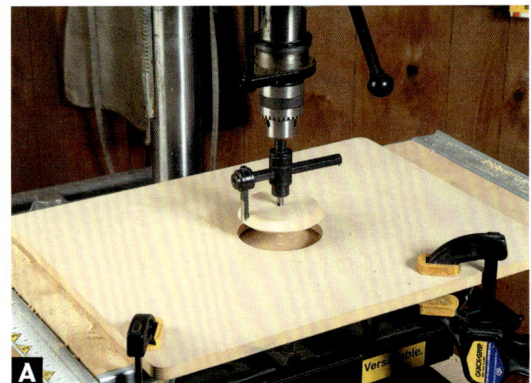

Der Absaugtisch ist ein hohler Kasten mit einer Öffnung im Deckel und einer zweiten an der Seite, mit der er an einen Staubsauger oder die zentrale Absauganlage der Werkstatt angeschlossen werden kann. Er kann aus 10 mm starkem MDF oder Sperrholz hergestellt werden. Schneiden Sie die Teile auf der Tischkreissäge zu, und bohren Sie dann mit der Lochsäge oder dem Lochschneider ein Loch für den Schleifzylinder **(A)**. Falls Sie nur eine Spindel verwenden wollen, sollte der Durchmesser des Loches 5 mm mehr betragen als der des Schleifzylinders. Man kann den Absaugtisch aber auch vielseitiger machen, indem man ein 80-mm-Loch in die Platte bohrt und ringsum einen 3 mm tiefen und 5 mm breiten Falz anfräst **(B)**. In diesen Falz kann man dann die Tischeinsätze für ein Spindelschleifgerät der amerikanischen Firma Delta einsetzen. Wenn man unterschiedliche Tischeinsätze verwendet, kann man auch Schleifzylinder in verschiedenen Größen verwenden **(C)**.

Wenn Sie alle Teile zugeschnitten haben, bohren Sie in eine der Seiten ein Loch, in das der Schlauch Ihrer Absauganlage passt. Verbinden Sie die Seitenteile auf Stoß mit Leim und Nägeln, und bringen Sie dann den Boden und die Deckplatte an **(D)**. Beachten Sie, dass der Boden länger ist als der Kasten, so dass an jedem Ende ein 40 mm breiter überstehender Streifen die Möglichkeit zum Festspannen bietet **(E)**.

KAPITEL VIERZEHN: STAUBKONTROLLE BEI HILFSVORRICHTUNGEN

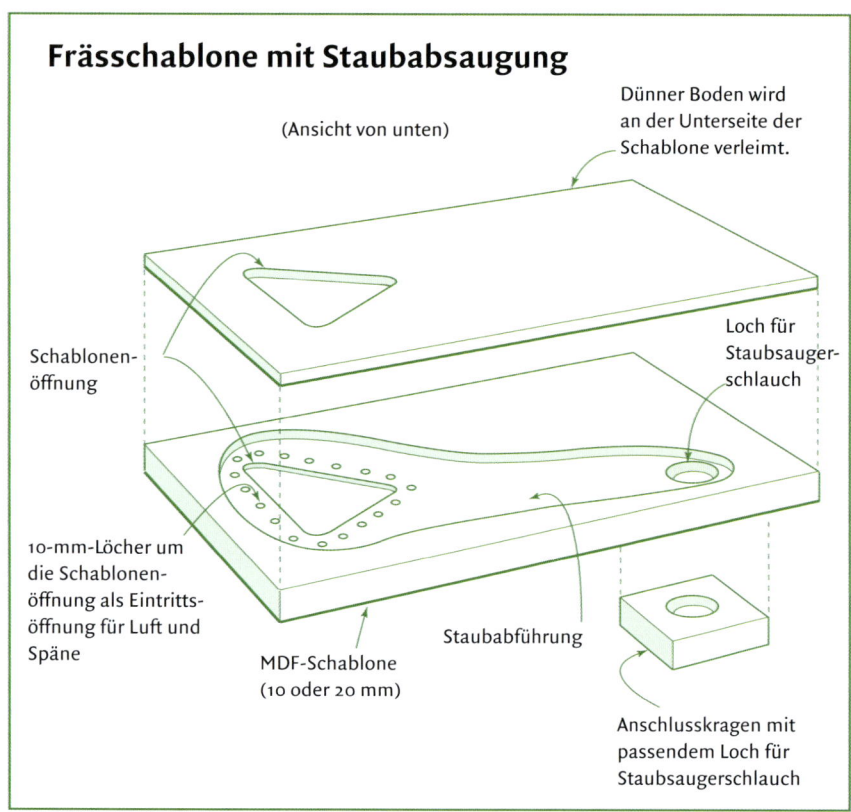

**Frässchablone mit Staubabsaugung**
(Ansicht von unten)

Dünner Boden wird an der Unterseite der Schablone verleimt.

Schablonenöffnung

Loch für Staubsaugerschlauch

10-mm-Löcher um die Schablonenöffnung als Eintrittsöffnung für Luft und Späne

MDF-Schablone (10 oder 20 mm)

Staubabführung

Anschlusskragen mit passendem Loch für Staubsaugerschlauch

A

B

## STAUBABSAUGUNG FÜR ELETROWERKZEUGE

### Frässchablone mit Staubabsaugung

Eine Schablone und ein Fräser mit Anlaufring sind eine Kombination, um Aussparungen für Beschläge, Gräben für Einlegearbeiten oder sogar Schlitze für Verbindungen zu schneiden. Allerdings sind die gewaltigen Mengen an Holzstaub und -spänen, die beim Fräsen entstehen, nicht nur lästig, sondern auch gesundheitsschädlich. Zudem neigen die Späne auch dazu, die Öffnung in der Schablone zu verstopfen, so dass der Anlaufring nicht mehr direkt an der Schablonenkante anliegt. Eine elegante Lösung für dieses Problem ist eine Schablone mit eingebauter Absaugung, die mit der Saugkraft eines normalen Industriestaubsaugers den Staub und die Späne abtransportiert.

Eine Schablone mit Absaugung besteht ganz einfach aus zwei Teilen: einem 10 mm oder 20 mm starken Deckel aus MDF und einem 3 mm oder 5 mm starken Unterteil aus Hartfaserplatte. Der Deckel wird so zugeschnitten, dass er als Schablone dient, an welcher der Anlaufring geführt wird. Wie in der Abbildung zu sehen, enthält er auch Staubkanäle und einen Anschluss für den Staubsaugerschlauch. Das Unterteil schließt einfach nur die Staubkanäle ab, um die Saugkraft zu verbessern.

Der Deckel wird aus einem rechteckigen Stück MDF zugeschnitten, das so groß ist, dass es auf allen Seiten einige Zentimeter über das Loch der Schablone hinausragt, um die Handoberfräse abzustützen. Der Deckel sollte so lang sein, dass an einer Ecke der Staubsaugerschlauch angeschlossen werden kann, ohne bei der Arbeit hinderlich zu sein. Schneiden Sie das Loch in der Schablone mit der Stich- oder Dekupiersäge aus **(A)**, berücksichtigen Sie dabei den Versatz, der durch den Anlaufring notwendig wird (siehe S. 170). Bohren Sie ein Ansatzloch mit dem Durchmesser des Staubsaugerschlauches, und stellen Sie einen Anschlusskragen für den Schlauch aus einem quadratischen Stück Restholz mit 20 mm Stärke her, indem Sie ein Loch für den Anschlussstutzen hineinbohren.

Der Absaugkanal wird mit einem 10-mm-Nutfräser in die Unterseite des Deckels gefräst **(B)**.

Stellen Sie die Schnitttiefe so ein, dass mindestens 5 mm Material rings um die Öffnung stehen bleiben, um als Anlage für den Anlaufring zu dienen. Fräsen Sie ringsum mindestens 20 mm von der Öffnung weg, und fräsen Sie dann einen breiten Kanal bis zur Anschlussöffnung für den Staubsaugerschlauch.

Drehen Sie die Schablone mit dem Deckel nach oben, und befestigen Sie den Anschlusskragen für den Schlauch über dem Loch im Deckel **(C)**. Bohren Sie dann eine Reihe von 10-mm-Löchern um die Öffnung in der Schablone **(D)**. Diese Einlasslöcher sorgen dafür, dass der Staubsauger nicht überlastet wird und dass auch Staub von der Oberseite der Schablone abgesaugt wird.

Stellen Sie das Unterteil aus einem Stück dünner Hartfaserplatte her, das genauso breit und lang wie der Deckel ist. Richten Sie die beiden Teile aneinander aus, übertragen Sie den Umriss der Öffnung vom Deckel auf das Unterteil, und schneiden Sie sie dann mit der Stichsäge aus. Befestigen Sie das Unterteil mit reichlich Leim (um die Verbindung luftdicht zu machen) und Nägeln an der Unterseite des Deckels **(E)**.

Vor der Fräsarbeit wird die Schablone auf dem Werkstück festgespannt **(F)**, und der Schlauch wird in den Anschlusskragen gesteckt. Rüsten Sie die Handoberfräse mit einem Nutfräser mit Anlaufring aus, der zum Versatz der Schablone passt, und beginnen Sie mit dem Fräsen **(G)**.

> Siehe „Versatz an Schablonen berechnen", S. 170

**TIPP:** Um zu verhindern, dass sich eine Schablone mit Staubabsaugung während der Arbeit verschiebt, kann man an der Unterseite feinkörniges selbstklebendes Klebeband anbringen, bevor man sie festspannt.

## Staubabsaugung für die Handoberfräse

Die Handoberfräse ist einer der größten Staub- und Späneerzeuger in der Holzwerkstatt. Man kann jedoch einen Teil des Staubs mit einer selbst angefertigten Absauganlage unschädlich machen, die beim Kantenfräsen Späne und Staub auffängt **(A)**.

Die Absauganlage wird aus einigen kleinen Stücken Sperrholz und Hartfaserplatte hergestellt. Fertigen Sie zuerst eine Schablone für den Unterbau an, indem Sie den Umriss der Grundplatte Ihrer Handoberfräse auf ein Stück steifes Papier oder dünnen Karton übertragen **(B)**. Zeichnen Sie auf dem Karton den V-förmigen Umriss der Absauganlage auf, deren Größe und Proportionen auf Ihre Handoberfräse abgestimmt sein sollten. Schneiden Sie die Schablone aus, und befestigen Sie sie mit doppelseitigem Klebeband auf einem Stück 3 mm oder 5 mm starker Hartfaserplatte oder Lexan. Schneiden Sie die Grundplatte mit der Stichsäge oder Bandsäge entlang der Schablone aus **(C)**.

Legen Sie die serienmäßige Grundplatte Ihrer Handoberfräse umgekehrt auf das Stück, das Sie gerade ausgeschnitten haben, und drehen Sie sie so, dass die V-förmige Absaughaube die richtige Lage im Verhältnis zu den Griffen hat. Übertragen Sie die Befestigungslöcher der Grundplatte auf das Gegenstück aus Holz, und bohren Sie dort die Löcher mit einem selbstzentrierenden Bohrer **(D)**.

Nachdem Sie die Seitenteile und den Boden der Absauganlage zugeschnitten haben, bohren Sie in eines der Seitenteile ein Loch für den Absaugschlauch, und befestigen Sie dann die beiden Seitenteile mit Leim und Nägeln so aneinander, dass sie ein V bilden. Befestigen Sie diese Einheit an der Grundplatte, und leimen Sie das dreieckige Deckstück daran fest **(E)**. Bohren Sie gegebenenfalls ein Loch in die untere Abdeckung, um eine der Befestigungsschrauben erreichen zu können, wenn Sie die Staubabsaugung anbringen oder abnehmen möchten.

## Schlauchhalterung

Viele neuere Handkreissägen, Schleifmaschinen, Handoberfräsen und andere Elektrowerkzeuge sind mit Anschlüssen für einen Staubsaugerschlauch ausgestattet. Leider kann ein solcher Schlauch die Handhabung der Maschine ernsthaft erschweren. Eine Schlauchhalterung, die an der Werkbank angebracht ist, kann dafür sorgen, dass der Schlauch nicht mehr störend im Weg hängt oder liegt.

Die Halterung lässt sich in wenigen Minuten aus einigen Kanthölzern mit dem Querschnitt 25 x 50 mm zusammenbauen. Schneiden Sie einen Pfosten mit 900 mm bis 1000 mm Länge zu, und befestigen Sie an einem Ende einen 300 mm langen Arm. Verstärken Sie die Verbindung, indem Sie mit Leim und Nägeln zwei Dreiecksstücke aus dünnem Sperrholz anbringen (A). Bringen Sie am Ende des Arms eine Schrauböse für einen kurzen elastischen Gepäckgurt an, an dem der Staubsaugerschlauch aufgehängt wird (B). Falls die Halterung in der Bankzange eingespannt werden soll, bringen Sie einige Zentimeter vom unteren Ende des Pfostens eine Einspannleiste an, um ihn sicherer zu halten.

Falls der Schlauch nur für eine bestimmte Maschine verwendet werden soll, können Sie das Zuleitungskabel der Maschine mit Klebeband oder Kabelbindern am Schlauch befestigen (C). Dadurch, dass man die beiden miteinander verbindet, verringert man die Gefahr, dass sie sich im Werkstück oder der Maschine verfangen. Legen Sie eine Schlaufe des Gepäckgurtes um den Schlauch und das Kabel, und befestigen Sie ihn sicher an der Schrauböse, so dass er nicht herausspringen und zu Verletzungen führen kann. Stellen Sie sicher, dass der Schlauch genügend Spielraum hat, um auch das entfernte Ende eines langen Brettes bearbeiten zu können (D).

**TIPP:** Falls Ihre Werkstatt einen offenen Dachstuhl hat, können Sie auch einen Gepäckgurt an den freiliegenden Deckenbalken über Ihrer Werkbank befestigen, um Elektrokabel und Staubsaugerschlauch daran aufzuhängen.

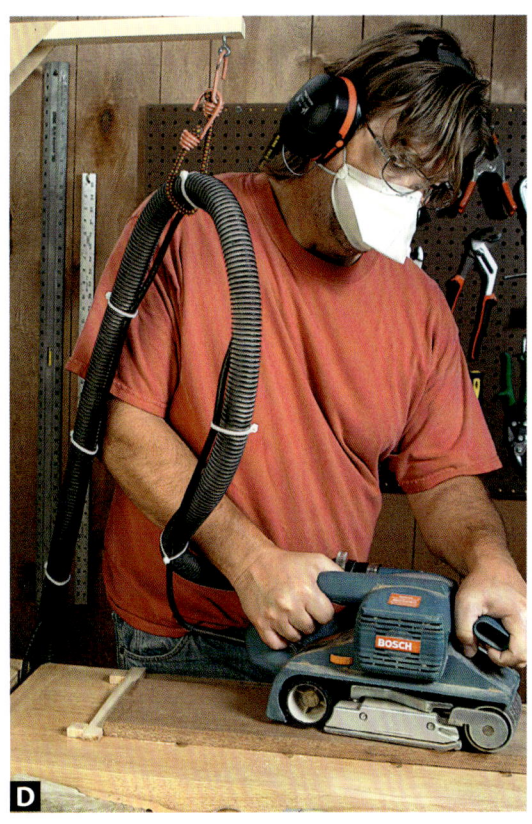

# Index

## A

Ablängen
    Anschlag für die Kreissäge 141-145
    Anschlag zum Aufteilen von Platten 142-143
    Austrittsschutz 247
    Endanschläge 192-196
    Führungsschiene für die Handkreissäge 144
    Schiebeschlitten für die Tischkreissäge 94-95
    Umlegbare Endanschläge 192-193
    Verlängerungsanlagen mit Endanschlägen 194
    Verstellbarer Winkelanschlag 78
Ablänglade, kleine 166
Abnahmetisch 130
    Abrichthobelmaschine 126
    Abroller für Transferklebeband 173
    Geneigter Tisch 126
    Verschiebbare Endanschläge 198-199
ABS-Kunststoff 20
Abstandshalter für Lochreihenbohrungen 202
Abstandshalter für Sägefugen 203
Acrylkunststoffe 19-20
Anlageverlängerungen 193
Anlaufring am Schaft 168-169
Anlaufringe 168-169
Anreißen 46-47, 52-53
Anschlag zum Auftrennen 75
Anschlag zum Schneiden in gleichmäßigen Abständen 151
Anschläge 63-87, 190-201
    Am Anschlag geführte Vorrichtungen 91, 104-111
    End- 192-196
    Exzentrische 195
    Feineinsteller 191
    für die Handoberfräse 200-201
    Gebogene 64, 83-87
    Geteilte 64, 76
    Hilfs- 70-73
    Hohlkehl-Anschlag 63, 66-68
    Kasten- 64, 70-71
    Kranzgesims 79-80
    Kreisbogenanschlag 85
    Kurze 64, 74-76
    mit Staubabsaugung 254
    Parallel- 65-69
    Scheiben- 83-84
    Schwenkbare 81-82, 196
    Tiefen- 197
    Umlegbare 192-193
    Verlängerungsanlagen 194
    Verschiebbare 197-201
    Winkel- 64, 72-82, 196
    Winkelanlagen 196
    zum Aufteilen von Platten 142-143
    zum Auftrennen 75
    zum Schlitzen 69
    zum Schneiden in gleichmäßigen Abständen 151
Arbeitstische 121-138
    Abnahme 130
    Abrichthobel 126
    Absauganlage für die Schleiftrommel 255
    für Elektrowerkzeuge 121, 131-138
    Lufttisch 130
    Neigbare 121, 122-126
    Tisch für die Bandschleifmaschine 138
    Tisch mit permanent geneigter Arbeitsfläche 122-124
    Verlängerung 121, 127-130
Ausreiber 26
Austrittsschutz 247, 252

## B

Bandsäge
    Anschlag zum Auftrennen 75
    Dreidimensionale Krümmungen sägen 120
    Ecken abrunden 119
    Halbierungsanschlag für Rundmaterial 88
    Kreisbogenanschlag 85
    Kurven schneiden 186
    Schneiden von Kreisbögen 85
    Tischverlängerung 128
    Verschiebbare Endanschläge 198-199
    Vorrichtung für komplexe Formen 115
    Vorrichtungen für Kreise und Scheiben 116-117
Bandschleifmaschine, Tisch für die 138
Bausperrholz 17
Befestigungsbeschläge 22-28
Besäumen 106
Beschläge 14, 15-32
Biegeformen 230
Bilderrahmen, Verbindungen für 64, 77, 93, 228
Blöcke
    Ausrichthilfe 35
    Bohren 181-182
    Sicherheitsvorrichtung 236
    V-Block 35, 88, 205
Bohren
    Bohrlehren 181-182
    Ecken, scharfe 210
    Exzenteranschläge 195
    Halterungen 224-225
    Lochreihen 183, 191
    Schablonen 168, 181-184
    Schräg angesetzte Sacklöcher 184
    Sicherheit 210
    Tiefenanschläge 197
Bohrlehren 181-182
Bündigfräsen 169, 170

## C

Cyanacrylatkleber 19, 42

## D

Dickenhobel, Träger zum Abschrägen am 113
Douglasie 16
Drehgriffe und Flügelschrauben 25
Dreidimensionale Krümmungen sägen 120
dreieckige Lehre 47
Druckkämme 238-239
Drucklufteinspannsysteme 217
    Siehe auch Vakuumeinspannsysteme
Druckluftnagler 23-24
Durchsichtige Kunststoffe siehe Polycarbonatkunststoffe

# INDEX

## E

Ecken abrunden 119
Ecken, Schablonen für 56
Einfache Führung für die Handoberfräse 150
Eingebaute Schutzschilde für Vorrichtungen 243-44
Einschlag- und Einschraubmuttern 27-28
Einspannen und Ausrichten 205-206, 209-218
    Drucklufteinspannsysteme 217
    Festschrauben 212
    Keile und Halterungen 213-214
    Laminierformen 231-233
    Vakuumeinspannsysteme 218
Elektrowerkzeuge
    Anschläge und Führungen 141-149
    Arbeitstische 121, 131-138
    Kreissägevorrichtungen 146-147
    Schlauchhalterung 259
    Siehe auch Handoberfräsen:
    Staubabsaugung 249-250, 256-259
    Vorrichtungen 139-166
Ellipsen anreißen 53
Endanschläge 192-196
Endanschläge für Winkelanlagen 196
Epoxidkleber 41-42
Exzenteranschläge 195
Exzenterklemmen 205, 206, 215, 220

## F

Falz 38, 150
Feineinsteller 191
Finger als Reißmaß 47
Fingerzinken 101, 178-179
Formfedern
    beim Vorrichtungsbau 37-38
    Exzenteranschläge 195
    Handoberfräsentisch 133-134
    Staubabsaugung 253
Forstnerbohrer 125
Fräsen am Führungsstift 175
Fräser für die Handoberfräse
    Anlaufring am Ende 168-170
    Anlaufring am Schaft 169, 170
    Bündigfräser 169, 170
    für runde Teile 111
    Sicherheit 245
    Wechseln 61-62
Freiheitsgrade, Zwölf 206
Führungen für Rundmaterial 63-64, 88-90
    Exzenteranschläge aus Dübelstangen 195
    Halbierungsanschlag für Rundmaterial 88
    Vorrichtung zum Anspitzen von Rundmaterial 89
    Vorrichtung zum Verdünnen von Dübeln 90
Führungsschiene 21, 28-31, 144

## G

Gehrungsanschlag für Rahmenfriese 77
Gehrungsanschläge, verschiebbare 91, 101-103
Gehrungssäge
    Kranzgesims-Anschlag 79-80
    Tischverlängerung 127
    Umlegbare Endanschläge 192-193
Gehrungsverbindungen
    Gehrungsschlitten 93
    Halterungen für die Montage 220
    Stoßladen 165
    Verschiebbare Vorrichtungen 247
    Verstellbarer Winkelanschlag 78
    Vorrichtung für die Handkreissäge 145
    Winkelanschlag 64, 77
Geteilter Anschlag 64, 76
Grundplatten für die Handoberfräse 140, 161-164, 174
    Grundplatten befestigen 140
    Schablonen mit Grundplatte 174
    Selbstzentrierende Grundplatte für die Handoberfräse 162
    Vierseitige Zusatzgrundplatte 161
    Vorrichtung für Fräsarbeiten in der Kante 164
    Winkelhalterung für die Kantenfräse 163

## H

Halterung
    für die Handoberfräse 61-62
    zum Verleimen von Platten 226-227
Halterungen 213-214, 219-225
    Anschläge 190-204
    Biegeformen 230
    Bohren 224-225
    Einspannen und Ausrichten 205-218,
    die Hobelbank 219, 221
    für Fräsarbeiten 222-23
    für Werkstücke 219, 221-225
    Laminierformen 231-233
    Montage 219-220, 226-229
    zum Platten verleimen 226-227
Handgriffe 25
Handhobel 165
Handoberfräse
    Anlaufringe und Kopierhülsen 168-169
    Anschlag zum Schneiden in gleichmäßigen Abständen 151
    Einfache Führung 150
    für genutete Verbindungen 38-39, 150, 151
    für Schwalbenschwanzverbindungen 150
    Grundplatten 140, 161-164, 174
    Halterung 61-62
    Komplementäres Fräsen 180
    Kreissägevorrichtungen 146-147
    Schablone für Fingerzinken 178-179
    Schablonen zum Fräsen 167-169, 170-172
    Schutzschilde am Fräser 245
    Staubabsaugung 249, 250, 256-257, 258, 259
    T-Nutprofile 39-40
    Vakuumeinspannanlage 223
    verschiebbare Endanschläge 200-201
    Vorrichtung zum Aushöhlen von Brettern 154-155
    Vorrichtung zum Fräsen von Mustern und Schriften 159-160
    Vorrichtung zum Hirnholzfräsen 156
    Vorrichtung zum Kannelieren 157-158
    Vorrichtungen 139, 150-60
    Waagerechter Handoberfräsentisch 136-137

# INDEX

Winkelhalterung für die Kantenfräse 163
Handoberfräsentisch 131-132
    Fräsanschläge für gebogene Werkstücke 86-87
    Fräsen am Führungsstift 175
    Geteilter Anschlag 76
    Hilfstisch für das Schneiden von Formfederverbindungen 133-134
    Kunststoffeinsatzplatten 19
    mit Schnellverschluss 135
    Scheiben-Anschlag 83-84
    Schräger 125
    Selbsttragender Kasten als Arbeitstisch 40-41
    Senkrechter Scheiben-Anschlag 84
    Staubabsaugung 249
    Verschiebbare Endanschläge 198-199
    Vorrichtung für Kleinteile 110-111, 114
    Waagerechter Handoberfräsentisch 136-137
Hartfaserplatte 18
Hilfsanschläge 70-76
Hohlkehl-Anschlag 63, 66-68
Holz, verzogenes 112-113
    Voll- 16, 41
Holzschrauben 24

## K

Kanten profilieren siehe Profilieren
Kastenanschlag 63, 70-71
Kegelstifte 26
Keile 205, 213-214
Klammern 23-24
Klebeband, rutschhemmendes 22
Kleber
    Cyanacrylat- 19, 42
    Epoxid- 41-42
    Tischlerleim 41
Kleine Ablänglade 166
Kleinserien 56
Kleinteile
    Gripzange zum Einspannen 211
    Kleine Ablänglade 166
    umlegbare Anschläge für 193
    Vakuumeinspannsysteme 218

Vorrichtung für die Tischkreissäge 103
Vorrichtungen für 110-111, 114
Vorrichtungen für den Handoberfräsentisch 110
Komplementäres Fräsen 180
Komplexe Formen sägen 115
Konvexe Paneele schneiden 154-155
Kopierhülsen 168-169
Kranzgesims
    Anschlag 79-80
    Schnittlehre 60
Kreisbögen anreißen 52
Kreisbögen sägen 118
Kreisbogenanschlag 85
Kreise
    sägen 146-147
    Schwenkbare Vorrichtungen 116-117
    Stangenzirkel 52
Kreissägen
    Ablänganschlag 141-145
    Anschläge 139
    Anschläge zum Aufteilen von Platten 142-143
    Führungsschiene für die Handkreissäge 144
    Staubabsaugung 259
Kreisschablonen 46-47
Krümmungen
    Bandsägenschablonen 186
    Dreidimensionale Krümmungen sägen 120
    Fräsanschläge für gebogene Werkstücke 86-87
    Geschwungene Anschläge 64, 83-87
    Kreisbögen sägen 118
    Kreisbogenanschlag 85
    Schablonen 13, 46-47
    Spannvorrichtung für gebogene Platten 229
    Stangenzirkel 52
Kunststoffe
    Acryl- 19-20, 244
    Durchsichtige 19
    Eigenschaften und Verwendungen 19-22
    Hochglatte 20-22

Polycarbonat-, 19-20, 243-246
Undurchsichtige 20
Kunststofflaminate 20
Kurze Anschläge 64, 74-76
Kurze Teile siehe Kleinteile
Kurzer Parallelanschlag 74

## L

Laminierformen 231-233
Langer Parallelanschlag 72
Lexan siehe Polycarbonatkunststoffe
Lochreihen 183, 202
Lufttisch 130

## M

Magneten, Seltene-Erden- 32, 199
Material 14, 15-22
Materialien mit hohem Reibungswiderstand 22
MDF (Medium density fibreboard, Mitteldichte Faserplatte) 17-18
Messschieber 33-34
    mit digitaler Anzeige 34
    mit Rundskala 34
Mitteldichte Faserplatte (MDF) 17-18
Mitten anreißen 50-51
Muster fräsen
    Schablonen 167-69, 170-72
    Vorrichtungen 159-60

## N

Nägel 23-24
Neigbare Tische 121, 122-126
Niederhalter 236-242
    Druckkämme 238-239
    für die Ständerbohrmaschine 210
    mit Federn 240
    mit Rollen 241-42
Nuten
    Anschlag zum Schneiden in gleichmäßigen Abständen 151
    Einfache Führung für die Handoberfräse 150
    Schneiden 38-39
    Sperrholz 17, 38-39

Nutsägeblatt 101
Nutschienen für den Queranschlag 31

## O

Oberflächenbehandlung 43

## P

Pappelholz 16
Parallelanschläge 65-72, 74
Parallelzwingen 211
Polyethylenschiene 31
Polycarbonatkunststoffe
    Eigenschaften und Verwendungen 19-20
    für eingebaute Schutzschilde 243-244
    für Schutzgehäuse 246
Polyurethan 43
Positionsanschläge 205, 206
Profilschienen 28-31, 39-40

## R

Radialarmsäge, Anschläge für 192-193
Rahmenspanner 228
Rissleiste 57
Rundzapfen schneiden 102

## S

Sägen siehe Bandsäge; Tischkreissäge;
    Kreissäge; Gehrungssäge
Sägestaub siehe Staubabsaugung
Schablonen 55-56, 167-187
    Befestigungsmethoden 173
    Bohren 169, 181-184
    Ecken anreißen 56
    Fräsen 167-168, 170-175
    Frässchablone mit Staubabsaugung 256
    für Fingerzinken 178-179
    Holzverbindungen 176-180
    Kleinserien 56
    komplementäres Fräsen 180
    Kurven schneiden 186
    Kurven- und Kreisschablonen 46-47
    Lochreihen 183
    mit Grundplatte 174
    Sägen 185-186
    Schlitz-und-Zapfen 53, 176-177
    Schwalbenschwanzzinkung 55
    Staubabsaugung 250
    Trommelschleifmaschine 187
    Versatz 170, 171
    Winkel- und Zinkenlehren 47, 55
Scheiben-Anschlag 83-84
Scheibenschleifmaschine 89
Scheuerschwamm, Nylon 43
Schiebeklotz 126
Schiebeschlitten zum Fasenschneiden 97
Schiebestock 236
Schilder 159-160
Schlauchhalterung 259
Schleifmaschinen
    Band- 138
    Schablonen 187
    Scheiben- 89
    Staubabsaugung 255, 259
    Schleiftrommel / Trommelschleif-
    maschine 187, 255
Schlitten zum Beschneiden 96
Schlitze
    Anschlag zum Schlitzen 69
    von Kanten 153
    Nicht mittige 162
    Schablonen 176-77
    Schlitzlehren 54
    Selbstzentrierende Grundplatte für die
    Handoberfräse 162
    Vorrichtung für die Handoberfräse 140
Schlitz-und-Zapfen
    Anschlag zum Schlitzen 69
    Siehe auch Schlitze; Zapfen
    Vorrichtungen für die Handoberfräse 140
Schlosserwinkel 34
Schnellspanner 206, 216, 221
Schnitttiefenlehren 58
Schräg angesetzte Sacklöcher 184
Schrauben, durchgehende 212
Schrauben, Holz- 24
Schrauben, Messing- 24
Schutzgehäuse 246
    Schutzschilde am Fräser 245
    Staubabsaugung 251
Schutzschilde 236-237, 243-247
    am Fräser 245
    aus durchsichtigem Kunststoff 237
    Austrittsschutz 247, 252
    Eingebaute Schutzschilde für Vorrichtun-
    gen 243-244
Schwalbenschwanzzinken
    Einfache Führung für die Handoberfräse
    150
    Schablonen 55
    Schiebeschlitten 92, 99-100
Schwenkbare Vorrichtungen 91, 116-120
Schwenkbarer Anschlag 81-82, 196
Sekundenkleber siehe Cyanacrylatkleber
Selbstklebendes Schleifpapier 22, 78, 209
Selbsttragender Kasten als Arbeitstisch
    40-41
Selbstzentrierende Grundplatte für die
    Handoberfräse 162
Seltene-Erden-Magneten 32, 199
Senkrechter Scheiben-Anschlag 84
Sicherheit 235, 236-247
    an verschiebbaren Vorrichtungen 199
    Austrittsschutz 247
    beim Sägen von Schablonen 185
    Druckkämme 238-239
    Druckluft- oder Elektronagler 23
    Fräsen am Führungsstift 175
    Fräser 245
    für Arbeitstische am Abrichthobel 126
    für Vorrichtungen 11-12
    Handkreissägen 144
    Magneten, Seltene-Erden- 32
    Niederhalter 236-242
    Polykarbonatkunststoffe 246
    Schrauben 24
    Schutzgehäuse 246
    Schutzschilde 236-237, 243-247
    Schutzschilde am Fräser 245
    Staub von MDF 18
    Tischkreissägen 238-39, 240
    Vakuumeinspannsysteme 223
Siebdruckplatte 18
Skateboardräder, Niederhalter mit 241-242
Spannvorrichtung für gebogene Platten 229

Spanplatte 17, 18
Sperrholz
    für Vorrichtungen 16-17
    genutet 38-39
Ständerbohrmaschine
    Abstandshalter für Lochreihenbohrungen 202
    Exzenteranschläge 195
    Halterung 224-225
    Scheiben-Anschlag 83-84
    Schwenkbarer Anschlag 81-82
    Staubabsaugung 254
    Teile mit der Hand halten 209-210
    Tisch mit geneigter Arbeitsfläche 122-124
    Vakuumhalterung 224-225
    V-Block 35, 205
    Vorrichtung zum Verdünnen von Dübeln 90
Stangenzirkel 52
Staub, Abszugshaube 248-249, 253
Staubabsaugung 235, 248-259
    an Vorrichtungen 235, 249, 251-255
    Anschlag mit Staubabsaugung 254
    Austrittsschutz mit Staubabsaugung 252
    Frässchablone mit Staubabsaugung 256
    für Arbeitstische 249
    für Elektrowerkzeuge 249-250, 256-259
    für Handoberfräsen 249, 250, 256-57, 258, 259
    für MDF 18
    für die Schleifmaschine/-trommel 255, 259
    Schlauchhalterung 259
    verschiebbare 251
Staubsauger, Werkstatt- 130, 218, 249
Stoßladen 165
Streichmaße 46-51
    mit Bleistift 49
    Mitten- 50-51

## T

Teilscheibe für die Drechselbank 204
Tiefenanschläge 197
Tisch mit geneigter Arbeitsfläche 122-124

Tischfräse
    Fräsanschläge für gebogene Werkstücke 86-87
    Schutzschilde am Fräser 245
    Sicherheit 245
    Verschiebbare Endanschläge 198-199
Tischkreissäge
    Abstandshalter für Sägefugen 203
    Am Anschlag geführte Vorrichtungen 91, 104-111
    Austrittsschutz 247
    Besäumen 106
    Druckkämme 238-239
    Endanschläge für Winkelanlagen 196
    Fälze schneiden 38
    Führungsschienen 21, 28-31
    für Fingerzinken 101
    für genutete Verbindungen 38
    Gehrungsanschläge, verschiebbare 91, 101-103
    Gehrungsanschlag 93
    Hohlkehl-Anschlag 66-68
    In der Nutschiene für den Queranschlag geführte Anschläge 91-92, 93-103
    Kastenanschlag 70-71
    Kleinteile sägen 103
    Kurzer Parallelanschlag 74
    Langer Parallelanschlag 72
    Lufttische 130
    Niederhalter mit Federn 240
    Rundzapfen schneiden 102
    Schablonen 185
    Schiebeschlitten 94-95, 247
    Schiebeschlitten zum Fasenschneiden 97
    Schlitten zum Beschneiden 96
    Schlitzvorrichtung für lose Federn 98
    Senkrechter Scheiben-Anschlag 84
    Sicherheit 238-239, 240
    Staubabsaugung 251
    Verlängerungsanlagen mit Endanschlägen 194
    Verschiebbare Endanschläge 198-199
    Vorrichtungen zum Verjüngen 107-109
Tischlerleim 41

Tischverlängerungen 121, 127-130
    Bandsäge 128
    Gehrungssäge 127
    Lufttische 130
    Dickenhobel 129
T-Nut
    L-förmig
    schneiden 39-40
    -Profilschienen 29-30
Träger für den Dickenhobel 91, 112-113
Trommelschleifmaschine
    Schablonen 187
    Staubabsaugung 255
Türen aus gebogenen Platten 229

## U

Überblattungen 152-153
UHMW (hochgleitfähige Kunststoffe) 21-22, 31
Umlegbare Anschläge 30, 192-193
Undurchsichtige Kunststoffe 20
Unterlegscheiben 24, 25

## V

Vakuumeinspannsysteme 218, 219
    für die Ständerbohrmaschine 224-225
    Handoberfräse 223
Vakuumschablonen 173
V-Block 35, 205
Verbindungen
    auf Stoß 37
    beim Vorrichtungsbau 36-39
    Bilderrahmen; Rahmen 64, 77, 93, 228
    Fälze 38
    Fingerzinken 101, 178-79
    Formfedern 37-38, 133-34, 148-49, 195, 253
    Nuten 17, 38-39, 150, 151
    Schablonen 176-80
    Schlitz-und-Zapfen 54
    Schwalbenschwanzzinkung 55, 92, 99-100
    Siehe auch Gehrungsverbindungen
    Überblattungen 152-153

Verlängerungsanlagen mit Endanschlägen 194
Verleimen
    gebogene Platten 229
    Montagehilfen 207
    Verleimführung 220
    von Platten 226-227
    von Rahmen 228
Verschiebbare Endanschläge 197-201
Verschiebbare und schwenkbare Vorrichtungen 91-120
    am Arbeitstisch geführt 112-115
    am Queranschlag geführt 91, 101-103
    Austrittsschutz 247
    Führungsschienen 21
    für Kleinteile 110-111
    In der Nutschiene für den Queranschlag geführt 93-100
    Sicherheit 199
    Staubabsaugung 251, 252
    Verlängerungsanlagen mit Endanschlägen 194
    Verschiebbare Endanschläge 198
verzogenes Rohholz 112-113
Vielzweckanschlag 91, 104
Vierseitige Zusatzgrundplatte für die Handoberfräse 161
Vollholz
    für Vorrichtungen 16
    Verleimen 41
Vorrichtung
    Anleitung auf der Vorrichtung notieren 43, 59
    für lose Federn 98, 152-153
    zum Aushöhlen von Brettern und Paneelen 154-155
    zum Hirnholzfräsen 156
    zum Kannelieren 139, 157-158
Vorrichtungen
    Abstandshalter für Lochreihenbohrungen 202
    Abstandshalter für Sägefugen 203
    anpassen 12-14, 31
    Anreißen 46-53
    Beschläge 14, 15, 16
    Beschriften 43, 59
    Einspannvorrichtungen 189
    Entwurf 7, 8-14
    für mehrere Maschinen 14
    Funktion 8-14
    Holzverbindungen 36-39
    Material 14, 15-23
    Montagehilfen 208
    Oberflächenbehandlung 43
    Sicherheit 11-12
    Siehe auch unter Anschläge
    Teilscheibe für die Drechselbank 204
    Verleimen 41
    Verschiebbare und schwenkbare 91-120
    Verstellbar 10-11
    zum Ausrichten 205-208
    zum Einrichten von Maschinen 47, 57-62
    zum Verjüngen 107-109
    Werkzeug für den Vorrichtungsbau 33-36
    Verwendung 8-9

## W

Waagerechter Handoberfräsentisch 136-137
Wachs 28
Werkstattstaubsauger 130, 218, 250
Werkzeuge 33-36
    Siehe auch Elektrowerkzeuge; und unter einzelnen Werkzeugen
Winkelhalterung für die Kantenfräse 163
Winkellehren 60

## Z

Zapfen
    Rundzapfen 102
    Vorrichtungen für 152
Zentimeter-, Maßskala, selbstklebende 32, 57
Zwingen
    Einfache 209-215
    Exzenter- 205, 206, 215, 220
    für gewerblichen Einsatz 216-218
    Parallel- 211
    Schnellspanner 206, 216, 221
    selbst gefertigte 205

# Schon fertig?

## Hier finden Sie weitere interessante Informationen – in Büchern und Videos von *HolzWerken*

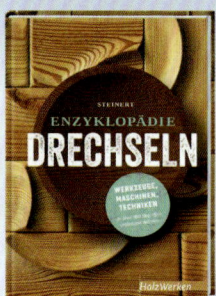

+ Video-DVD

Steinert
### Enzyklopädie Drechseln
Werkzeuge, Maschinen, Techniken in über 800 Begriffen umfassend definiert!

Drechseln von A bis Z – alles zum ältesten Handwerk der Welt!

- Über 800 Begriffe und zahlreiche Abbildungen
- Technik, Geschichte, Handhabung
- Oberfläche, Gestaltung, Zubehör
- Durch zahlreiche Querverweise auch zur fortlaufenden Lektüre geeignet

*336 Seiten, 17 x 24 cm, zahlreiche Zeichnungen und Fotos, gebunden mit Lesebändchen*

**Best.-Nr. 20035**
ISBN 978-3-86630-063-7
E-Book ✓ Leseprobe ✓
🌐 vinc.li/20035

Guido Henn
### Handbuch Oberfräse
Auswählen, bedienen, beherrschen

Ob Modell, Bedienung oder Wartung – Guido Henn erklärt alles Wissenswerte rund um die Oberfräse. Für das praktische Arbeiten erhält der Leser präzise Anleitungen und Beispiele. Auf der Beiliegenden DVD zeigt der Autor den Umgang mit selbstgebauten Vorrichtungen und Schablonen.

*280 Seiten, inkl. DVD mit ca. 2 Std. Spielzeit, 23,1 x 27,2 cm, 1244 farbige Fotos, gebunden*

**Best.-Nr. 9155**
ISBN 978-3-86630-949-4
Leseprobe ✓
🌐 vinc.li/9155

Sandor Nagyszalanczy
### Werkstatthilfen selber bauen
Sicher spannen, führen, halten

Welche Vorrichtungen werden benötigt, um Werkzeuge zu führen und Werkstücke zu halten, oder umgekehrt? Dieses Buch bietet Ihnen zahlreiche Anwendungsbeispiele, Lösungen und Anregungen. Und versetzt Sie so in die Lage, die grundlegenden Lösungsansätze auf individuelle Probleme zu übertragen.

*272 Seiten, 23,1 x 27,2 cm, 1077 farbige Fotos und Zeichnungen, geb.*

**Best.-Nr. 9154**
ISBN 978-3-86630-948-7
E-Book ✓ Leseprobe ✓
🌐 vinc.li/9154

**Bestellen Sie versandkostenfrei***
T +49 (0)511 9910-033
www.holzwerken.net/shop
*\* innerhalb Deutschlands*

## HolzWerken – Das Magazin für den Holzwerker

*HolzWerken* bietet auf prallen 64 Seiten, was Ihnen in der Werkstatt hilft – von Grundlagen bis zu fortgeschrittenem (Kunst-)Handwerk mit Holz.
7 Ausgaben im Jahr – auch als Kombi-Abo Print + Digital!

Mit folgenden Themen in jedem Heft:
- Tischlern, Drechseln, Schnitzen – Tipps von erfahrenen Praktikern
- Anleitungen und Pläne zum Bau von Möbeln und Vorrichtungen
- Wissenswertes über den Umgang mit Werkzeug, Maschinen und Material

*HolzWerken* – gehört in jede Werkstatt!
Jetzt informieren: www.holzwerken.net

**HolzWerken**
Wissen. Planen. Machen.

Vincentz Network GmbH & Co. KG   *HolzWerken*   Plathnerstr. 4c · 30175 Hannover · Deutschland